今すぐ使える

改訂新版

YouTube 動画編集入門

PowerDirector対応版

技術評論社

本書の使いかた

本書の各セクションでは、画面を使った操作の手順を追うだけで、PowerDirectorの操作とYouTube動画の作成の流れがわかるようになっています。

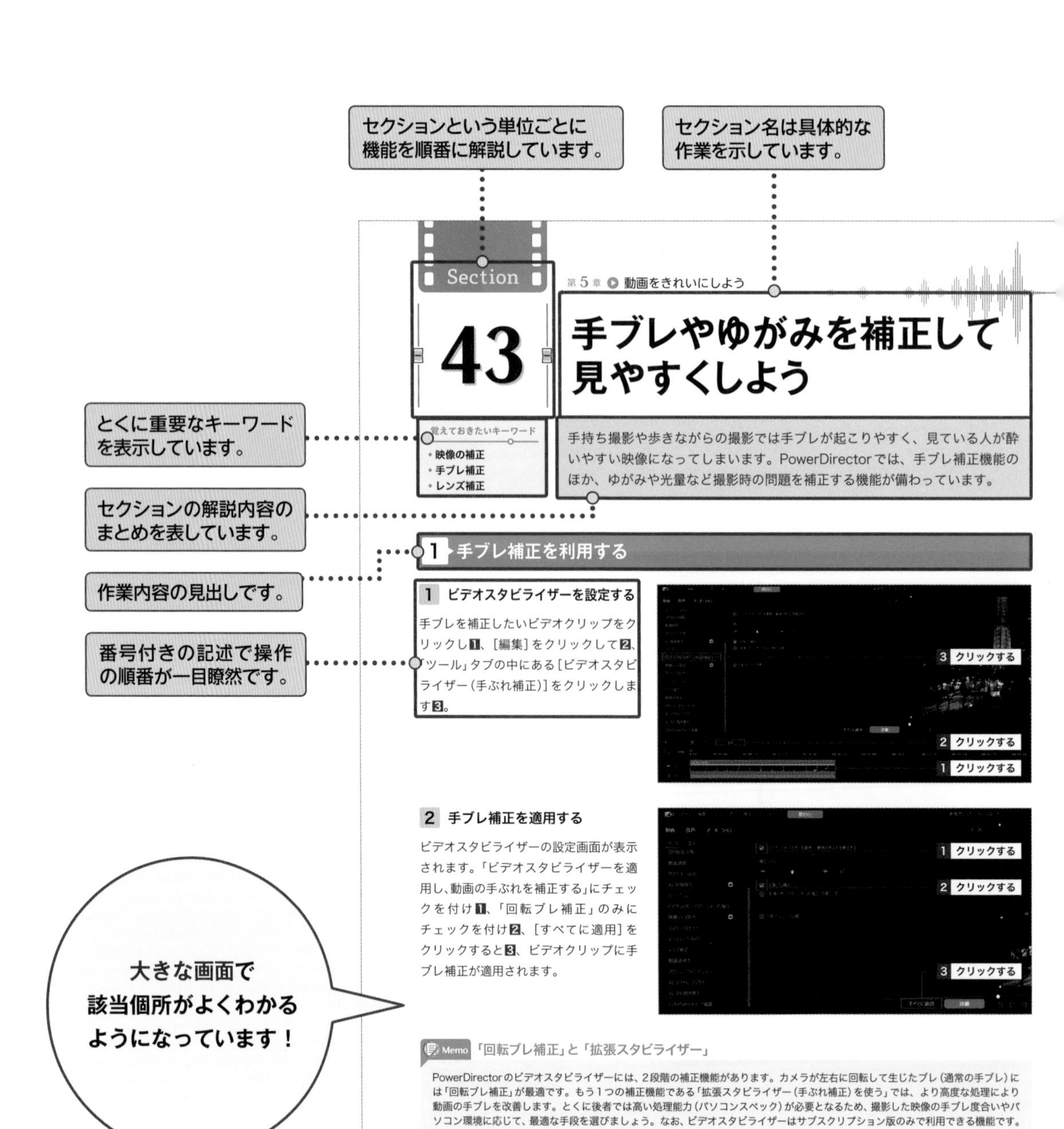

Section 43

第5章 動画をきれいにしよう

手ブレやゆがみを補正して見やすくしよう

覚えておきたいキーワード
- 映像の補正
- 手ブレ補正
- レンズ補正

手持ち撮影や歩きながらの撮影では手ブレが起こりやすく、見ている人が酔いやすい映像になってしまいます。PowerDirectorでは、手ブレ補正機能のほか、ゆがみや光量など撮影時の問題を補正する機能が備わっています。

1 手ブレ補正を利用する

1 ビデオスタビライザーを設定する

手ブレを補正したいビデオクリップをクリックし1、[編集]をクリックして2、「ツール」タブの中にある[ビデオスタビライザー（手ぶれ補正）]をクリックします3。

2 手ブレ補正を適用する

ビデオスタビライザーの設定画面が表示されます。「ビデオスタビライザーを適用し、動画の手ぶれを補正する」にチェックを付け1、「回転ブレ補正」のみにチェックを付け2、[すべてに適用]をクリックすると3、ビデオクリップに手ブレ補正が適用されます。

Memo 「回転ブレ補正」と「拡張スタビライザー」

PowerDirectorのビデオスタビライザーには、2段階の補正機能があります。カメラが左右に回転して生じたブレ（通常の手ブレ）には「回転ブレ補正」が最適です。もう1つの補正機能である「拡張スタビライザー（手ぶれ補正）を使う」では、より高度な処理により動画の手ブレを改善します。とくに後者では高い処理能力（パソコンスペック）が必要となるため、撮影した映像の手ブレ度合いやパソコン環境に応じて、最適な手段を選びましょう。なお、ビデオスタビライザーはサブスクリプション版のみで利用できる機能です。

122

薄くてやわらかい
上質な紙を使っているので、
開いたら閉じにくい書籍に
なっています！

頁の端には、次の4種類の「解説」を配置しています。

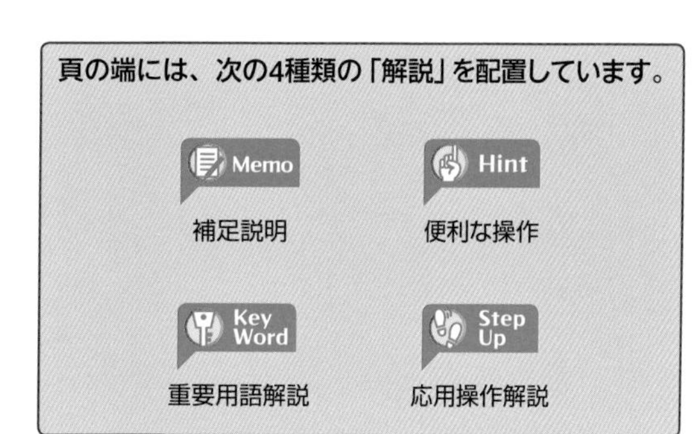

ページ上部には、セクション名とセクション番号を表示しています。

章が探しやすいように、ページの両側に章の見出しを表示しています。

読者が抱く
小さな疑問を予測して、
できるだけていねいに
解説しています。

Section 43
手ブレやゆがみを補正して見やすくしよう

第5章
動画をきれいにしよう

2 レンズ補正を利用する

1 レンズ補正を展開する

122ページ手順1の画面で[レンズ補正]をクリックし1、「レンズ補正の適用」にチェックを付けます2。

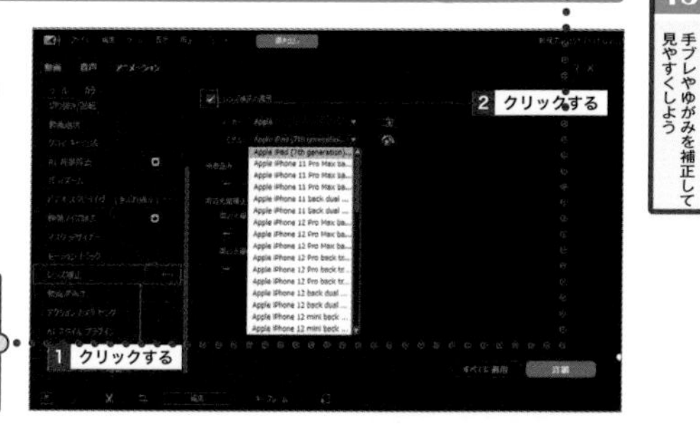

Key Word レンズ補正

レンズ補正とは、撮影時に使用した広角レンズなどの影響で生じた動画のゆがみや光の量などを直すことを指します。

2 レンズ補正を適用する

撮影した動画の機材である「メーカー」と「モデル」を選択すると1、自動でレンズ補正されます。

1 選択する

Memo 設定後の補正効果

上の手順2の「メーカー」「モデル」の中にプロファイルがないなどの場合は、「魚眼歪み」「周辺光量」「周辺光量中心点」をドラッグして手動で調整することもできます。

●魚眼歪み
広角レンズで撮影された動画などで、画面の周辺部に生じる丸いゆがみを補正できます。

●周辺光量
動画撮影時に画面中心と比べて画面周辺が暗くなって撮影された場合（周辺減光。右図参照）に調整するパラメータです。値を大きくすることで、画面周辺を明るく補正できます。

●周辺光量中心点
「周辺光量」で補正された明るさの部分が中心点に向かって大きくなる値です。値が大きくなるほど端に向かって明るさの面積が狭くなります。

123

Contents

第1章 動画を撮影しよう

第2章 動画をパソコンに取り込もう

第3章 動画をカット編集しよう

第5章 動画をきれいにしよう

第6章 BGMやナレーションを加えよう

第7章 YouTubeに投稿しよう

第8章 投稿した動画をもっと見てもらおう

第9章 YouTubeに投稿した動画で稼ごう

Contents

ご注意：ご購入・ご利用の前に必ずお読みください

- 本書に記載された内容は、情報の提供のみを目的としています。したがって、本書を用いた運用は、必ずお客様自身の責任と判断によって行ってください。これらの情報の運用の結果について、著者および技術評論社、メーカーはいかなる責任も負いません。

- ソフトウェアに関する記述は、特に断りのない限り、2024年5月現在での最新バージョンをもとにしています。ソフトウェアはバージョンアップされる場合があり、本書での説明とは機能内容や画面図などが異なってしまうこともあり得ます。あらかじめご了承ください。

- インターネットの情報については、URLや画面などが変更されている可能性があります。ご注意ください。

- 本書は、以下の環境での動作を確認しています。ご利用時には、一部内容が異なることがあります。あらかじめご了承ください。
  パソコンのOS：Windows 11
  Webブラウザ　：Google Chrome

以上の注意事項をご承諾いただいた上で、本書をご利用願います。これらの注意事項をお読みいただかずに、お問い合わせいただいても、技術評論社は対応しかねます。あらかじめご承知おきください。

第1章

動画を撮影しよう

01 YouTube動画の特徴を知ろう

覚えておきたいキーワード
- YouTube
- YouTubeのしくみ
- 投稿までの流れ

YouTubeは、誰でも気軽に動画を視聴したりアップロードしたりすることができる動画共有サービスです。ここでは、YouTubeのしくみや動画を投稿するまでの流れについてかんたんに解説していきます。

1 YouTube動画のしくみ

YouTubeは、世界中の動画を視聴したり自分で動画をアップロードしたりできる動画共有サービスです。アップロードした動画は、公開状態にあれば自分のページを訪れたどのユーザーでも視聴することができます。ただし、アップロードした動画をたくさんの人に見てもらうためには、人の目に付きやすくする工夫をしなければなりません（詳しくは後述）。まずは、YouTubeのしくみや広告収入についてかんたんに解説していきます。

チャンネル

自身で作成した動画をアップロードしたり管理したりするページのことを「チャンネル」と呼び、ユーザーが任意のチャンネルを登録することを「チャンネル登録」といいます。自身のチャンネルの「チャンネル登録者」には動画をアップロードすると通知が届く機能があり、チャンネル登録者が多いチャンネルはそれだけ見てもらえる機会が増えることになります。

評価

YouTubeでは動画を視聴したユーザーが、コメントを残したり評価を付けたりすることができる「評価システム」があります。これは、YouTubeに登録しているユーザーならその動画に対して「高評価」か「低評価」のどちらかを評価することができるシステムです。

広告

YouTubeでは、規定の条件（191ページ参照）を満たせばYouTubeパートナープログラムに参加（動画に広告が付けられる）が可能になります。YouTubeパートナープログラムに参加後、YouTubeが規定する収益化ポリシーを遵守することで、動画に広告を付けて収益を得ることができるようになります。

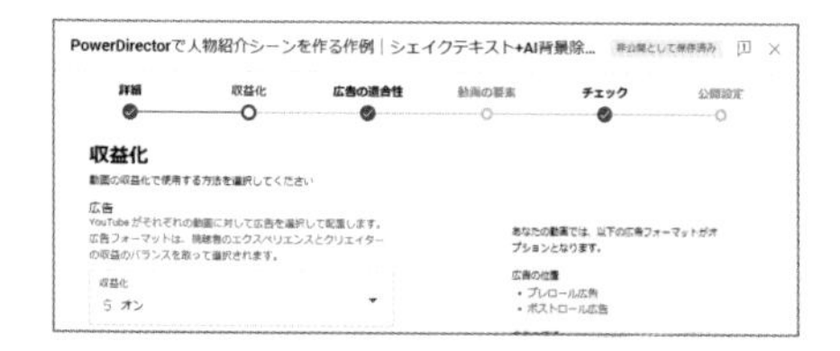

2 YouTubeに動画を投稿するまでの流れ

下記は、実際に動画を作成してYouTubeに動画を投稿するまでの流れになります。それぞれの項目で記載しているページを参照しながら進めてください。

①動画のテーマを決める

撮りたい動画のテーマを決めます(14〜17ページ参照)。

②テーマに合った撮影機材を用意する

撮影するテーマに合った撮影機材を用意します(18〜19ページ参照)。

③撮影する

動画の内容や見てくれる人を意識して撮影をします(20〜29ページ参照)。

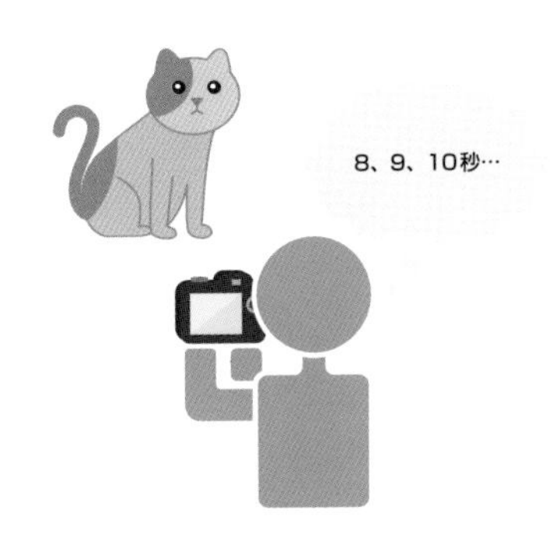

④映像を編集して動画を作成する

撮影した映像を動画編集ソフトで編集し、動画データとして出力します(32〜153ページ参照)。

⑤ YouTube チャンネルを開設する

動画を投稿するためにGoogleアカウントを作成し、YouTubeチャンネルを開設します(154〜163ページ参照)。

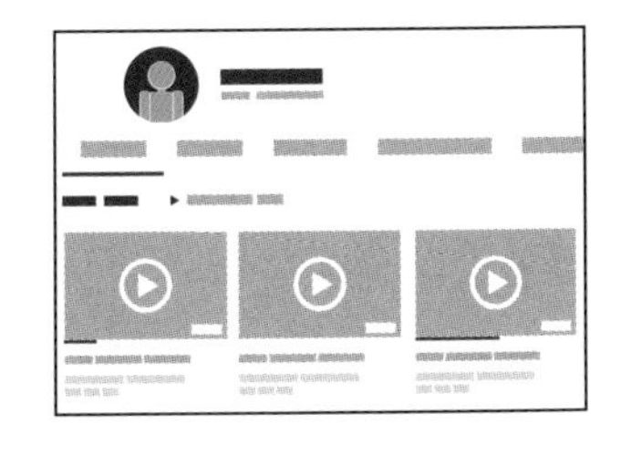

⑥ YouTube に動画を投稿する

作成したYouTubeチャンネルに動画データを投稿します(166〜170ページ参照)。

Memo 広告収入の管理

YouTubeチャンネルとGoogle AdSenseのアカウントを紐付けすることで、Google AdSense上で広告収入の支払いなどの管理を行えるようになります(190〜203ページ参照)。

02 YouTube動画の種類を知ろう

覚えておきたいキーワード
- YouTube動画の種類
- 通常の長尺動画
- YouTubeショート

YouTubeに投稿できる動画には、おもに標準アスペクト比16:9（横型画面）に対応した通常の長尺動画と、スマートフォン端末（縦型画面）に最適化された最大60秒の短尺動画のYouTubeショートがあります。

1 YouTube動画の種類

YouTubeの動画には、おもに2つの形式があります。1つは、YouTubeの一般的な動画形式である通常の長尺動画です。長尺動画は16:9の横長画面のアスペクト比で、60秒以上の長時間のコンテンツを投稿するための形式になります。もう1つは、2021年7月から日本でのサービスが開始されたショート動画の「YouTubeショート」です。9:16の縦長のアスペクト比で、おもにスマートフォンでの視聴が想定されています。60秒以下の短時間のコンテンツを投稿するための形式になります。

通常の長尺動画

2024年5月時点のYouTubeでは、YouTubeショートの要件を満たさない動画をアップロードした場合、基本的には標準アスペクト比である16:9の通常の動画として公開することになります。
標準アスペクト比である16:9は、横型画面の縦横比です。もっとも身近なものだと、現在のテレビ画面などがこれにあたります。テレビ番組のように「人が見たいと思う（ニーズのある）動画」をルールに則って制作するのが主流です。特定の人にとってタメになる情報を解説したり、見る人に笑いや楽しさを提供したり、芸や技で人を魅了したりする動画を公開することで、ファンを増やします。
通常の長尺動画では、認証済みのアカウントで、最大サイズ256GB以下または再生時間12時間以内の動画をアップロードすることができますが、基本的には不要なシーンをできるだけ削り、10分程度の程よいテンポで見やすい動画に編集するのが定番です。

YouTubeショート(ショート動画)

2021年7月から日本のYouTubeでは、短尺のショート動画を制作・投稿できる「YouTubeショート」という新サービスが開始されています。2024年5月時点では、YouTubeショートの要件を満たす動画をアップロードした場合に、スマートフォン端末の縦型画面に最適化された最大60秒のショート動画として公開することができます。YouTubeショートの縦横比は9:16の縦型画面で、スマートフォンで再生した際に画面いっぱいで表示される設計になっています。
情報が多様化する現代において短い時間で楽しめるYouTubeショートは、とにかく気軽に見やすいという点において需要が高まっています。最大60秒という短い尺を活かし、気軽にチャレンジできる企画をしてみたり、テンポよくオチをつけるコント風の動画を作ってみたり、通常動画では見せない普段の自然な姿のギャップを見せてみたり、通常動画のワンシーンを切り抜いてみたりするのが定番です。YouTubeショートは通常動画と比べてよりタイムパフォーマンスに特化しやすいコンテンツのため、自分というキャラを短時間で知ってもらう、あるいは短時間でチャンネルの宣伝になるように運用するのが理想です。密度の濃い情報を伝える長尺動画がテレビ番組ならば、チャンネルや長尺動画への誘導が期待できるYouTubeショートはCMのようなものともいえます。

Memo YouTubeショートの視聴方法

YouTubeショートは、YouTubeのホーム画面、またはYouTubeショートが投稿されているチャンネルのホーム画面の[ショート]のタブをクリックまたはタップすることで視聴できます。いろいろなYouTubeショートを参考にして、自分ならどう作るか、どうオリジナリティを出せるかを考えてみましょう。

長尺動画とYouTubeショートの違い

	長尺動画	YouTubeショート
アスペクト比	16:9(横長)	9:16(縦長)
再生時間	60秒以上	60秒未満
視聴デバイス	どのようなデバイスでも利用可能	おもにスマートフォン
おもな用途	チュートリアル レビュー ドキュメンタリー Vlog など	ショートコンテンツ など
メリット	・尺が長いため多くの情報を提供できる ・広告収入を増やせる	・尺が短いため最後まで視聴されやすい ・誰でも気軽にコンテンツの制作や投稿ができる

03 投稿する動画のテーマを決めよう

覚えておきたいキーワード
- 動画のテーマ
- メリット・デメリット
- テーマの決め方

動画を作成するにあたって、まずは取り組む動画のテーマを決めましょう。ここでは、「商品レビュー」「ゲーム実況」「料理」「ライフスタイル」をテーマにする場合のメリットやデメリットを解説します。

1 YouTubeで多く投稿されている動画のテーマ

商品レビュー動画

商品レビュー動画は、新しく発売された商品や話題の商品を自分で購入し、使用感や機能性などをレビューする動画のことです。商品レビューは使用感を含めて多くの情報を伝えられること、商品名で検索する人をターゲットにできるのでそれなりに再生回数を稼ぎやすいことがメリットです。ただし、動画を作るために商品を用意しないといけないため、ほかのテーマよりもコストがかかる場合があります。

ゲーム実況動画

ゲーム実況動画は、話題のゲームや新しく発売されたゲームなどを、実況や解説を交えてしゃべりながらプレイする動画のことです。ゲーム実況動画のメリットには、ゲームが好きな人は楽しみながら取り組めること、誰でもやりやすい・参入しやすいことなどが挙げられます。ただし、ゲーム実況で動画を作成する場合は、そのゲームタイトルがYouTubeなどの動画共有サイトで配信が許可されているかどうかを確認する必要があります。各ゲームメーカーが定めている規約とガイドラインを確認しましょう。

Memo テーマの決め方

楽しさ重視なら「自分がやってみたいもの」で選ぶのがよいです。効率重視であれば「これなら自分でもできそう」と思うテーマ、もしくは「必要機材が揃っていてすぐに始められる」テーマを選ぶのもよいでしょう。また、「自身の経験から他人に伝えられる有益な情報や知識がある」テーマなら、それを活かすことでほかの人にはない強みになります。どのようなテーマであっても、動画を通して自分の魅力（容姿、声、人柄など）が伝わるように動画を作るのがおすすめです。

料理動画

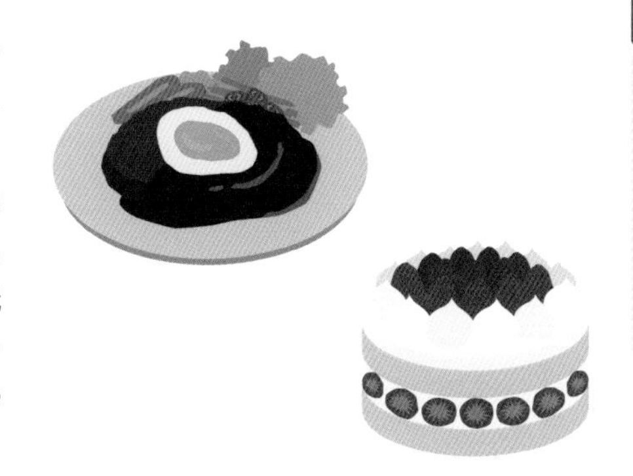

料理動画は、実際に料理を作りながら作り方やレシピなどを解説をする動画です。安全面という観点も含めて食に対する知識が求められますが、誰でも共感しやすい「食」がテーマのため、動画を作りやすいというメリットがあります。視聴者に動画の魅力を伝えるためには、「言葉」と「映像」だけで料理の味を伝える工夫が必要です。料理への理解度が知覚化されやすい肩書き（プロ、料理研究家、元○○など）がある場合や目的（時短、かんたん、お手軽など）をチャンネル名や動画タイトルに入れると、動画のコンセプトが伝わりやすいです。

ライフスタイル動画

ライフスタイル動画は、自分の生き方である生活スタイルや暮らしをテーマにした動画です。ライフスタイルという言葉の定義は幅広いですが、基本的には衣食住がテーマになることが多く、趣味やペットなどもライフスタイルと捉えてよいでしょう。主役を表すキーワード（30代、アラフォー、会社員、OL、主婦、犬、猫など）と、ライフスタイルを表すキーワード（都会、田舎、古民家、海外、キャンプ、Vlogなど）をチャンネル名や動画タイトルに入れると、視聴者に全体像が伝わりやすくなります。派手な企画はあまり必要なく、素朴で落ち着く日常的な動画を撮ることでもコンテンツが成り立ちます。「ペットがかわいい」「部屋のインテリアがおしゃれ」「見ているだけで落ち着く」などの、日常的な感情で共感できるポイントを作るのがよいでしょう。

Memo 複数のテーマを扱うときはジャンルごとにチャンネルを分ける

複数のテーマを取り扱う場合、ジャンルごとに分けてチャンネルを作成するのもおすすめです。たとえばYouTuberのHIKAKINさんであれば、商品レビュー動画などを投稿するメインチャンネル「HikakinTV」、ゲーム実況動画などを投稿するサブチャンネル「HikakinGames」があります。チャンネルを複数作成する方法は、161ページで解説しています。

●メインチャンネル「HikakinTV」

●サブチャンネル「HikakinGames」

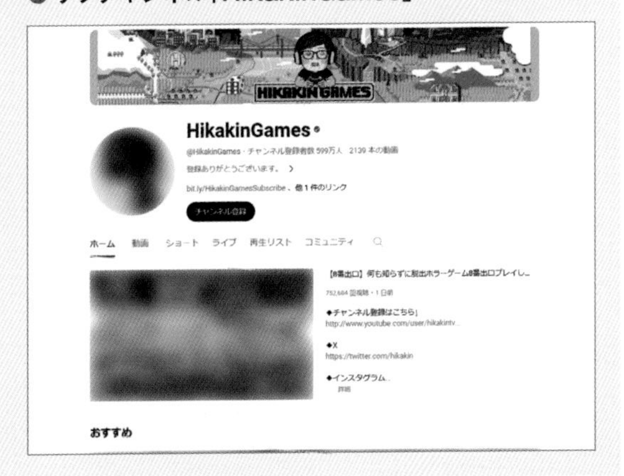

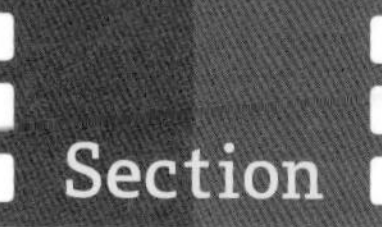

04 動画のシナリオを考えよう

覚えておきたいキーワード
- 導入・展開・結末
- テーマ設定
- シナリオ・台本

動画を撮る前には、必ずシナリオを考えておきましょう。自分が何をしたいのか、何を撮りたいのかを明確にしておくことで、あとで編集もしやすくなり、最終的に見やすい動画に仕上がっていきます。

1 動画の内容は「導入」「展開」「結末」を意識する

導入のテーマ設定が何より大事

動画を撮る前に、必ず「導入」「展開」「結末」のシナリオ（台本）を意識して撮影に入りましょう。「導入」というのは、動画のテーマである「今回何をするのか、どこをゴールにするのか」を説明する部分です。「展開」は「ゴールに向かう過程」を見せる部分で、「結末」は「導入と展開に沿ってやってみた結果どうなったか」を見せる部分です。
基本的な動画の構成は「導入」「展開」「結末」で1つのセットになります。これらは一見難しく感じるかもしれませんが、動画の構成でいちばん重要なのは「導入」です。とりあえずここをしっかり考えておけば問題ないでしょう。導入は「今回は〜をします」といったゴールの設定、たとえるならば電車でいうところの「レール」になるので、そのレールさえしっかり敷いてしまえば、あとはそのルールに従って走るだけで自然と展開や結末も現れてきます。

●「導入」「展開」「結末」の例

導入
・今回何をするのか
・どこをゴールにするのか

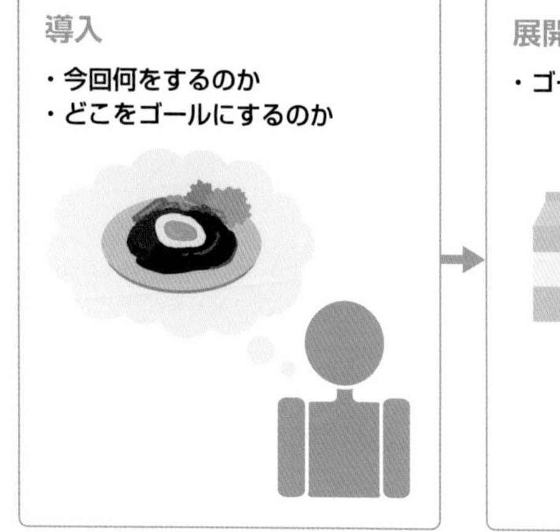

展開
・ゴールに向かう過程

結末
・結果がどうなったか

Memo 1つの動画で伝えるものは1〜2つに絞る

慣れないうちは、1つの動画で大きく伝えるもの（導入）は1〜2個（できれば1個）に抑えておきましょう。伝えるものが多くなると、結果として何を伝えたいのかがわかりにくくなってしまいます。

2 最後まで見てもらうためのポイント

「今何をしているか」を維持させる

動画を最後まで見てもらうためのポイントは、「今何をしているか」がはっきりしている状態を維持し続けることです。なぜなら、「今何をしているか」「今は何の時間なのか」というのがわからないと、人は気持ちよく次の展開まで待つことができない傾向にあるからです。「今から〜します」や「〜をしたいのでその準備をします」というように、自分の言葉やテロップで視聴者に対して目的をはっきりとさせることで、次の展開が明確になり、結果として「最後まで見てもらいやすい動画」になります。

●「今何をしているか」を維持している例（スマートフォンのレビュー動画）

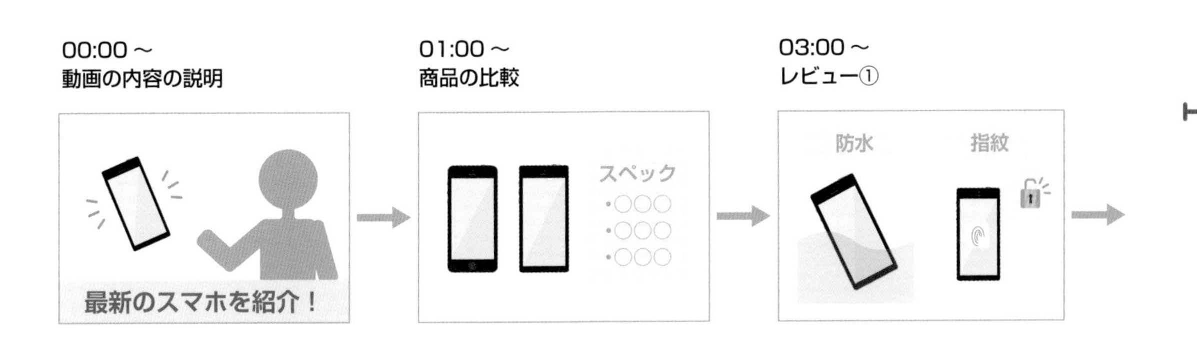

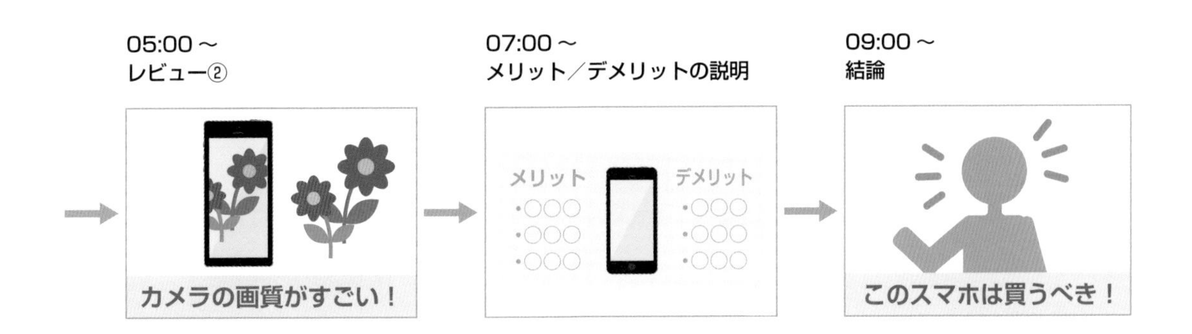

Memo 常に小さい「Want（〜したい）」を見せ続ける

最後まで見られる動画にしたい場合、会話や細かいテクニックは必要なく、1つのポイントを意識しておくことが重要です。そのポイントとは、「自分が（その瞬間に）したいこと」を常に言葉や姿勢で見せ続けることです。「おもしろいものを見せたい」といった具体性に乏しいあやふやなものではなく、そのシーンにおいての自然かつ小さい「Want」が理想です。
大きい「Want」がテーマやゴール設定、小さい「Want」がその瞬間に見せたいものになります。料理でいえば、「こういう料理が作りたい」がテーマまたはゴールであるならば、「手際よく下準備をしているところを見せたい」や「カッコよくフライパンを振りたい」が小さい「Want」です。それらをうまく動画に入れながら料理のレシピやコツを解説するだけで、立派な解説動画になります。もしその「Want」が失敗しても、それはおもしろハプニングになり、動画コンテンツの1つとして成り立つので、成功だけに固執せずに失敗を活用できる柔軟さも持つことが大事です。

05 動画撮影に必要なものを揃えよう

覚えておきたいキーワード
- 撮影用の機材
- スマートフォンカメラ
- ビデオカメラ

撮りたい動画が決まったら、必要な撮影機材を揃えましょう。撮影したいシーンに合わせて機材を揃えるのが理想ですが、費用をかけずに撮ってみたいのであれば、スマートフォンのカメラだけでも撮影が可能です。

1 撮影用の機材（カメラ）

スマートフォン

普段使用しているスマートフォンに搭載されたカメラを使用すれば、初期費用を抑えて撮影することが可能です。スマートフォンのカメラは比較的標準的な画質を備えていますが、ズームすると画質が低下してしまうことがある点に注意が必要です。最新機種のiPhoneやAndroidであれば、有料の高品質カメラアプリを入れることで、標準のカメラアプリよりも本格的な映像を撮影できるようになります。

ビデオカメラ

ビデオカメラは片手で撮れることが魅力で、移動しながらの撮影や屋外での撮影に適しています。スマートフォンと同様にオールマイティーに使用できます。手ブレ防止・補正機能や長時間撮影でも威力を発揮します。

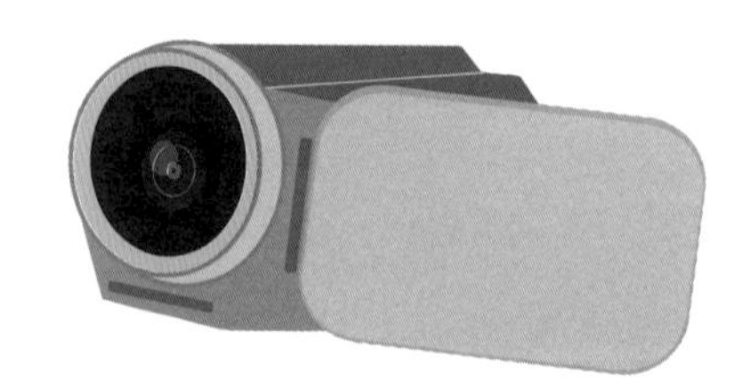

一眼レフカメラ／ミラーレス一眼カメラ

一眼レフカメラは、レンズを交換することでさまざまな撮影シーンに対応が可能になります。広角レンズを使うと狭い室内を広く見せることができますし、望遠レンズは画質を落とさずに遠くにある被写体を拡大して撮影できます。
ミラーレスの一眼カメラは比較的小型で軽量のモデルが多いため、持ち運びがしやすく外での撮影にも向いています。また、背景ボケの映像が撮れるのも魅力です。プロが使用するほどの画質レベルなので、本格的な動画を撮影したい人におすすめです。

コンパクトデジタルカメラ

レンズ一体型のコンパクトデジタルカメラは、レンズ交換が不要なので初心者でも扱いやすいカメラです。基本的にはスマートフォンのカメラよりも高画質で多くの機能を備えているモデルが多いため、スマートフォンのカメラではちょっと物足りないという人におすすめです。

アクションカメラ

動きのあるシーンや雨の中でのアウトドアシーンの撮影におすすめなのが、アクションカメラです。自動車や自転車、身体などに取り付けて臨場感ある動画を撮影することができます。防水機能があれば雨の中や水中での撮影も可能ですが、バッテリーの関係で長時間の録画に適さないのがデメリットです。メインとして使うというよりは、サブ機として使い分けたいカメラです。

Memo 撮影時の画質設定

動画の画質は、動画編集をすることによって撮影時の画質よりも高画質になることはありません。そのため、撮影をする際にはあらかじめフルHD(1920×1080もしくは1080p)などの高い画質にしておくことが望ましいです。

2 撮影用の機材(そのほか)

三脚

撮影と出演を1人でこなす場合、三脚は持っておきたいアイテムです。ミラーレス一眼カメラ(望遠レンズは除く)やコンパクトデジタルカメラであれば、強度が高い三脚でなくても問題ありません。

外付けマイク

カメラに標準で搭載されている内蔵マイクは周囲の音を満遍なく拾ってしまい、出演者の声が聞き取りにくくなることもあります。外付けマイクを使うことで、聞き取りやすいクリアな音を拾うことができます。

グリーンバック

人物を切り抜いて背景を別の動画で合成したいときは、グリーンバックがおすすめです。「クロマキー合成機能」が入っている動画編集ソフトなら、人物だけを残してかんたんに背景を削除することができます。

カメラスタビライザー

カメラスタビライザー(ジンバル)は、激しい動きの中でも宙に浮いたように安定した映像が撮りたいときに便利なアイテムです。手ブレ補正のないスマートフォンのカメラにもおすすめです。

照明

室内で映像を撮るときは、照明があると肌やアイテムなどをより明るくきれいに撮影できます。LEDやストロボなど種類も豊富なので、よく撮影するシチュエーションやテーマに最適な照明を選ぶのがポイントです。

キャプチャーボード

ゲーム実況動画を作る際は、家庭用ゲーム機を録画またはライブ配信できるキャプチャーボードが必要です。パソコンとつなげるものもあれば、直接録画するタイプのものもあります。

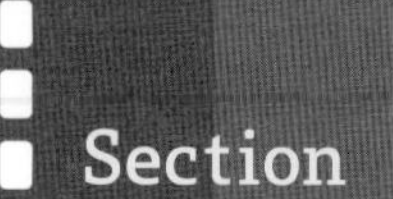

06 動画撮影の基本を知ろう

覚えておきたいキーワード
- 構図
- 光
- フレームレート

必要な撮影機材が揃ったら、動画撮影の基本をおさらいしておきましょう。被写体をきれいに映すには光の扱いが重要になってきます。おもに室内撮影と屋外撮影では光の扱い方が異なる点に注意してください。

1 構図を意識する

撮影時は被写体がきれいに映るよう、画面の構図を考えてから撮影に臨みましょう。被写体を中心からずらして撮る「三分割法」がYouTubeでは一般的ですが、あえて中心に被写体を置いて撮影する「日の丸構図」も覚えておくとよいでしょう。

三分構図

画面の構図は、とくにこだわりがなければ被写体を中心からずらして撮影する「三分割法」がおすすめです。「三分割法」は、画面を縦横それぞれ3つに分割し、分割した線が交差する4つの点の周辺に被写体を配置して撮影する方法です。

日の丸構図

自撮り映像や商品を拡大して見せたい場合は、人物を含めた被写体を中心に置く「日の丸構図」が適しています。被写体を中心に置いて商品をカメラに近付けることで、インパクトを与えることができます。

Memo 画角は基本的に横がおすすめ

YouTubeでは最適なアスペクト比（画面縦横比）が16:9のため、横長の画角で撮影する方法が一般的です。ビデオカメラなどでは基本的にはじめから横向きの画面で撮影できますが、スマートフォンのカメラでは端末を横向きにして撮影するようにしましょう。なお、縦長の動画を投稿した場合、動画の左右に黒い帯が入ります。ただし、YouTubeショート（ショート動画）を作る場合は、縦向きで問題ありません。

2 光を意識する

室内撮影の場合

室内での撮影は「撮影する場所」「光の当たり方」「明るさ」に注視して撮影をします。自然光で明るさが足りなかったり、メイク動画などで肌を際立たせたりしたい場合は、照明を用意するのが最適です。

場所選びのポイント

室内撮影は「きれいに撮影できる」「個人情報が映り込まない」場所を選ぶのが重要ポイントです。欲をいえば壁や床が白い場所であれば光の反射がきれいになるので、肌やアイテムを美しく撮影することができます。背景用のシートを用意するのもよいでしょう(130ページ参照)。

室内での光の向き

室内で撮影するときは、被写体に当たる光の角度を意識しましょう。被写体の正面(順光)や斜め(斜光)から光が当たると、被写体がきれいに映ります。逆に被写体のうしろから光が当たると「逆光」となり、被写体が暗く映ってしまうので注意が必要です。

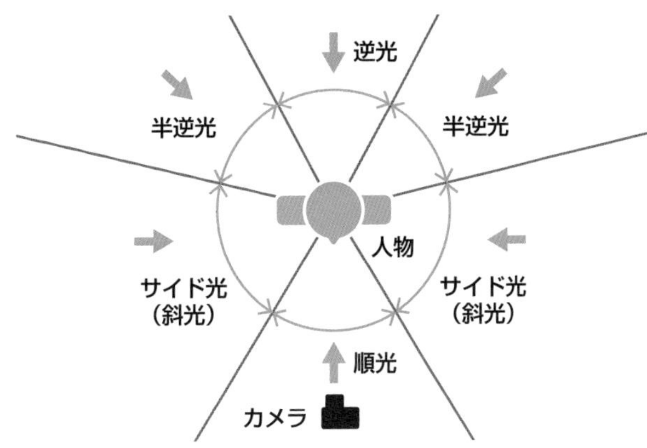

Memo 室内撮影はリングライトを使用する

リングライトとは、動画撮影をするときに使われる円形の照明器具のことです。リングライト照明を使うことで被写体全体に光が当たり、肌や表情が明るく撮影できます。天井照明だけだと顔に影ができやすいので、顔や被写体に影を作りたくないときにおすすめです。被写体だけではなく室内全体の見栄えをよくしたい場合は、専用の動画撮影用ライトを用意するのもおすすめです。照明をコントロールすることを「ライティング」といいますが、ライティングの理解を深めることで、同じ室内でも映像の見え方がガラリと変わります。

屋外撮影の場合

トラブルを避けるため、まずは「撮影が可能な場所」であるかどうかを必ず確認するようにしましょう。また、屋外は直射日光の光が強いため、室内撮影とは光の扱い方が異なる点に注意してください。

● 場所選びのポイント

屋外撮影は、室内撮影よりも広い空間と太陽からの強い光を使用できるのが大きな特徴です。日中であれば背景のロケーションだけでなく、時間帯や天気によって変わる光の強さ、角度とのバランスを考えて場所と時間を選びましょう。

● 屋外での光の向き

被写体の正面から直射日光を受ける「順光」は、背景を入れた全体の画に向いています。アップの画を順光で撮影すると影とのコントラストが強くなり、顔のほうれい線などが目立ちやすくなります。人物の被写体をアップで撮りたい場合は、「逆光」か「日陰」がおすすめです。「逆光」は顔に変な影が入らず眩しくもないので、自然な表情が撮りやすいのが特徴です。ただ、顔全体が暗くなりやすいため、カメラの設定で明るく調整する必要があります。
無難に撮影したいのであれば、難易度の低い「日陰」での撮影が適しています。日陰だと光の向きを気にすることなく、初心者でもきれいに被写体を撮ることができます。

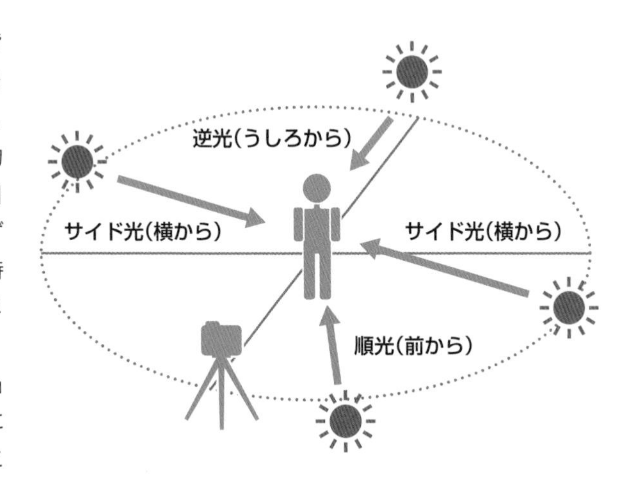

Memo ズームは極力しない

カメラをズームした状態で撮影を行うと、少しの手ブレであっても大きなブレに見えてしまうため、歩いて撮影する場合などでは極力ズーム機能は使わないようにしてください。また、スマートフォンのカメラのズーム機能は倍率に比例して画質が大きく低下するため、どうしても被写体を大きく映したい場合は、自分が被写体に寄って撮影を行いましょう。

● ズームなし

● ズームあり

3 最適なフレームレートを知る

フレームレートとは

動画編集におけるフレームレートというのは、1秒間に何枚の画像(フレーム)で構成されているかのことです。単位は「fps」として表記され、fpsの値が大きいほど1秒間における画像(フレーム)が増加し、映像はなめらかに表示されます。fpsの高い(60fpsなど)なめらかな動画は激しい動きを捉えるのに最適で、fpsが程よく低い(24fpsなど)動画はエモーショナルな印象を与えるのに最適です。YouTubeでは、24fps～60fpsの動画が推奨されています。

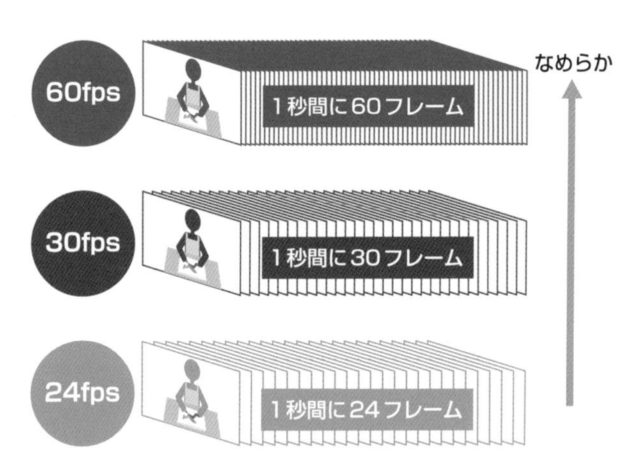

目的別のおもなフレームレート

● 24fps

映画、ミュージックビデオ、Vlogなどで定番とされるフレームレートです。実際に目で見る動きとは乖離しているので非日常的なシネマティック(映画風)な映像として仕上げたい場合に最適です。

● 30fps

日本のテレビ番組などで使用される身近なフレームレートです。違和感の少ない普遍的な映像を作りたい場合に最適です。

● 60fps

目で見る感じに近いフレームレートです。30fpsよりも2倍なめらかな映像になるため、日常的な映像や動きの激しいゲーム録画などに向いています。

Memo フレームレートの注意点

フレームレートは、動画撮影時(録画設定)と動画編集時(出力設定)に確認しておくとよいでしょう。また、fpsは撮影時よりも高い値にすることはできないことに注意が必要です。たとえば30fpsの設定で撮影した動画を動画編集ソフトで60fpsとして編集・出力したとしても、30fps以上のなめらかさにすることはできません。そのため、最終的に仕上げたい動画のフレームレートを逆算して撮影し動画編集するのがおすすめです。

● 撮影時の録画設定(カメラ)

● 編集時の出力設定(PowerDirector)

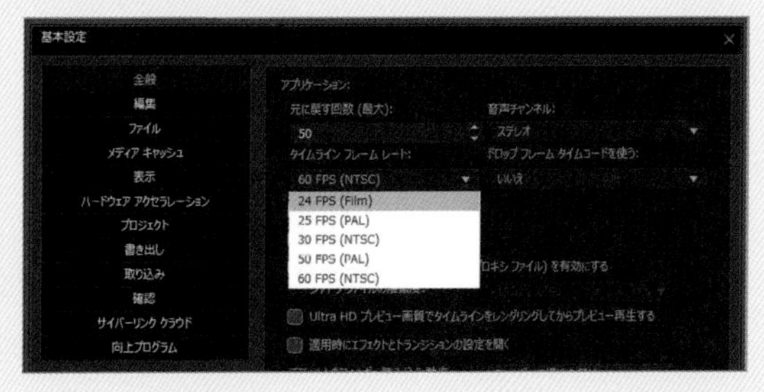

07 YouTube動画のテーマ別撮影のポイント

覚えておきたいキーワード
- 動画のテーマ
- 撮影のポイント
- 機材

ここでは、テーマ別(商品レビュー、ゲーム実況、歌や楽器、語り、料理、ライフスタイル、YouTubeショート)に撮影のポイントを解説します。それぞれ映える撮り方、向いている機材などが異なるので参考にしてみてください。

1 テーマ別の撮影のポイント

作りたい動画のテーマが決まったら、そのテーマに合った撮影方法や機材を知っておきましょう。たとえば「商品レビュー」「料理」「ライフスタイル」などの動画では、被写体や映像をきれいに撮れるほうが強みになるため、背景をぼかせるカメラや被写体をきれいに映せるLED照明などがあると、映像のクオリティが上がります。また、「歌ってみた」や「楽器演奏」の動画では、音をきれいに録音することが強みになるため、オーディオインターフェイスとマイクを使用し、パソコンで録音するなどの環境が必要になります。なお、「ゲーム実況」の動画のようにテーマが同じであっても、ゲーム機(SwitchやPlayStationなど)のゲームを実況するのかパソコンゲームを実況するのかで、必要な機材が変わってくるものもあります。最終的には自分の撮りたい動画やテーマに合わせて機材を用意してください。

商品レビュー動画の撮影のポイント

商品紹介のレビュー動画を撮影するときには、商品の情報をしっかり伝えるための工夫がポイントになります。たとえば、商品の表側、裏側、側面がどうなっているか、触り心地、機能性などを詳しくレビューすると、実際に商品を手に取ったことがない視聴者に商品の特徴がより伝わりやすくなります。また、商品の真上から照明の光(トップライト)を当てると影が短くなり明るく撮影できるので、商品をよりよく見せる方法として効果的です。さらに、サイド(斜光)から光を当てれば影に立体感が生まれ、商品をオシャレに撮影できます。

Memo 商品レビュー動画のクオリティを上げる機材

商品レビュー動画のクオリティを上げるためには、背景をぼかして撮影できるカメラや、商品をきれいに撮影できるLEDまたはリングライト照明を使用するのがおすすめです。また、自分の声を入れる場合は、スマートフォンやカメラに取り付けて音声をクリアにする外部マイクも使ってみましょう。

ゲーム実況動画の撮影のポイント

ゲーム実況を撮影するときのポイントは、「ゲームの映像をきれいに撮ること」と「ゲーム音と実況の声のバランスを取って録音すること」です。ゲームの映像はフルHDで、できれば60fpsのフレームレートで滑らかに撮影できるように、機材を揃えておきましょう。またゲーム実況では何よりも声が重要になるため、クリアに録音できる機材を使用し、ゲーム音よりも若干大きいくらいの聞き取りやすいバランスで撮影に臨みましょう。このバランスを取る作業は意外と難しいので、事前に練習をして要領を掴んでおくのがおすすめです。

Memo ゲーム実況で必要な機材

ゲーム実況動画のために家庭用ゲーム機を録画する場合は、キャプチャーボードが必要です。キャプチャーボードは、パソコンとつなげてパソコン上で録画するタイプとキャプチャーボード本体で直接録画するタイプの2種類があります。なお、自分のゲーム中の声を録る場合、前者であればパソコンにマイクをつなげて録音するのが一般的なため、リーズナブルなものであればUSBマイク、本格的なものであればオーディオインターフェイスとマイクが必要になります。後者であれば、キャプチャーボードにUSBマイクをつなげるのが一般的なため、USBマイクが必要になります。

歌や楽器動画の撮影のポイント

歌や楽器の演奏動画を撮影するには、複数の方法があります。いちばんハードルが低いのが、スマートフォンでの撮影です。お手軽に撮影することができる反面、音質があまりよくないのがデメリットになります。外部マイクやスマートフォン用オーディオインターフェイスを使用することで、スマートフォンの撮影でも音質を上げることが可能です。本格的に高音質で録音したい場合は、パソコンとオーディオインターフェイスを使用した録音がおすすめです。

Memo 本格的に歌や演奏を録音する場合

歌を本格的な音質で録音したい場合、USBマイクではノイズが入ってしまうため、オーディオインターフェイスとマイクは必須です。オーディオインターフェイスで録音する際はもちろんパソコンも必要になります。また、音楽モニター用のヘッドフォンを使用すると録音中に自分の歌声が原音のまま聴こえるため、非常に歌いやすくなります。

語り動画の撮影のポイント

語り動画とは、自分の言葉で「体験」や「経験」を伝えたいときに最適な動画スタイルのことです。語り動画は、有名な人であれば顔を知られているため自分の顔を映すのが効果的ですが、そうではない場合はあえて顔は映さずに、「語り」の内容に合う別撮りの映像を用意するのがおすすめです。これは「知らない人の顔」という無駄な情報をカットし、語りの部分に集中させるのが目的です。語りの内容がわかりやすくなるように話す順序をあらかじめしっかり決めておき、不必要な間や言葉をカットして、ずっと聞いていられるような動画になるのが理想です。

Memo 語り動画のクオリティを上げる機材

語り動画で自分の顔を映す場合は、背景をぼかして撮影できるカメラとLED照明を用意しましょう。映さない場合は、語りの内容に合う動画を撮影できるカメラだけで問題ありません。スマートフォンやカメラで直接音声を録音する場合は外部マイクを、パソコンで語りの音声を別撮りする場合はパソコンに接続するマイクが必要です。

料理動画の撮影のポイント

料理動画は、実際に再生しながらいっしょに調理をする視聴者、買い物のためにレシピをメモをスクリーンショットする視聴者などを想定し、テロップまたは音声を多めに入れるようにしましょう。そして、料理動画は下ごしらえの過程や完成した料理をいかにおいしそうに見せられるかが重要となります。「光の入れ方」によって料理の見え方が変わるので、自然光や照明を調整し、納得できるまで事前に何度も撮影して確認しておきましょう。料理動画では、立体感が出てよりおいしそうに見える「逆光」や「半逆光」を使うのがおすすめです。

Memo 料理動画のクオリティを上げる機材

料理動画のクオリティを上げるためには、背景をぼかして撮影できるカメラや、料理を美味しく見せられるような照明を使ってライティングを意識するのがおすすめです。工程の説明を入れる場合は、スマートフォンやカメラに取り付けて音声をクリアにする外部マイクも使用しましょう。

ライフスタイル動画の撮影のポイント

ライフスタイル動画では、定義が広いからこそ何を魅力にするかを1つのテーマとして定めて撮影してみましょう。たとえば、おしゃれな家の動画にしたいなら、器やインテリア、照明などにこだわってみたり、顔を出すなら美容にも気を遣ってみたりしましょう。素朴なものをおしゃれに見せること、自然体なものを魅力的に撮影できることは、そのチャンネルの強みになります。撮影時には、構図(カメラアングル)、自然光や照明の色、強さ、角度などが重要です。また、生活感のあるものや不要なものを極力映像の中に入れないようにしましょう。非日常的な映像にしたい場合は、24fpsでの撮影・編集がおすすめです。

Memo　ライフスタイル動画のクオリティを上げる機材

ライフスタイル動画のクオリティを上げるためには、風景を美しく撮影できるカメラや、被写体をきれいに撮影できるLED照明、スマートフォンやカメラに取り付けて音声をクリアにする外部マイクの使用がおすすめです。

YouTube ショートの撮影のポイント

YouTubeショートでは、短い時間で完結するわかりやすいテーマと動画タイトル(題目)で動画を作るのがよいでしょう。縦型で最適化されているため、カメラやスマートフォンを縦向きで撮影を行います。縦向きの動画は没入感が高く、映像が近く見えるので迫力が出るような構図を意識してみましょう。たとえば料理のように被写体に動きがない場合は、画面中央で被写体を捉えるような構図がおすすめです。動きのある被写体の場合は、自分の視点を動かすように、注目させたいポイントに視線を誘導しながら撮影するのもよいでしょう。また、通常動画を作る際にとくにおもしろかったシーンなどを切り取って、YouTubeショートとして別途編集しアップロードするのも定番です(52ページ参照)。

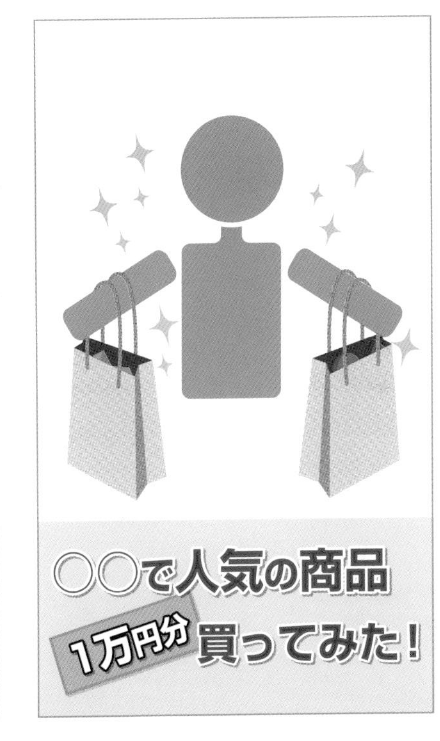

Memo　YouTubeショートの定番題目

YouTubeショートには定番の題目がいくつかあります。ライフスタイル系であれば「○○のルーティン」「○○の暮らしのアイデア」「○○の犬がかわいすぎる」など、料理系であれば「話題の○○を作ってみた結果…」「ごはんがすすむ○○」など、ゲーム系であれば「○○な敵を倒してみたら…」「勝ち確のはず…」「実は○○が強かった件」などです。実際に投稿されているYouTubeショートから、自分でも撮影できそうな定番の題目を探してみましょう。

08 YouTube動画ならではの撮影のポイント

覚えておきたいキーワード
- カメラ・カット
- 音声
- 引きと寄り

YouTubeでより多くの人に動画を視聴してもらうためには、撮影時にも編集時にもさまざまな工夫が必要です。ここでは、YouTube動画ならではの撮影時のポイントについて解説します。

1 YouTubeならではの撮影のポイント

カメラを動かしすぎない

YouTube用の動画を撮影する際、とくに慣れないうちはカメラをむやみに動かさないようにしましょう。カメラのアングルを早く動かしすぎると、手ブレやシーンの切り替えが煩雑になります。YouTubeのユーザーはスマートフォンの小さい画面で動画を見る人が多いため、そういった動画は視聴者が映像酔いを起こしてしまう可能性もあります。どうしてもカメラを動かしたい場合は、被写体に追い付かなくてもよいのでできるだけゆっくり動かし、被写体を追いかけているように撮影するのがおすすめです。

● カメラを動かしすぎるとブレが起きやすい

● カメラはあまり動かさないようにする

Memo サムネイル用のカットを撮影しておく

YouTubeの動画にはサムネイルを設定することができます（167ページ、176ページ参照）。動画の内容がわかりやすいように、サムネイル用のカットや静止画もいっしょに撮影しておくとよいでしょう。

カットのしやすさを考慮する

撮影時は、映像のカットのしやすさを考慮しながら撮影に臨みましょう。たとえばすべては使わないとしても、1カット10秒ほど（体感で少し長いなと思うくらい）で撮影しておくと、あとで必要な部分だけを吟味できるのでカットがしやすくなります。ポイントは、長めに撮影してあとでよいところだけを使用するイメージです。
また、映像のカットはたくさん撮影して用意しておくに越したことはありません。カットがたくさんあると飽きずに映像を見ることができ、効果的に複数のカットを使い分けることで動画のクオリティも自然に上がっていきます。

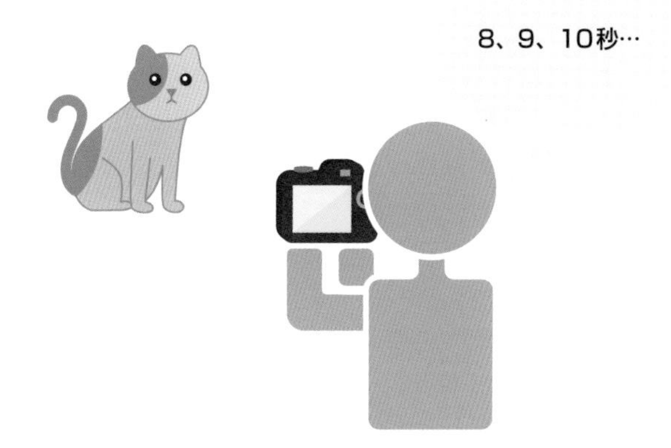

音声ははっきり録れるようにする

自分の声を録音する場合、とくに動画にBGMや効果音を入れたいと考えているのなら、「何を言っているのか」をしっかり聞き取れるようにしましょう。そのためには、録音のテストを何度も行ってみることが大事です。このときテストを怠ったりテストが甘かったりすると、必ずといってよいほど最終的な動画クオリティに影響します。また、機材のテストだけでなく、普段から文章を声に出して読む練習をしておくと、声量や滑舌が向上します。

「引き」と「寄り」を撮影する

同じ被写体を撮影するときには、「引き」と「寄り」のカットを撮影しておくと動画のクオリティが上がります。たとえば「寄り」のカットから「引き」のカットに切り替えるような編集をするだけで、かんたんにドラマチックな演出になります。料理動画の場合は「引き」で料理のビジュアルを、「寄り」であたたかみやシズル感を伝えることができ、商品紹介動画の場合は「引き」で商品の全体像やサイズ感を、「寄り」で質感や色味などを伝えることができます。また、スマートフォンから視聴する人のためにも、商品のサイズが小さい場合はアップを多めに入れるとよいでしょう。

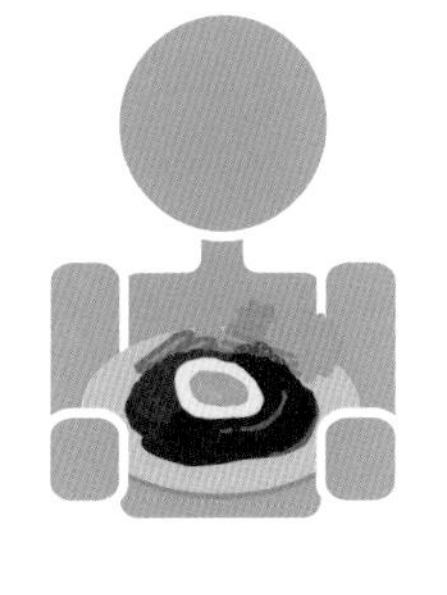

撮影前に注意しなければいけないこと

撮影OKな場所か、一般の人が入り込まないかを確認する

屋外で撮影を行う際は、「他人に迷惑をかけない」というルール・マナーは必ず守ることが鉄則です。迷惑を掛ける具体的な事例としては、「撮影NGな場所、または撮影の許可がいる場所で無断で撮影を行う」「出演者以外の通行人等の一般の人や著作物が映像に入り込む（肖像権の侵害）」といったことです。あとあとトラブルを避けるためにも、撮影しようとしている場所が撮影しても問題ない場所なのか、それとも撮影に許可が必要なのかを必ず事前にリサーチしておきましょう。

また、自分以外の出演者がいる場合は、事前にモデルリリース（肖像権使用許諾書）を取り交わすなど、権利関係には十分注意する必要があります。肖像権とは、本人の承諾なしに肖像（顔や姿）を写真や動画などに写し取られたり、公表あるいは使用されたりしないように主張できる権利のことです。

● 文化庁　いわゆる「写り込み」等に係る規定の整備について

https://www.bunka.go.jp/seisaku/chosakuken/hokaisei/utsurikomi.html

事前にYouTubeのコミュニティガイドラインを確認する

YouTubeのコミュニティガイドラインでは、YouTubeで許可されていること、禁止されていることなどが確認できます。自分が撮影・投稿したい動画がコミュニティガイドラインに違反していないか不安な場合は、必ず事前にチェックしておきましょう（日本語に翻訳する必要があります）。なお、コミュニティガイドラインの内容は動画、コメント、リンク、サムネイルなど、YouTubeプラットフォーム上のさまざまなコンテンツに適用されます。

● YouTube　コミュニティガイドライン

https://www.youtube.com/intl/ALL_jp/howyoutubeworks/policies/community-guidelines/

動画をパソコンに取り込もう

09 動画の編集に必要な機材を揃えよう

覚えておきたいキーワード
- 動画編集ソフト
- スペック
- PowerDirector

動画編集にはパソコンと動画編集ソフトが必要です。パソコンの性能は使用する動画編集ソフトの要件を満たしていれば基本的に問題ありませんが、性能がよいほど動画編集がスムーズに行えます。

1 動画を編集するパソコン

動画編集をパソコンで行うには、動画編集ソフトで指定されているスペックを満たしている必要があります。パソコンにおけるOSとは、オペレーティングシステムのことを指し、WindowsやmacOSが一般的に主流なOSです。スペックとはパソコンのデータの処理能力を指し、CPUやメモリ、グラフィックカードなどの性能が含まれます。CPUが頭脳で、メモリが作業机、グラフィックカードは絵を描く能力にたとえることができます。
基本的には使用する動画編集ソフトで指定されているスペックを満たすパソコンを用意すれば問題ありませんが、パソコンのスペックが高いほどより複雑な編集に耐えられるようになります。

著者が推奨する動作環境

OS	Windowsの場合、今後のサポート（将来性）を考えるとWindows 11が望ましいです。
CPU	動画編集ではCPU性能がいちばん大きく影響を受けるため、Intel製なら第4世代以降のCore i5以上、AMD製ならRyzen 5以上が望ましいです。AI機能を使用する場合は、Intel製はCore i7 4770以上、AMD製はAMD A8-7670K 以上、AMD Ryzen 3 1200以上が必要です。
メモリ	公式では8GB以上が推奨ですが、編集する画質（フルHD、4K）に応じて16GB、32GB以上のメモリを搭載しておくと快適に編集できます。
グラフィックス（GPU）	公式で記載されている動作の重いプラグインやツールを使用しない限りはとくに必要ありません。NVIDIA製のGPUに依存している機能（ノイズ除去など）を使用したい場合は、RTX 2060以上が必要になります。
画面サイズ	一般的に16:9の縦横比のものが主流のため、それに近いものであればとくに問題ありません。使いやすい画面サイズのもので構いませんが、大きい画面であるほど操作は行ないやすくなります。
HDD／SSD	PowerDirectorのインストール先がSSDであれば、HDDよりも快適さが見込めると思います。ただPowerDirectorのファイルサイズよりも動画のファイルサイズのほうがはるかに大きいため、動画を保存（出力）する際には消耗品としての外付けHDDなどを用意するのがおすすめです。
パソコンのタイプ	ノートパソコンかデスクトップパソコンかはどちらでも問題ありませんが、なるべく大きい画面のものがおすすめです。ただノートパソコンを使用する際は、操作性の観点からマウスを用意しておくとよいでしょう。

2 動画を編集するソフト

動画を編集するには、パソコンのほかに動画編集ソフトが必要です。動画編集ソフトには、プロ向けのものから家庭向けのものまでさまざまなソフトがありますが、本書では家庭用として国内販売シェアNo.1の動画編集ソフト「PowerDirector」を使って解説をしています。
PowerDirectorは値段別でパッケージのグレードが分かれており、価格が高いグレード(「Standard」<「Ultra」<「Ultimate」<「UltimateSuite」)のものほど機能や付属ソフトが多く含まれています。通常の編集がしたいならUltra以上、基本機能や高品質なエフェクト類がすべて揃ったものを使用したいならUltimate、色、音の編集ソフトをあわせて使用したいならUltimateSuiteを選ぶのがおすすめです。またパッケージのほかに、1年間の定額料金を支払うサブスクリプションプラン(「PowerDirector 365」)もあります。こちらは使用期間内なら常に最新のバージョンにアップデートされるため、常に最新バージョンのPowerDirectorを使いたい人にとってはコストパフォーマンスが高いです。
PowerDirector 365はUltimateパッケージと同等の機能に加え、サブスクリプションユーザー専用の機能(とくにAIなど)や特典が含まれます。これらのパッケージおよびプランの詳細な違いについては、PowerDirector公式サイトを確認してください。本書では、PowerDirector 365の体験版である「PowerDirector Essential」を使用して動画編集を解説します。

https://jp.cyberlink.com/products/powerdirector-video-editing-software/features_ja_JP.html

Memo スペックが低いパソコンを使うとどうなる?

動画編集は、パソコンで行う作業の中でもとくに重い処理を行います。そのためスペックの低いパソコンを使って動画編集を行うと、パソコンの処理待ちの時間が増えたり、場合によってはフリーズの頻度が高くなったりします。また、AI機能などの一部機能では、対応するCPU(32ページ参照)が必要になります。対応していないCPUの場合、その機能が使用できないので注意してください。

10 動画編集の流れを知ろう

覚えておきたいキーワード
- 動画制作の流れ
- 取り込み
- カット編集

撮影した動画素材は、パソコンへ取り込み、カット、演出を加えるなどして編集を行います。そして編集の終わったデータを1つの動画として出力することで完成します。 ここでは、動画編集の大まかな流れを説明します。

1 動画制作の流れ

①ビデオカメラ（スマートフォン）で撮影した動画データをパソコンに取り込む

● SDカードの場合

①ビデオカメラからメモリーカードを取り出す
②メモリーカードをパソコンのカードスロットに差し込む

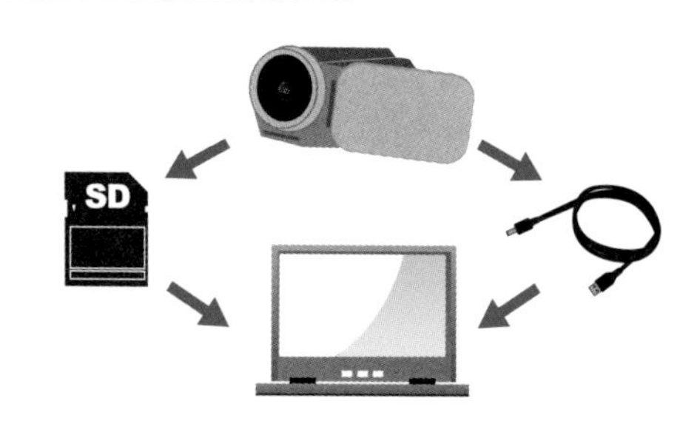

● USBケーブルでデータを転送する場合

①USBケーブルでパソコンとビデオカメラ（スマートフォン）を接続する

②動画の不要な部分をカットする

● ①ビデオの不要な部分をカットする

撮影したビデオから不要な部分をカット（トリミング）します。

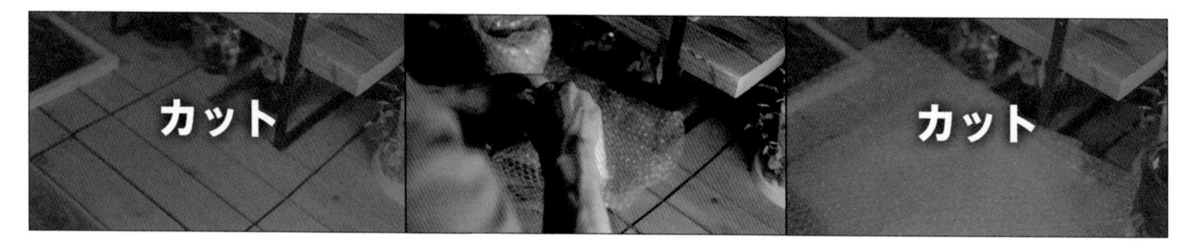

● ②各ビデオの使う部分だけをつなぎ合わせる

各動画の使う部分だけをつなげて1本の動画にします。

③演出や装飾をする

● 切り替え効果（トランジション）

切り替え効果は別名「トランジション」と呼ばれ、異なる場面に転換するシーンでよく使われます。あまり使いすぎると映像がごちゃごちゃしてしまうため注意が必要ですが、効果的に使うことでオシャレに演出できます。最新版のPowerDirectorでは数百個のトランジションアニメーションが含まれているため、お好みのトランジションを探してみましょう。

● 特殊効果（エフェクト）

特殊効果は別名「エフェクト」と呼ばれ、動画編集ではおもに映像の加工を行う演出です。たとえば過去の回想であることを印象付けたいときに「白黒やセピア調になる特殊効果を施す」といった使い方をすると効果的です。

● テロップ

テロップは人や物、場所の紹介をするときや、バラエティー番組などで言葉の強調を行うときに見られるテキストのことです。映像と言葉を組み合わせることでテレビ番組のように「見どころ」や「おもしろいポイント」が見えやすくなる効果が期待できます。

④ BGMやナレーションを追加する

● BGMやナレーション

BGMやナレーションなどを後付けで追加するのも動画編集の定番の技です。シーンに合うBGMやナレーションを入れることによって動画が格段に見やすくなります。とくにBGMの選び方というのは、その人独自の色や雰囲気が反映する大きな要素のため、誰かの真似をするというよりは自分の肌にあったものを選ぶのがおすすめです。自分らしいBGMを選べるようになるにはある程度経験が必要ですが、BGMを試行錯誤しながら選ぶ作業は、動画編集の醍醐味の1つといえるでしょう。

⑤動画を出力する

● 動画の出力

完成した動画をパソコンに保存、YouTubeにアップロードします。また、動画を適切な形式でディスクに書き込めば、対応するレコーダーでDVDやBlu-rayを再生することが可能です。

パソコン、スマートフォン、YouTubeなど

DVD、Blu-ray

11 PowerDirectorとは

覚えておきたいキーワード
- PowerDirector
- CyberLink
- PowerDirectorの機能

PowerDirectorは、CyberLinkから発売されている動画編集ソフトです。世界中で利用されており、同価格帯の動画編集ソフトと比べても多くの編集機能を備えているので、初心者でも直感的な操作ができるのが特徴です。

1 PowerDirectorとは

「PowerDirector」は、初心者でも使いやすい操作性と、高度な編集機能を兼ね備えた動画編集ソフトです。CyberLinkから発売されており、日本国内での販売シェアもトップクラスで、多くのユーザーに利用されています。使いやすさと機能性のバランスがよく、動画編集に必要なさまざまな機能を網羅しています。

本書では、PowerDirector 365の体験版である「PowerDirector Essential」(Windows版)で操作解説を行っています。

動画編集ソフト「PowerDirector」

Memo 体験版の制限事項

PowerDirector 365の体験版である「PowerDirector Essential」は、CyberLinkの公式サイトからダウンロードが可能です(38ページ参照)。製品版に比べてディスクへの書き込み、ファイルの読み込み、エンコード設定などに機能制限があります。あらかじめ撮影用の機材でテスト撮影し、動画が読み込めるかどうかを確認してください。読み込めない場合は、録画保存設定を見直すか製品版を購入する必要があります。また、出力した動画には透かしロゴが表示されます。詳しくは204～205ページの付録を参照してください。

2 PowerDirectorでできること

さまざまな形式の動画や画像、音声素材を取り込んで編集が可能

動画・画像・音声のファイル形式はさまざまな規格がありますが、PowerDirectorでは動画・画像・音声のほとんどの規格のファイル形式を読み込んで、動画を作成する際に利用することができます。対応しているファイル形式は44～45ページを参照してください。

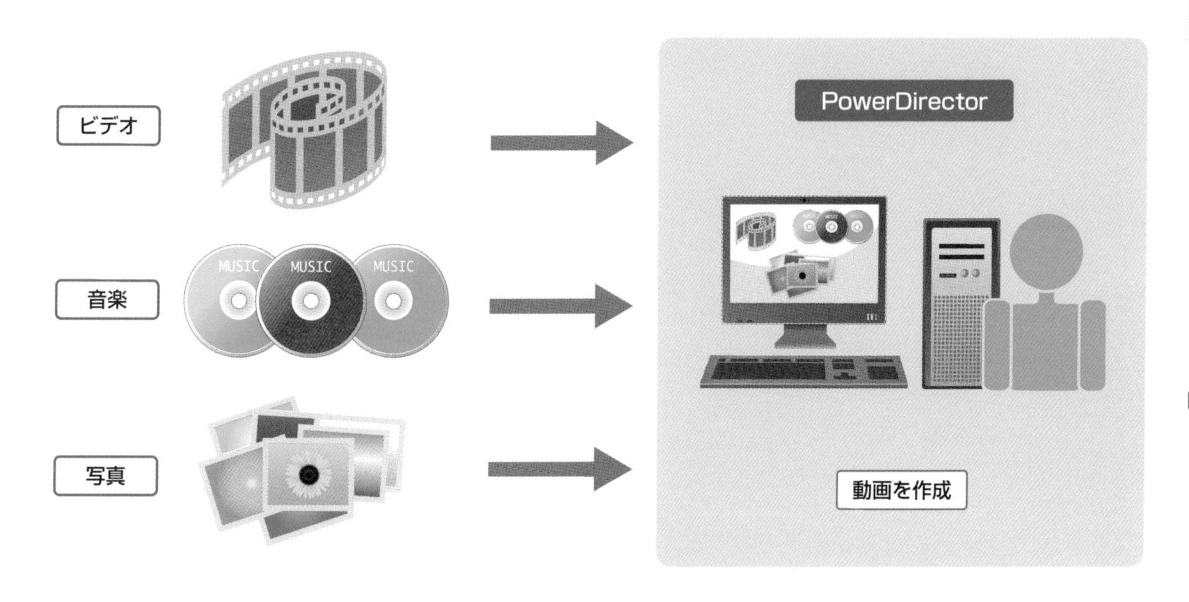

取り込んだ素材は「メディア」ルームで管理

PowerDirectorに読み込んだ素材ファイルは「メディア」ルームと呼ばれるウィンドウに表示され、ひと目でわかりやすく管理できます。「メディア」ルームでは、ファイルの種類ごとに表示を切り替えたり、サムネイルのサイズや表示方法を変更したりするなどして、自由にカスタマイズできます（54ページ参照）。

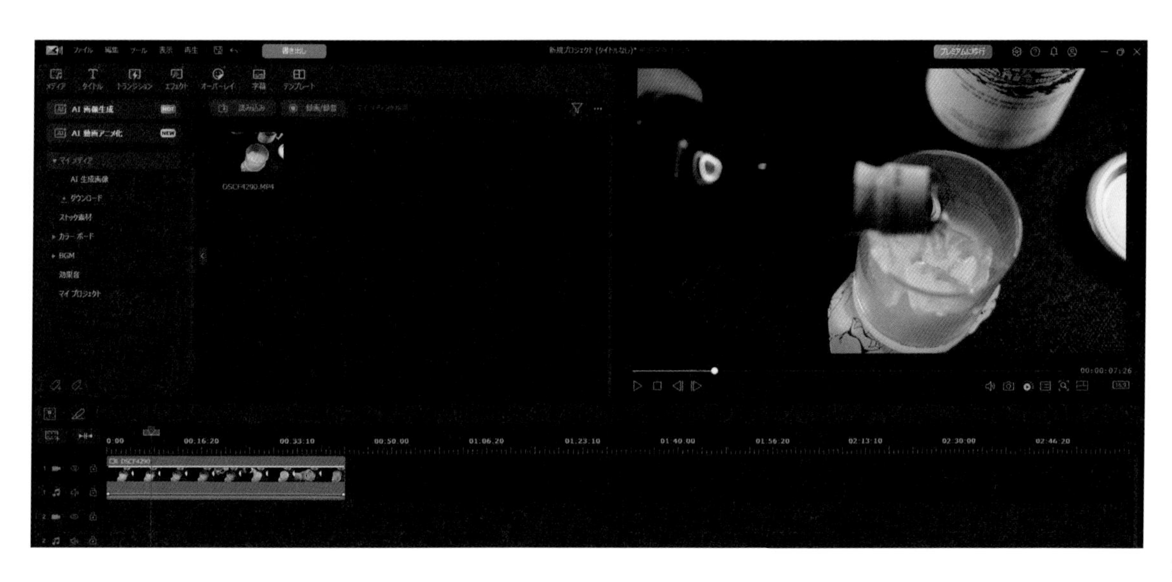

Section 12 PowerDirectorの体験版をインストールしよう

覚えておきたいキーワード
- 体験版
- インストール
- PowerDirector Essential

ここでは、PowerDirectorの体験版「PowerDirector Essential」をパソコンにインストールする手順を解説します。「PowerDirector Essential」は、CyberLinkの公式Webページからダウンロードすることができます。

1 PowerDirectorの体験版をインストールする

1 ダウンロードページにアクセスする

CyberLinkの「PowerDirector Essential」のページ(https://bit.ly/4aMQets)にアクセスし、[無料ダウンロード]をクリックします1。

2 OSを選択する

使用しているパソコンのOS(ここでは[Windows])をクリックすると1、自動でダウンロードが開始されます。

3 ダウンロードフォルダーを開く

ダウンロードが完了したら、🗀(フォルダーに表示)をクリックしてフォルダーを開き、[CyberLink_PowerDirector_Downloader.exe]をダブルクリックします1。

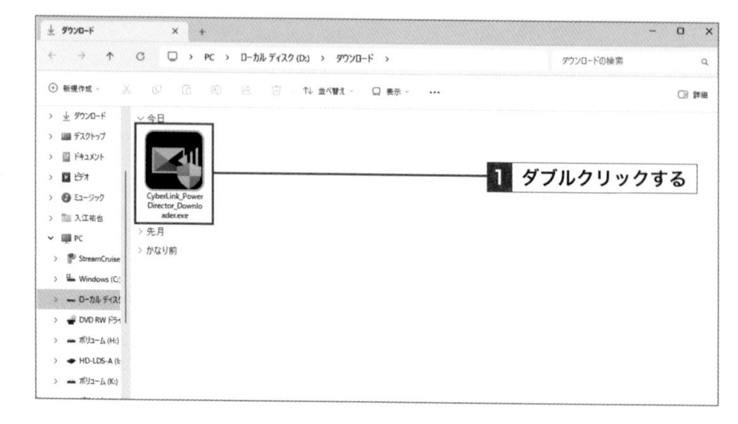

4 インストール設定画面を展開する

「プライバシーポリシー」と「使用許諾契約書」を確認し1、[インストール設定]をクリックします2。

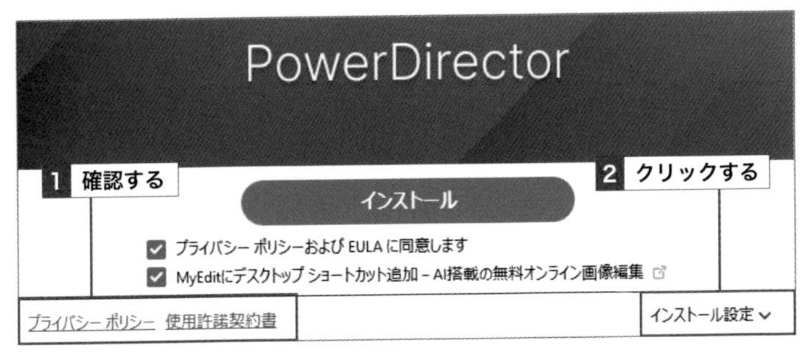

5 言語と場所を確認する

「言語」と「場所」(インストール先)を確認し1、[インストール]をクリックします2。

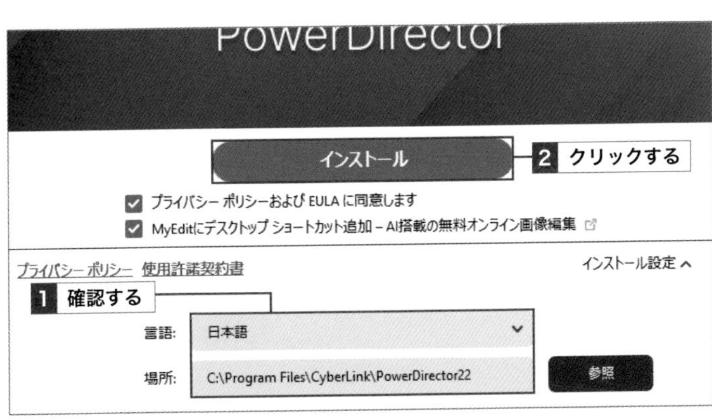

Memo インストール場所を変更する

PowerDirectorのインストール先を「Program Files」以外にしたい場合は、[参照]をクリックして変更します。

6 プログラムをインストールする

ファイルのダウンロードとインストールが開始されます。「ユーザーアカウント制御」画面が表示された場合は、[はい]をクリックします。

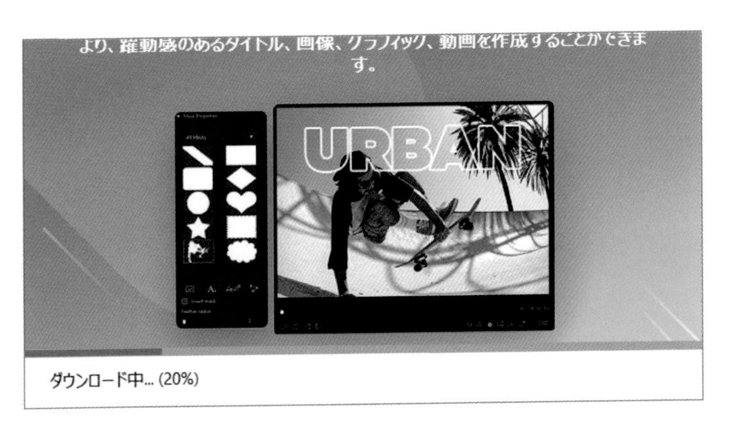

7 インストールが完了する

[起動]をクリックすると1、40ページ手順2の画面が表示されます。

13 PowerDirectorの起動と画面構成

覚えておきたいキーワード
- 起動
- 画面の縦横比
- フルモードと画面構成

PowerDirector Essential（体験版）をインストールしたら、PowerDirectorを起動しましょう。ここでは、Windows 11でPowerDirectorを起動する手順に加えて、PowerDirectorの画面モードと画面構成について解説します。

1 PowerDirectorを起動する

1 PowerDirectorを起動する

タスクバーの■をクリックし1、[CyberLink PowerDirector 365] をクリックします2。

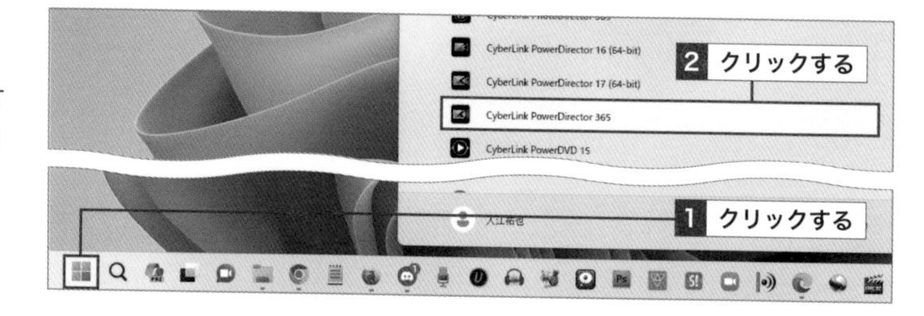

2 無料版を起動する

「無料版」の [スタート] をクリックします1。

3 新規プロジェクトで開く

[新規プロジェクト] をクリックします1。

Memo 動画の縦横比

手順3の画面に表示されている「縦横比」については、43ページで解説しています。

4 編集画面が開く

フルモードの編集画面が表示されます。動画を出力する際(152ページ参照)にサインインを求められるので、ここでアカウントを作成しておきます。画面右上の👤をクリックします1。

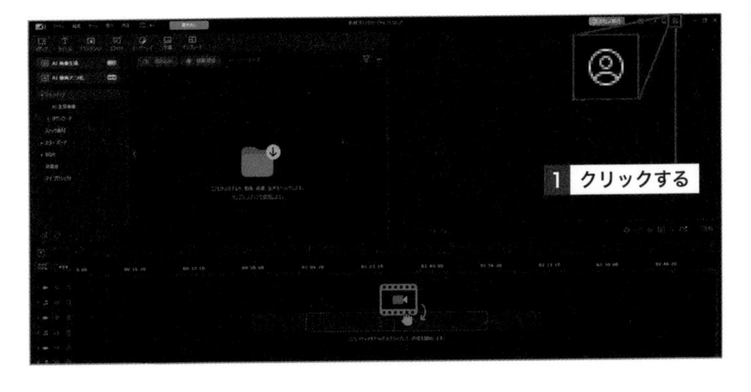

5 アカウントを作成する

[アカウントを作成]をクリックします1。次の画面で登録したいメールアドレスとパスワードを入力し、「私は13歳以上で、プライバシーポリシーに同意します。」にチェックを付けて、[サインアップ]をクリックします。

6 アカウントを認証する

登録したメールアドレスに届いたメールを表示し、[アカウントを認証する]をクリックすると1、アカウントの認証が完了します。

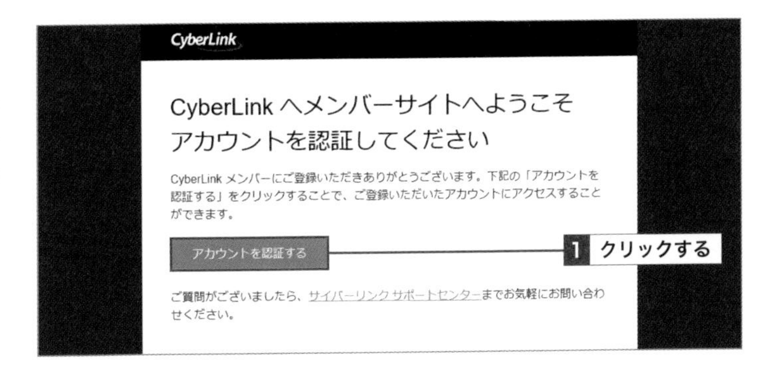

7 サインインする

PowerDirectorの画面に戻り、[サインイン]をクリックすると1、アカウントの作成とサインインが完了します。

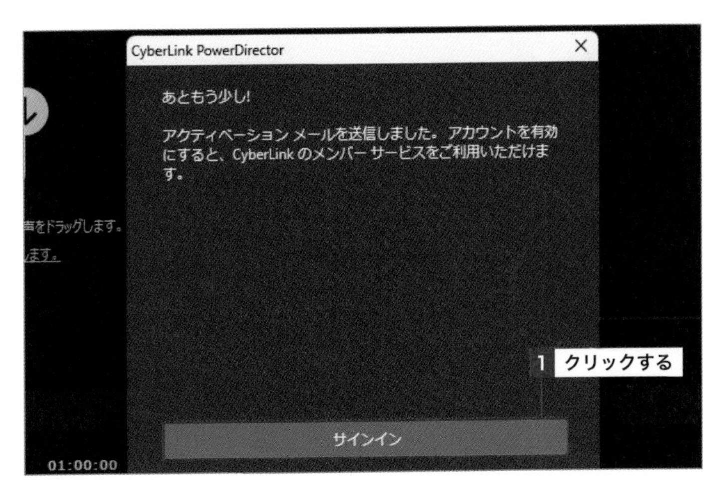

Memo 自動でサインインできない場合

通常、手順7のあとは自動でサインインが完了しますが、環境によってはアカウント情報の入力が求められる場合があります。その際には登録したメールアドレスとパスワードを入力し、サインインします。

2 フルモードの画面構成

PowerDirectorでの動画編集は、「プレビューウィンドウ」でクリップや編集中の動画を再生して確認しながら、「タイムライン」でクリップの長さや順番の変更、効果（エフェクト）の追加などを行って動画を組み立てていきます。

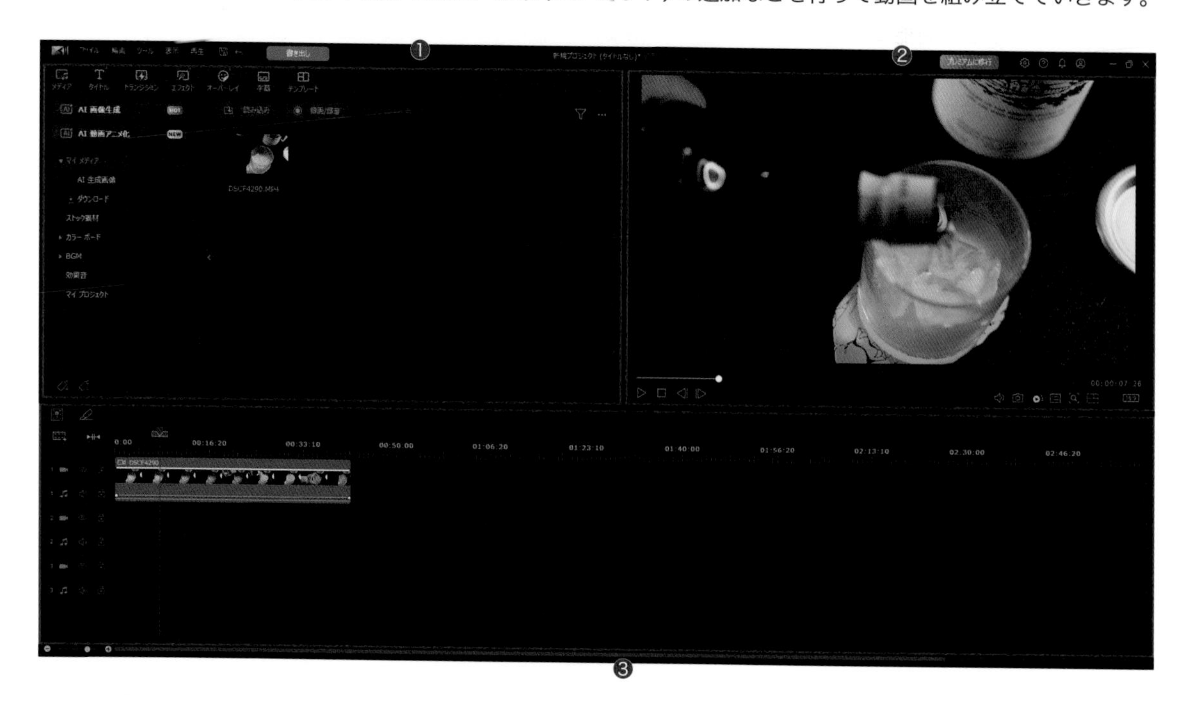

❶「メディア」ルーム

パソコンやSDカードなどからPowerDirectorに取り込んだ動画や写真、音声ファイルなどが一覧表示されるウィンドウです。動画に必要な素材を「メディア」ルームに取り込んでおくことで、効率的に作業を進めることができます。「メディア」ルームのサムネイルは、…→［表示］の順にクリックして、任意のサイズや表示方法に変えることができます。

❷プレビューウィンドウ

動画をプレビュー再生できるウィンドウです。エフェクトなどの効果、字幕の位置や表示時間など、行った編集の内容を再生しながら確認できます。プレビューウィンドウの機能については、49ページを参照してください。

❸タイムライン

「ビデオトラック」や「オーディオトラック」「エフェクトトラック」に素材を配置して動画を組み立てていくウィンドウです。素材を時系列や編集内容ごとに配置していくので、視覚的に動画の流れを把握することができます。

Step Up 画面の大きさを調整する

各モードの編集画面は、大きさを好みのサイズに調整することができます。プレビューウィンドウの左端を左方向、さらに下部を下方向にドラッグすると、プレビューウィンドウのサイズに合わせて「メディア」ルームも最適なサイズに変わります。本書の操作でボタンなどが画面に表示されていない場合は、各ウィンドウの大きさを変更してみてください。

3 動画の縦横比を選択する

PowerDirectorの起動画面では、一般的な動画の縦横比を選択できます。YouTubeにアップロードする際は、通常動画であれば一般的な「16:9」を選択し、YouTubeショートであれば「9:16」を選択します。また、縦横比はあとから変更することも可能ですが（52ページ参照）、修正が大変なのではじめからサイズをしっかり決めておきましょう。

1 縦横比を選択する

PowerDirectorを起動し、[縦横比] をクリックして1、任意の縦横比をクリックします2。

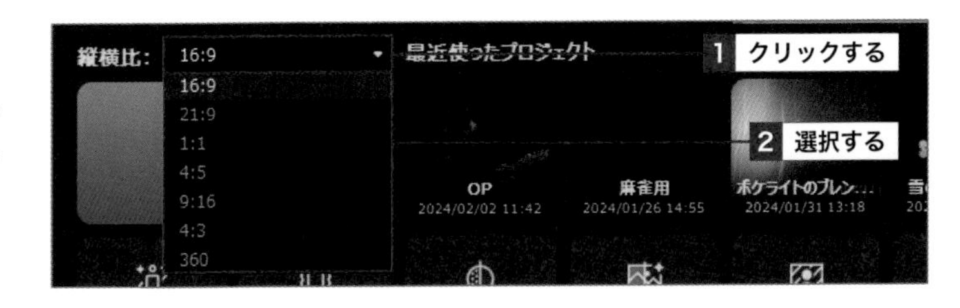

16：9

16：9の画面は近年の主流な縦横比で、ビデオカメラで撮影した映像や一般的な地上デジタル放送、YouTube、パソコンモニターなどがこれに当たります。

21：9

21：9の画面は、16：9よりもさらに横幅が広くなった「ウルトラワイド」と呼ばれる縦横比です。映画の劇場スクリーンに近く、よりエンターテイメント向けとなっています。

1：1

1：1の画面は正方形の縦横比です。人気のSNS「Instagram」への投稿に適しています。

4：5

4:5の画面は、「Instagram」でリールなどの縦長の動画を作る際に適しています。

9：16

9：16の画面は、スマートフォンやタブレットを縦向きに撮影した動画の縦横比です。YouTubeショートや人気のSNS「TikTok」などに適しています。

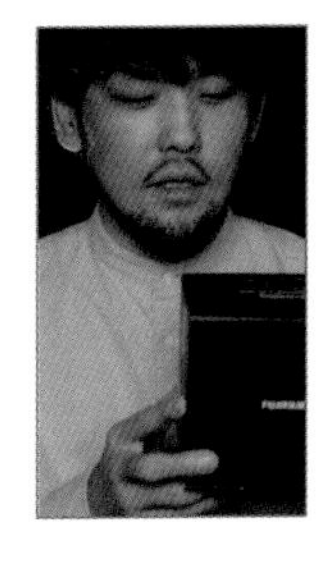

4：3

4：3の画面は、昔のブラウン管テレビや、アナログビデオカメラで撮影した動画の縦横比です。

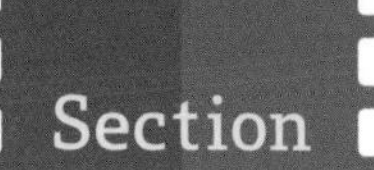

14 PowerDirectorに動画や写真を読み込もう

覚えておきたいキーワード
- 取り込みと読み込み
- 「メディア」ルーム
- マイメディア

まずはパソコンに動画や写真、音声などのファイルを取り込み、続いてPowerDirectorに読み込みましょう。各ファイルを読み込むと「メディア」ルームにクリップとして表示され、編集の素材として使えるようになります。

1 PowerDirectorで利用できる素材

PowerDirectorは、一般的な素材であればほとんどの形式のファイルを読み込むことができます。ただし、体験版では一部読み込めないファイルもあるので注意してください。

PowerDirectorに読み込めるおもな動画形式

ファイルの形式	おもな拡張子	概要
AVCHD	m2ts、mts、m2t	パナソニックとソニーが開発したフォーマットです。ハイビジョン映像をビデオカメラで記録する用途によく使用されています。
MPEG-4 AVC (H.264)	mp4、m2ts	携帯電話やタブレット端末などで採用されている、主流のコーデックの規格です。コンテナの「MP4」とセットで使われることも多く、混同しがちですが別物です。幅広いWebサービスで対応しています。
H.265／HEVC	mp4	MPEG-4 AVC (H.264) の後継規格です。より高い圧縮率を持ち、8Kの超高画質にも対応しています。ただし、X (旧Twitter) など一部のサービスで対応していない場合もあります。
MPEG-2	mpeg、mpg、mpe、m1v、mp2、mpv2、mod、vob	おもにDVD-VideoやTVのデジタル放送用に採用されている規格です。
MOV (Apple QuickTime ファイル)	mov、qt	Appleが開発した規格です。Apple製品で撮影した動画の多くはこのファイル形式になります。
MP4 (XAVC S)	mp4	ソニーが開発した4K対応の規格です。
WMV	wmv	Windows Media Playerに標準対応したファイル形式です。
AVI	avi	古くから使用されている、Windowsに標準対応したファイル形式です。

PowerDirector に読み込めるおもな画像形式

ファイルの形式	おもな拡張子	概要
RAW	raw	写真を撮った直後の画像処理がされていない画像形式です。
GIF	gif	インターネットで公開されている小さなサイズの写真画像によく使われています。最大で256色までしか扱えないという制約があります。
BMP	bmp	Windowsの標準画像形式です。圧縮されていないためファイルサイズは大きめになります。Webではほとんど使われません。
JPG (JPEG)	jpg、jpeg、jfif、jpe	デジタルカメラで撮影した写真の保存に多く採用されています。効率的にファイルサイズを圧縮できますが、再保存すると画質が劣化しやすいという側面もあります。
TIF	tif、tiff	写真を印刷用に加工するときや、デジタルカメラで撮影した写真を画質を落とさず保存したいときに使用されます。
PNG	png	圧縮による画質の劣化がないため、写真をパソコンで編集する際などによく利用されています。

PowerDirector に読み込めるおもな音声形式

ファイルの形式	おもな拡張子	概要
WAVE	wav	Windowsで使われる標準音声形式です。圧縮していないため高音質ですが、容量はもっとも大きくなります。
MPEG-1 Layer III (MP3)	mp3	昔から広く使われてきた音声圧縮フォーマットです。ほとんどの機器で利用可能な点が強みです。
WMA	wma	Microsoftが開発したWindowsのパソコンの標準音声データ圧縮形式です。
AAC	m4a、aac	地上デジタル放送やBSデジタル放送のほか、iTunesなどの音楽配信に採用されているフォーマットです。

Memo 撮影した動画のファイル形式と保存されているフォルダー

撮影した動画のファイル形式とファイルの保存場所は撮影する機器によって異なります。以下は、撮影する機器とファイルの形式、ファイルの保存場所の一例です。転送方法は46ページで解説していますが、ビデオカメラによっては、パソコンに転送するための専用ソフトが用意されている場合もあります。詳しくは、各機器のマニュアルなどを参照してください。

● ビデオカメラで撮影したAVCHDのファイル

「AVCHD」→「BDMV」→「STREAM」フォルダーにある拡張子mtsのファイル

● ビデオカメラやデジタルカメラで撮影したMP4のファイル

「DCIM」フォルダー以下にある拡張子mp4のファイル
「PRIVATE」→「M4ROOT」→「CLIP」フォルダーにある拡張子mp4のファイル

● iPhoneで撮影したファイル

「Internal Storage」→「DCIM」フォルダー以下にある拡張子movのファイル

● Androidスマートフォンで撮影したファイル

「DCIM」→「Camera」フォルダー以下にある拡張子mp4のファイル
「DCIM」→「100ANDRO」フォルダー以下にある拡張子mp4のファイル

なお、ファイルサイズの制限により、長時間撮影した動画は複数のファイルに分割されていることがあります。

2 PowerDirectorにビデオや写真を読み込む

1 パソコンにビデオや写真を取り込む

あらかじめ、USBケーブルやメモリーカードを使ってファイルをドラッグ&ドロップすることで、パソコンにビデオや写真を取り込みます■1。

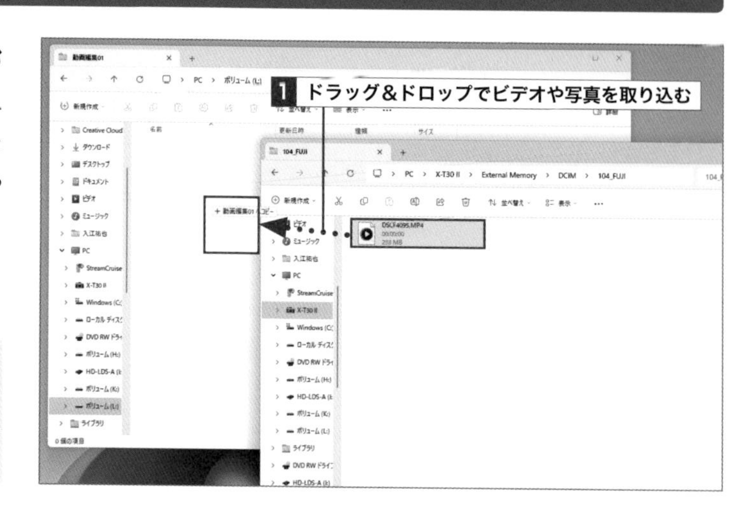

Memo 動画が保存されているフォルダー

ビデオカメラや一眼レフカメラで撮影した動画ファイルが保存されているフォルダーについては、45ページのMemoを参照してください。

2 「メディア」ルームを開く

PowerDirectorを起動し、[メディア]をクリックして■1、[読み込み]をクリックします■2。

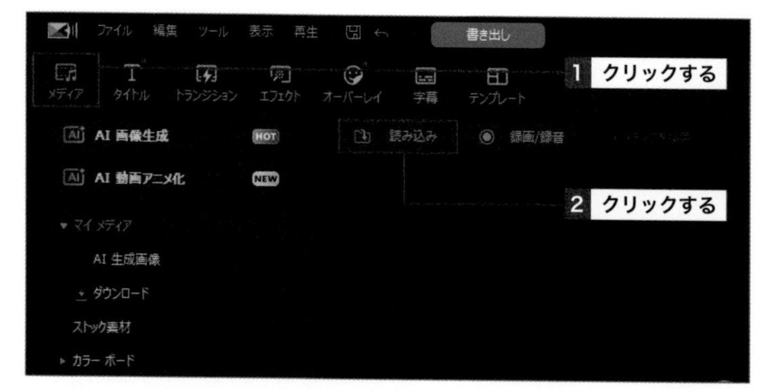

3 メディアファイルを読み込む

[メディアファイルの読み込み]をクリックします■1。フォルダーごと素材を読み込みたい場合は、[メディアフォルダーの読み込み]をクリックします。

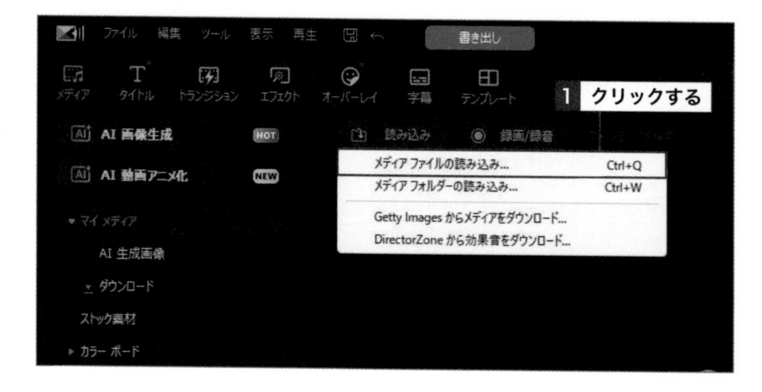

Memo 「メディア」ルームとは

「メディア」ルーム(54ページ参照)の「マイメディア」には、取り込んだ動画や画像、音声などのファイルが素材(クリップ)として表示されます。動画編集に使うクリップをマイメディアに表示しておくことでいつでも「タイムライン」に配置できるので、作業を効率的に行うことができます。また、プロジェクトを保存(50ページ参照)しておけば、保存時と同じ「メディア」ルームの状態から作業を再開できます。ただし、読み込んだあとでファイルを移動したり削除したりすると、次のプロジェクト起動時にクリップとして表示されなくなるため、再読み込みする必要があります。そのため、動画が完成するまではプロジェクトに読み込んだファイルやフォルダーはできるだけ移動したり削除したりしないようにしましょう。

4 ファイルを選択する

エクスプローラーが表示されたら、読み込む動画や写真が保存されているフォルダーを開きます。読み込むファイルをクリックし**1**、[開く]（手順**2**で[メディアフォルダーの読み込み]をクリックした場合は[フォルダーの選択]）をクリックします**2**。

Hint 複数のファイルを選択する

キーボードの Ctrl を押しながらファイルをクリックすると、複数のファイルを選択できます。

5 マイメディアに表示される

読み込んだファイルが、「メディア」ルームの「マイメディア」にクリップとして表示されます**1**。読み込んだクリップは「プレビューウィンドウ」で再生したり（48ページ参照）、「タイムライン」に配置して編集したりできるようになります（59ページ参照）。

Memo シャドウファイルについて

画面右上の⚙（基本設定）をクリックし、「全般」から「高解像度の動画でシャドウファイル（プロキシファイル）を有効にする」にチェックを付け、[OK]をクリックすると、シャドウファイル機能を有効にできます。シャドウファイル機能を有効にすると、編集向けの動画ファイル（シャドウファイル）に置き換えて動画編集が行えるようになります。4Kの動画ファイルなどの編集時に少しでも動作を軽くしたい場合は有効にしてみてください。

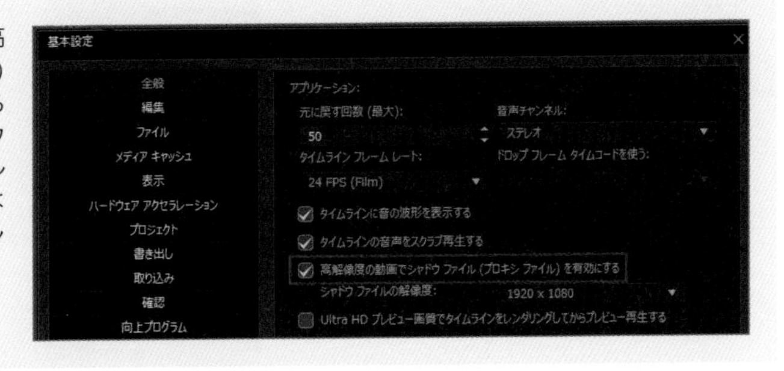

Memo iPhoneで撮影した動画が体験版に取り込めない場合

iPhoneで撮影した動画のフォーマットが「高効率」に設定されていると、PowerDirectorの体験版に動画を取り込めない可能性があります。iPhoneで撮影した動画をPowerDirectorで編集したい場合は、撮影前にiPhoneの「設定」アプリで[カメラ]→[フォーマット]の順にタップし、「カメラ撮影」を[互換性優先]に設定しておく必要があります。なお、4KなどのフルHDよりも高画質な動画ファイルも読み込めない場合があります。

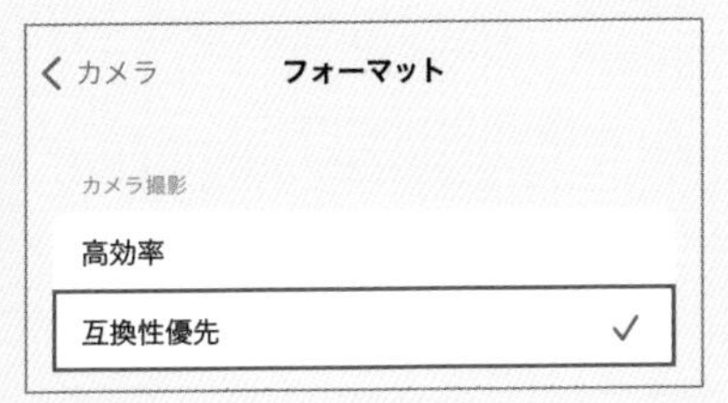

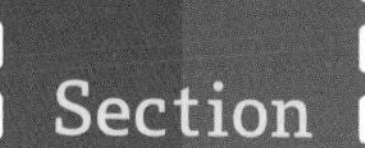

15 読み込んだ動画や写真を確認しよう

覚えておきたいキーワード
- プレビュー再生
- プレビューウィンドウ
- プレビュー画質

プレビューウィンドウでは、取り込んだ動画素材やタイムラインに配置した素材の再生、停止などのプレビューをすることができます。プレビューウィンドウで素材を再生して確認しながら、編集作業を行います。

1 素材をプレビューウィンドウで再生する

1 素材をクリックする

「メディア」ルーム内の再生したい素材をクリックします**1**。

1 クリックする

2 素材が再生される

素材が「プレビューウィンドウ」に表示されます。素材が動画の場合、プレビュー再生が開始されます。

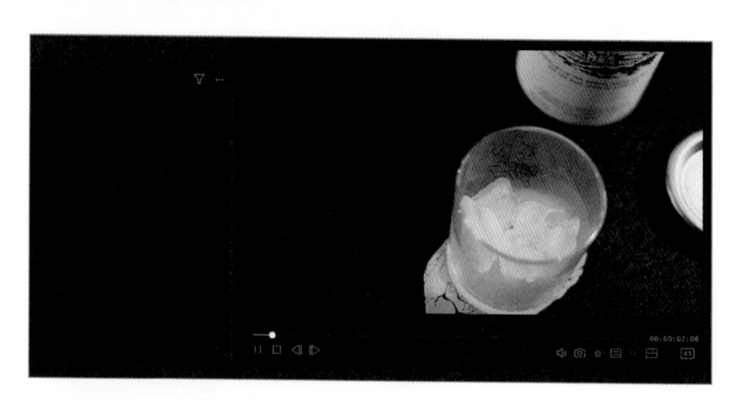

Memo プレビューウィンドウに表示される画面

プレビューウィンドウには、そのとき「メディア」ルームで選択している素材や、タイムラインで編集中の素材が表示されます。

3 再生を一時停止する

⏸（一時停止）をクリックすると一時停止できます**1**。

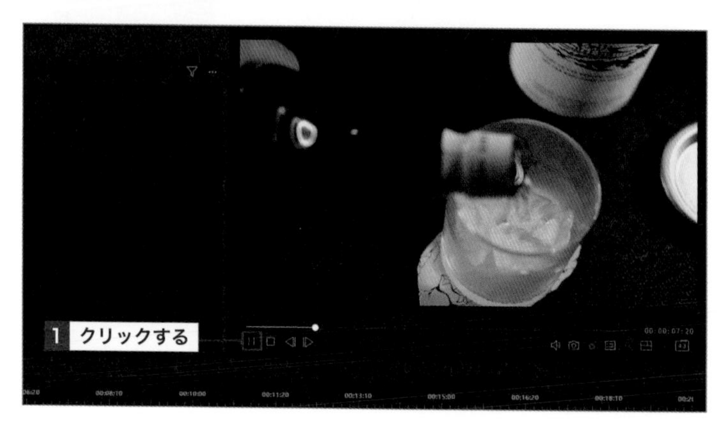

Memo 一時停止と停止の使い分け

再生中に⏸（一時停止）をクリックして一時停止した場合、再生時間もその時間で停止します。しかし⏹（停止）をクリックして停止した場合は、再生時間が0秒まで戻ります。この「一時停止」と「停止」は状況に応じて使い分けましょう。

2 プレビューウィンドウの機能

❶	プレビュー映像が表示されます。
❷	スライダーをドラッグして、再生位置を調整します。
❸	現在の再生時間であるタイムレコードが表示されます。いちばん右側はその秒内のコマ（フレーム）数が表示されます。
❹	プレビュー映像を再生（再生中は一時停止）します。
❺	再生を停止します。
❻	再生位置を1フレーム前に戻します。
❼	再生位置を1フレーム後に進めます。
❽	プレビュー時の音量を調整できます。
❾	現在表示されているプレビュー映像を画像ファイルとして保存できます。
❿	タイムラインの選択範囲かタイムラインスライダーの現在地からプロジェクトの終わりにかけてプレビューレンダリングを行います。タイムラインに素材が配置されている場合にアクティブになります。
⓫	プレビュー時の画質や設定を変更できます。
⓬	プレビューウィンドウのサイズを変更できます。
⓭	プレビューウィンドウの表示方法を「横長」「縦長」「フローティング」の3種類から変更できます。
⓮	プロジェクトの縦横比を変更できます（52ページ参照）。

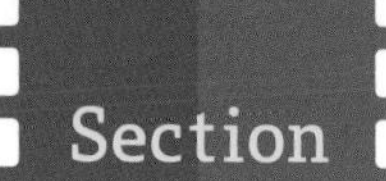

16 編集する動画をプロジェクトとして保存しよう

覚えておきたいキーワード
- プロジェクトの保存
- プロジェクトを開く
- YouTubeショートの縦横比

これから実際にビデオ編集を行っていきますが、編集を途中で止めたいときはプロジェクトを保存しましょう。プロジェクトには編集内容が保存されるので、次回はその時点から編集を再開することができます。

1 プロジェクトを保存する

プロジェクトとは

PowerDirectorでは、動画編集の内容を保存するファイルのことをプロジェクトといいます。このプロジェクトファイルの中には、編集の内容や編集に使用した素材（動画や音楽など）、素材のパソコン内での保存場所など、さまざまな情報が保存されています。プロジェクトを保存しておけば、次回作業時に続きから編集を行うことができます。なお、PowerDirectorで保存したプロジェクトは「pdsファイル」（拡張子「.pds」）として保存されます。

1 保存メニューを選択する

メニューバーの［ファイル］をクリックし1、［プロジェクトの保存］をクリックします2。

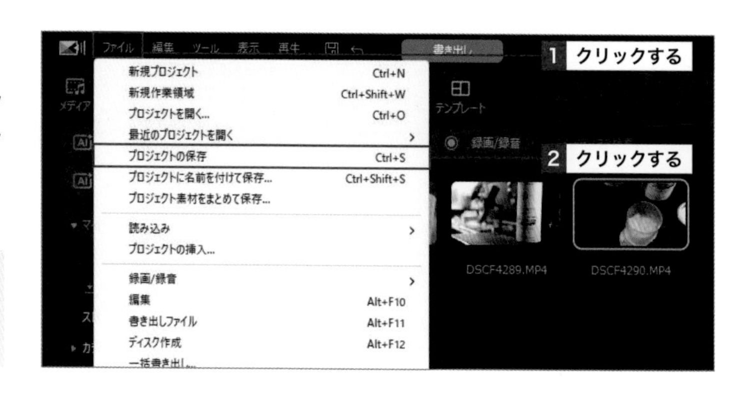

Hint アイコンから保存する

メニューバーの（プロジェクトの保存）をクリックすることでも、プロジェクトを保存できます。

2 プロジェクトを保存する

プロジェクトを保存したい場所（初期状態ではパソコン内の「ドキュメント」フォルダー）を選択し、ファイル名を入力して1、［保存］をクリックすると2、プロジェクトが保存されます。以降は［プロジェクトの保存］のクリックで上書き保存されます。

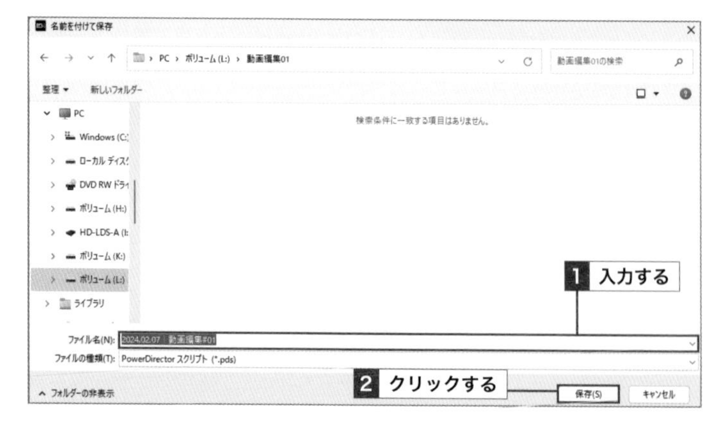

2 プロジェクトを開く

1 開くメニューを選択する

メニューバーの［ファイル］をクリックし❶、［プロジェクトを開く］をクリックします❷。

2 プロジェクトを開く

開きたいプロジェクトファイルをクリックし❶、［開く］をクリックします❷。

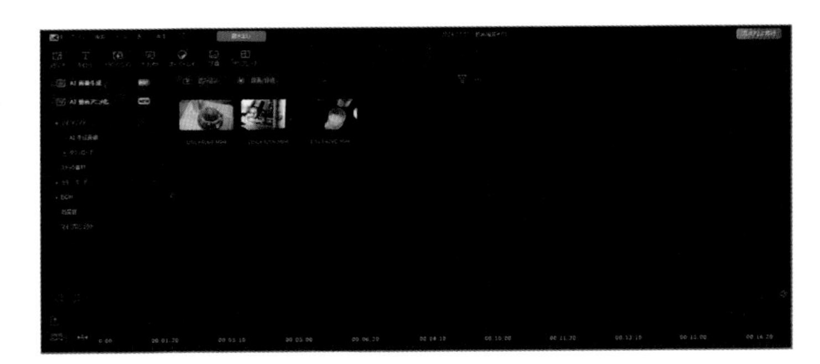

3 プロジェクトが開く

プロジェクトがPowerDirector上で開きます。

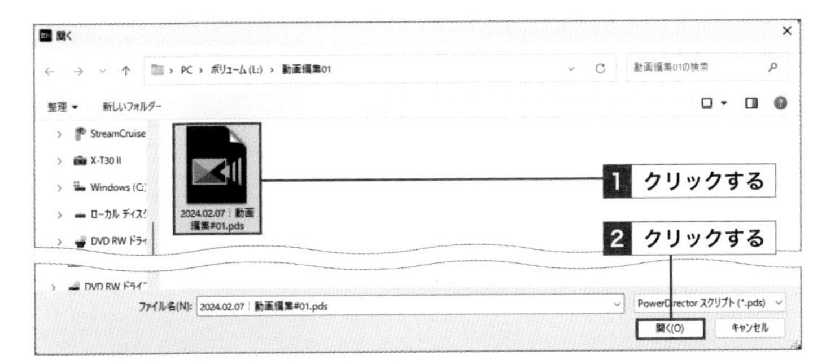

Step Up フレームレートを設定する

プロジェクトを開いたら、編集する前にフレームレートを設定しておくのがおすすめです。画面右上の⚙（基本設定）をクリックし、「全般」から「タイムライン フレームレート」を任意の値に変更しましょう。

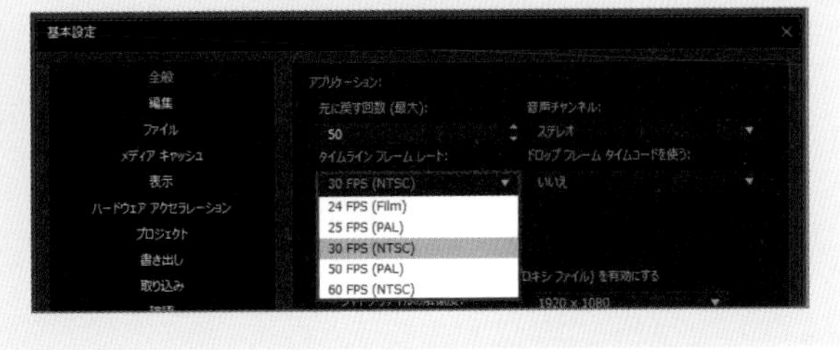

Memo そのほかのプロジェクトを開く方法

プロジェクトはエクスプローラー、「メディア」ルームからも開くことができます。エクスプローラーから開く場合は、プロジェクトを保存したフォルダーからプロジェクトファイルをダブルクリックします。「メディア」ルームから開く場合は、54ページを参照してください。なお、プロジェクトを新しく作成する場合は、メニューバーの［ファイル］→［新規プロジェクト］の順にクリックします。

Step Up YouTubeショートの縦横比に変更する

YouTubeの通常動画の一般的な縦横比は16:9の「ワイドスクリーン」で、YouTubeショートの縦横比は縦型の9:16となっています。編集中の画面からYouTubeショート用の縦横比に変更したい場合は、以下の手順を参考にしてください。

プレビューウィンドウから縦横比を変更する

1 [プロジェクトの縦横比]をクリックする

ビデオクリップがタイムラインに配置された状態で(59ページ参照)、プレビューウィンドウの[プロジェクトの縦横比](ここでは[16：9])をクリックします1。

2 縦横比を選択する

YouTubeショートの縦横比である[9:16]をクリックします1。

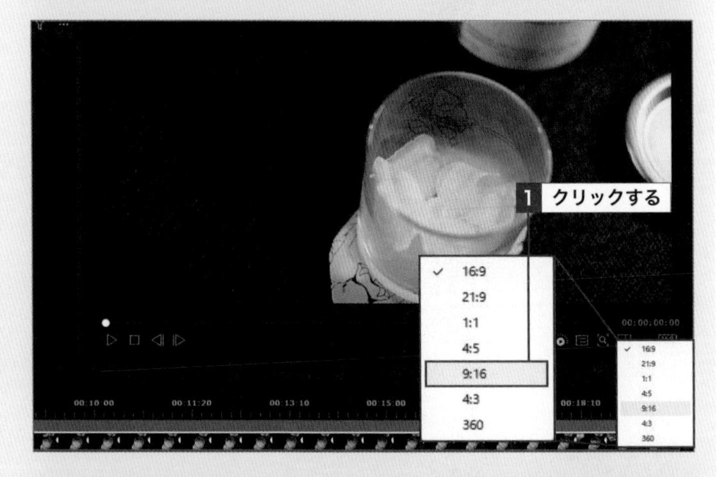

3 縦横比が変更される

動画の縦横比が変更されます。なお、縦横比が9:16の状態で16:9の動画をタイムラインに配置しようとすると、「縦横比が一致しません」というポップアップが表示されることがあります。縦横比を変更しない場合は、[いいえ]をクリックします。

動画をカット編集しよう

17 メディアルームとタイムラインについて確認しよう

覚えておきたいキーワード
- 「メディア」ルーム
- タイムライン
- クリップ

ファイルやメディアから読み込まれた動画素材は、「メディア」ルームに表示されます。ここでは「メディア」ルームの使い方、「メディア」ルームでのクリップの扱い方、タイムラインの見方について解説します。

1 「メディア」ルームの画面構成

PowerDirectorの画面左上にある「メディア」ルームには、動画・画像・音声のクリップ（素材）のサムネイルが一覧表示されています。このサムネイルはサイズを変更したり、種類別に表示／非表示にしたりすることができます。

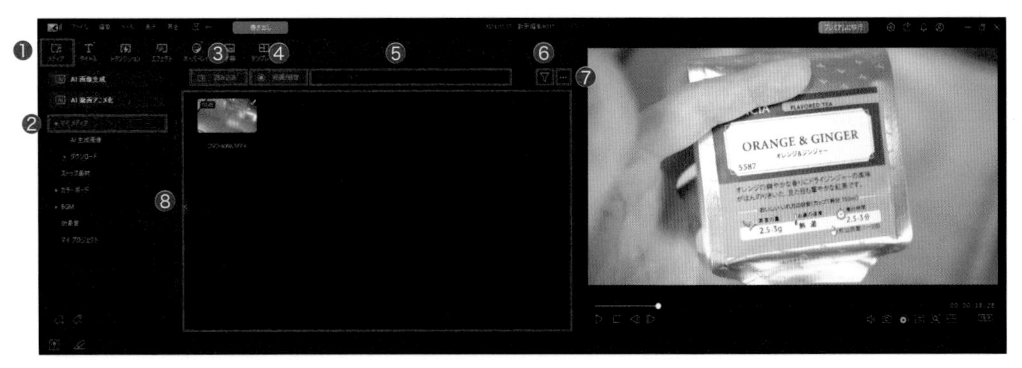

❶	メディア	「メディア」ルームが表示されます。
❷	マイメディア	取り込んだ素材をメディアライブラリーに表示します。
❸	読み込み	パソコン内のメディアファイルを読み込みます（46ページ参照）。
❹	録画／録音	パソコンに接続しているWebカメラやマイクから録画や録音ができます。
❺	マイメディアを検索	メディアライブラリーにあるメディアを検索できます。
❻	ライブラリーのメディアをフィルター処理	メディアライブラリーに表示するメディアを「すべてのメディア」「動画のみ」「音声のみ」「画像のみ」に切り替えることができます。
❼	その他オプション	メディアライブラリーに表示されるサムネイルのサイズ変更や並べ替え、ライブラリー内の管理処理を行うことができます。
❽	メディアライブラリー	左のメニューで選択されている項目のメディアファイルが表示されます。

Key Word クリップ（素材）

「メディア」ルームに読み込んだり、タイムラインに配置したりする一つ一つの画像、動画、音声などの素材を「クリップ」といいます。動画編集では、画像、動画、音声などのクリップを使って、順番を入れ替えたり、重ねたりして1つの動画を作り上げていきます。

2 タイムラインの画面構成

タイムライン上では、横軸の経過時間に沿って、ビデオクリップのサムネイル画像が連続的に表示されます。タイムラインには複数の「トラック」があり、ビデオクリップのほかオーディオクリップ、エフェクトクリップ、字幕クリップなどを縦に並べて配置することができます。

❶	タイムラインルーラー	経過時間を示す部分です。「時間:分:秒:フレーム(コマ数)」の数値が表示されます。■(タイムラインスライダー)を左右にドラッグして、再生位置の調整を行います。
❷	字幕トラック	字幕クリップを配置します。初期状態では非表示になっていますが、「字幕」ルームを開くことで表示されます(93ページ参照)。
❸	ビデオトラック	ビデオクリップ(動画の映像部分や画像、テキストクリップ)を配置します。標準では「ビデオトラック1～3」の3つが用意されています。
❹	オーディオトラック	オーディオクリップ(動画の音声部分や音声、BGM)を配置します。標準では「オーディオトラック1～3」の3つが用意されています。
❺	エフェクトトラック	ビデオクリップに特殊効果をかけるエフェクトクリップを配置します。初期状態では非表示になっています(117ページで表示のしかたも含めて解説します)。

Key Word トラック

「トラック」とは、クリップをタイムラインに配置できる小分けされたエリアのことです。トラックは、■(タイムラインにビデオ/オーディオトラックを追加)をクリックすると表示される「トラックマネージャー」から自由に追加できます。なお、ビデオクリップはビデオ部分とオーディオ部分でリンクされているため、動画をトラックに配置する場合は必ず「ビデオトラック」と「オーディオトラック」をそれぞれ1つずつ使用します。それぞれ個別で編集したい場合は、「動画と音声をリンク解除」(135ページ上のStepUp参照)することで、分けて編集を行うことが可能です。

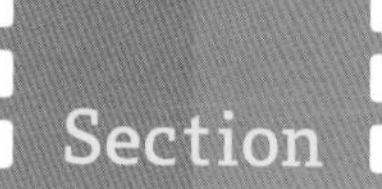

18 タイムラインのトラックについて確認しよう

覚えておきたいキーワード
- トラック
- 切り替え効果
- 特殊効果

タイムラインにある「トラック」には、動画、画像、音楽などのクリップを配置する役割があります。また、切り替え効果（トランジション）や特殊効果（エフェクト）、字幕の追加もトラック上で行います。

1 トラックとは

トラックは画像・動画・音楽などの素材（クリップ）を入れて動画を作るための入れ物です。各トラックの名称と役割は55ページを参照してください。各トラックはそれぞれ分離して修正することができるため、たとえばBGMだけを差し替えたい場合はそのオーディオトラックだけを修正すれば、ほかのトラックに手を加える必要はありません。

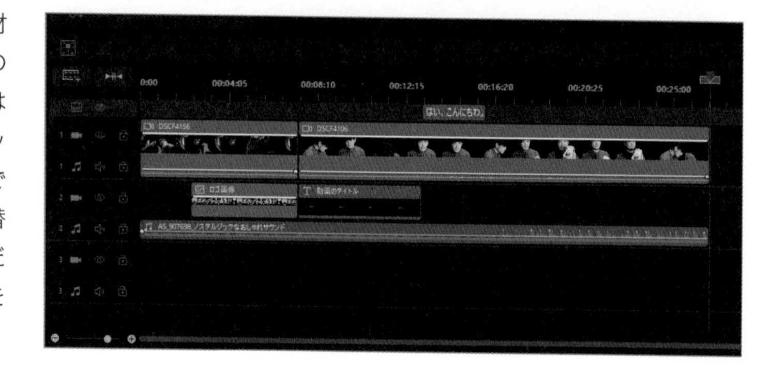

複数のトラックを使って素材を重ねる

トラックは画像編集ソフトのレイヤーのようなもので、トラックの数だけ一度に複数の素材を重ねることができます。また、視覚的な要素であるビデオトラックとエフェクトトラックについては、トラックの数字が大きくなるにつれて（初期設定では下にいくほど）前面に重なっていきます。ただし、字幕トラックだけは常にいちばん上にあり、必ず最前面に表示されるという特徴があります。トラックが上にいくほど前面に表示されるようにしたい場合は、画面右上の⚙（基本設定）→［編集］の順にクリックし、「タイムラインのトラックを逆順にする（最後＝トラック1）」にチェックを付けることで、タイムラインのトラックの並びを逆順にできます。

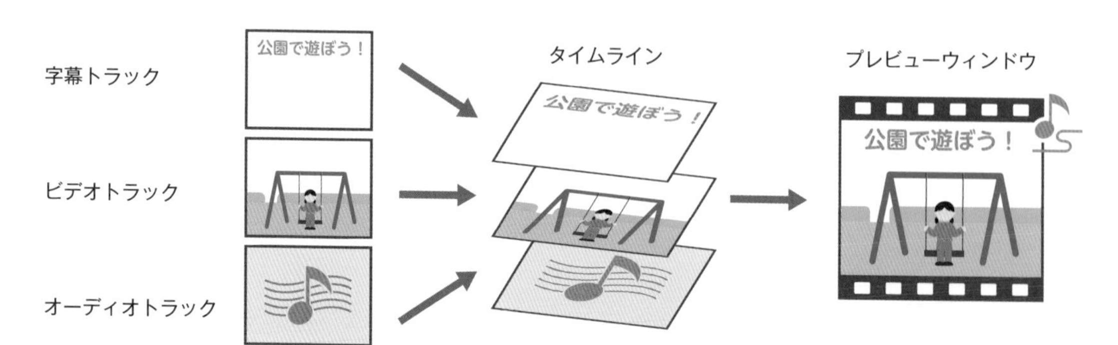

2 トラックのボタン

各トラックには目マークと鍵マークのボタンが付いています。クリックすることでトラックの有効化／無効化、トラックのロック／ロック解除が行えます。

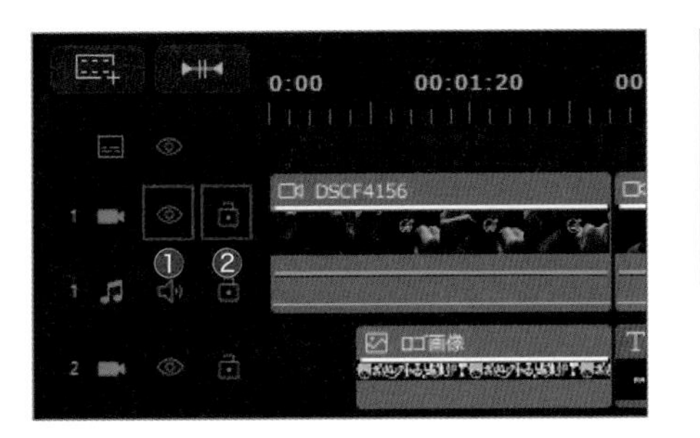

❶トラックの有効化／無効化	クリックして目マークをオフにするとそのトラックが非表示になり、プレビュー時や動画出力時に、そのトラックに配置したクリップが表示されなくなります。
❷トラックのロック／ロック解除	クリックして鍵をかけると、そのトラック全体にロックがかかり、配置したクリップの選択や編集を行えなくなります。これは誤編集を防ぐ目的の機能です。

3 動画に加えることのできる演出効果

切り替え効果／トランジション

場面が変わるときなどに切り替え効果を入れることができます(112ページ参照)。

特殊効果／エフェクト

さまざまな視覚的な特殊効果をかけることができます(116ページ参照)。

タイトル／字幕

動画にタイトルや字幕を入れることができます(70〜99ページ参照)。

BGM／ナレーション

動画にBGMやナレーションなどの音声を入れることができます(134〜145ページ参照)。

19 動画をタイムラインに配置しよう

覚えておきたいキーワード
- タイムライン
- クリップを配置
- タイムラインルーラー

動画素材はタイムライン上で編集を行います。ビデオクリップをタイムラインの「ビデオトラック&オーディオトラック」上に配置する方法を覚えましょう。ビデオクリップは、配置した順番に映像がつながっていきます。

1 ビデオクリップの配置や編集

「タイムライン」に2つのビデオクリップを配置した状態が、比較的シンプルな動画編集の形になります。152ページの方法で動画ファイルを出力すると、2つのビデオクリップがつながった新しい動画ができます。

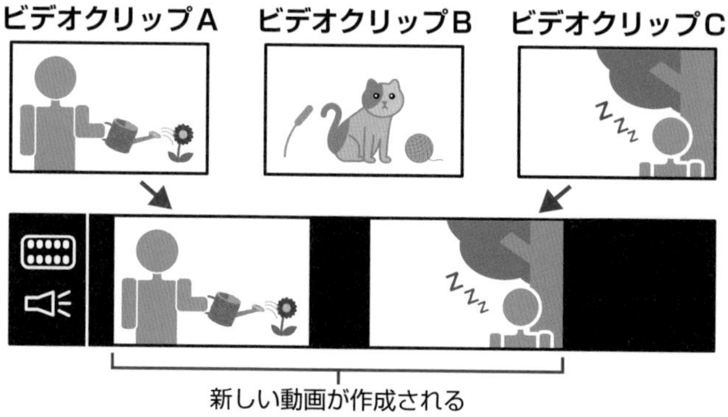

ビデオクリップA
ビデオクリップB
ビデオクリップC
新しい動画が作成される

ここからさらにビデオクリップを編集したり、テロップを加えたり(第4章)、演出を加えたり(第5章)、音楽を追加したり(第6章)して、動画のクオリティを高めていきます。

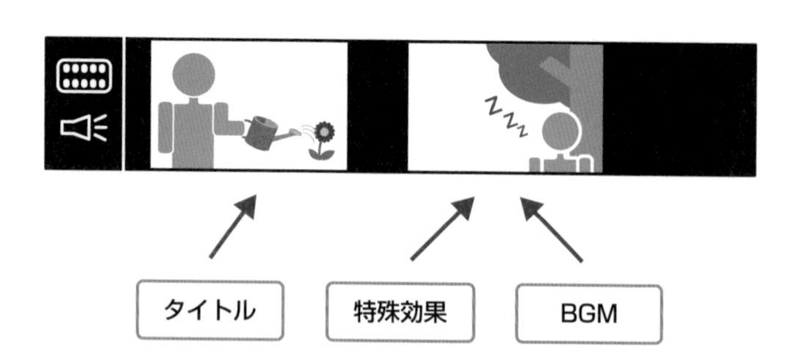

Memo 編集での作り込みに制限はない

動画編集には、「必ず○○をやらなければいけない」という決まりはありません。複数のビデオクリップをつなげただけのシンプルな動画でも、たくさんの演出を加えた手の込んだ動画でも、自分が納得できる形に編集ができたらいつでも動画ファイルとして出力することができます。途中で動画編集を中断するときは、編集中の状態を「プロジェクトファイル」として保存しておきましょう(50ページ参照)。プロジェクトファイルとして保存しておくことで、次回編集時に前回の続きから編集を行うことができます。また、上書き保存せずに別名でプロジェクトファイルを保存しておけば、過去の状態に戻って編集を行うことができます。

2 ビデオクリップをタイムラインに配置する

1 タイムラインに配置したい素材を選ぶ

「メディア」ルームにある編集したいビデオクリップをクリックし1、タイムラインの「ビデオトラック&オーディオトラック1」へドラッグ&ドロップします2。

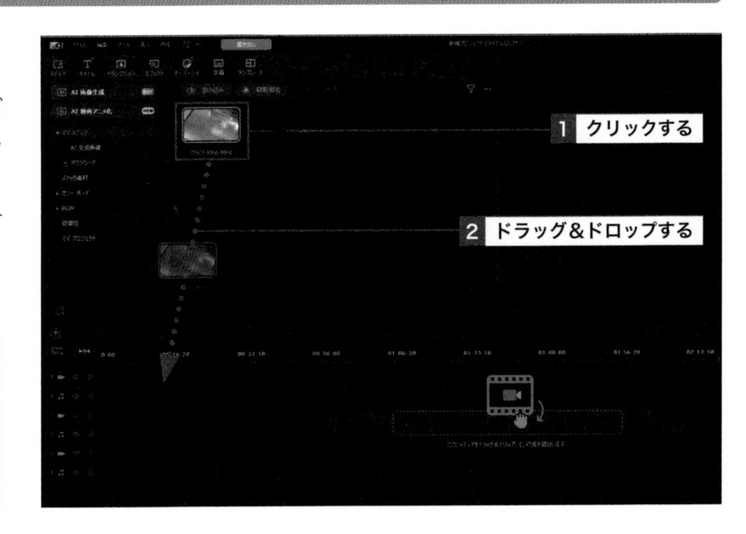

Hint 再生ヘッドについての表示

■(タイムラインスライダー)が重ならない位置に動画素材を配置すると、「再生ヘッドは、選択したクリップまで自動的に移動しません。」というポップアップが表示されるので、[OK]をクリックします。

2 タイムラインに素材が配置される

ビデオクリップがタイムラインに配置されます。

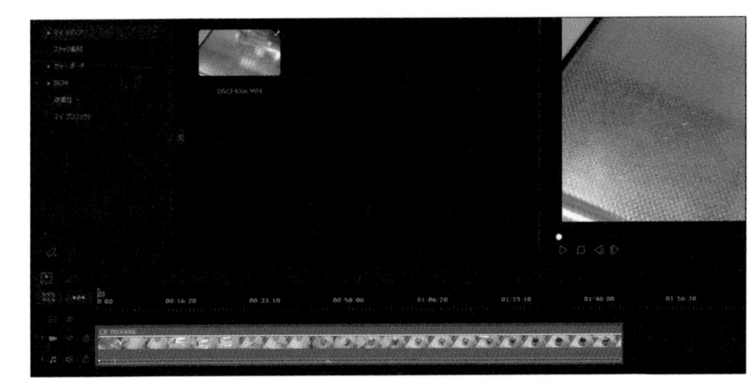

Hint 操作を取り消す

間違えてビデオクリップをタイムラインに配置してしまった場合は、メニューバーの■(元に戻す)をクリックして配置を取り消して、1つ前の編集段階に戻すことができます。

3 複数のビデオクリップをつなげる

追加で配置したいビデオクリップをクリックし1、配置したビデオクリップの右にくっつくようにドラッグ&ドロップすると2、ビデオクリップがタイムラインに配置され、自動的につながります。配置されたビデオクリップは、プレビューウィンドウで再生できます。

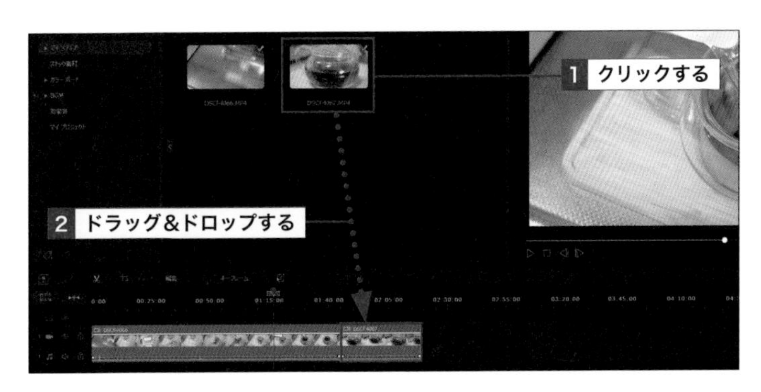

Step Up タイムラインの時間の表示サイズを変更する

タイムライン上の時間の表示は、タイムラインルーラー(55ページ参照)によって自由に拡大したり縮小したりできます。たとえばタイムラインルーラーを右方向にドラッグして拡大することで、クリップの位置を正確に調整できるようになります。また、■(動画全体を表示)をクリックすることで、現在のタイムラインの長さに合わせて横幅が自動調節され、ムービー全体を確認できます。

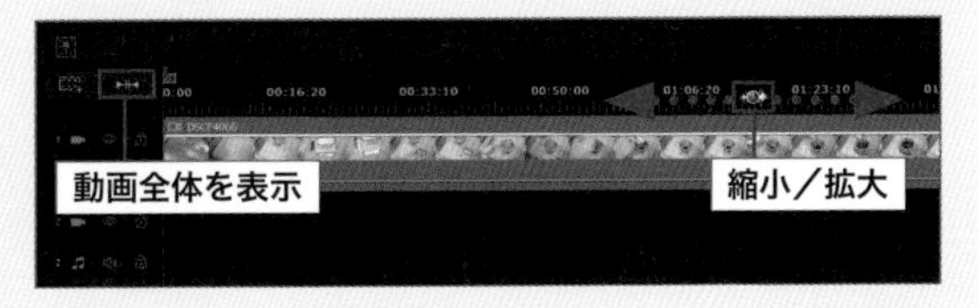

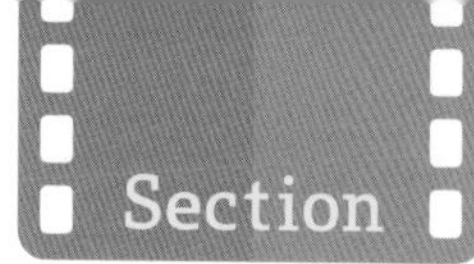

20 不要な場面をトリミングしよう

覚えておきたいキーワード
- ビデオクリップ
- 不要な部分
- トリミング

ビデオクリップの撮り始めや撮り終わりなどの不要な部分を削除し、必要な部分だけを残すことを「トリミング」といいます。PowerDirectorでは、「開始位置」と「終了位置」を指定するだけでかんたんにトリミングが行えます。

1 ビデオクリップをトリミングする

ビデオクリップ内に不要な場面がある場合はトリミングを行いましょう。PowerDirectorではトリミング専用のツールが別画面で用意されています。動画の中間部分を削除するには、ビデオクリップを「前半」「中間」「後半」の3つに分割し、中間のビデオクリップを削除します。詳しくは68ページを参照してください。

なお、通常動画を作成後、その動画内に短くてわかりやすい、いわゆるショート動画向けの場面があることがあります。そういった場合は、通常動画からそのシーンだけをトリミングしてYouTubeショートとして作成し投稿するのも有効です。

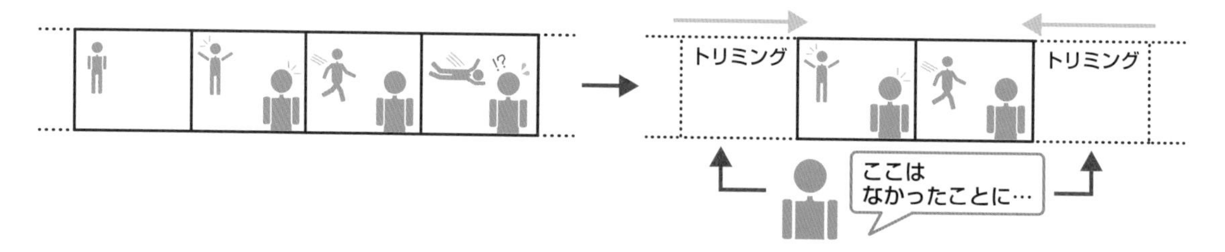

1 トリミングツールを表示する

タイムライン上に配置してあるトリミングしたいビデオクリップをクリックし❶、タイムラインの左上にある✂（選択したクリップから不要部分をトリミング）をクリックします❷。

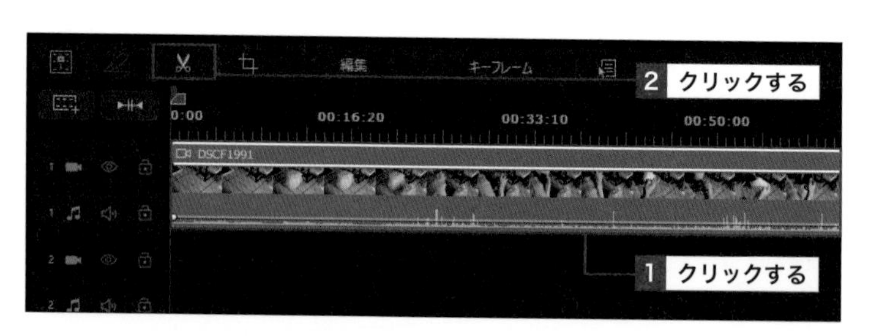

2 プレビューする

トリミングツールが表示されます。▷（再生）をクリックすると❶、プレビュー再生が行われます。

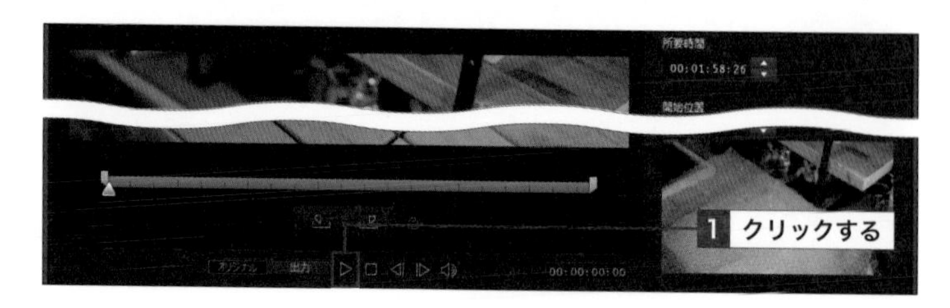

3 トリミングしたい位置で一時停止する

プレビュー再生しながらトリミングを開始したい位置で■(一時停止)をクリックし❶、一時停止します。■(開始位置)をクリックします❷。

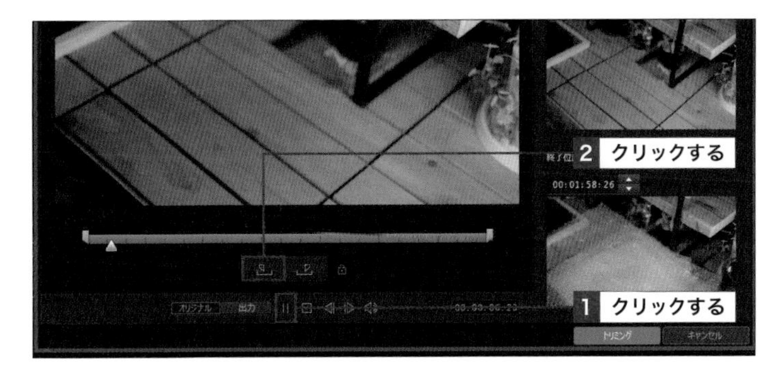

4 開始位置を指定する

開始位置が指定されます❶。再び▶(再生)をクリックしてプレビューを再開し❷、トリミングを終了したい位置で■(一時停止)をクリックして一時停止します。

5 終了位置を指定する

■(終了位置)をクリックすると❶、終了位置が指定されます❷。[トリミング]をクリックすると❸、トリミングツールが閉じてビデオクリップの開始位置以前と終了位置以降が削除されます。

Step Up トリミングの位置を微調整する

トリミング画面の右側にある「タイムコード」を使えば、開始位置や終了位置をフレーム単位で細かく調整できます。「開始位置」または「終了位置」に数値を入力して「時/分/秒/フレーム」を指定し❶、▲▼をクリックして微調整します❷。

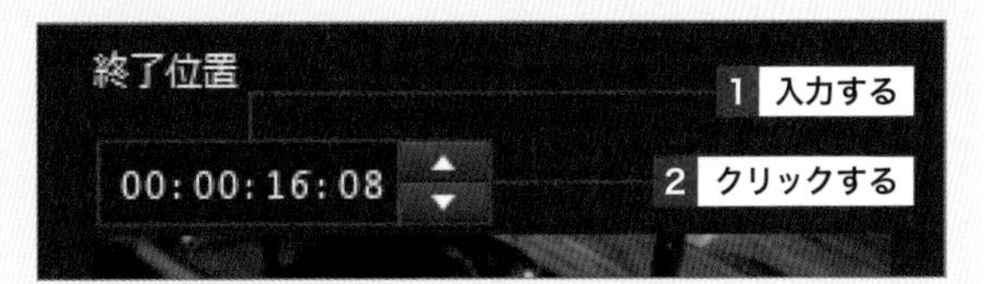

Step Up タイムラインからトリミングする

タイムライン上でも、ビデオクリップの両端のどちらかをクリックしてドラッグすることで直感的にトリミングできます。ビデオクリップの前方(左端)をドラッグすることで始まり部分をトリミング、ビデオクリップの後方(右端)をドラッグすることで終わり部分をトリミングできます❶。ビデオクリップの移動については、66ページを参照してください。

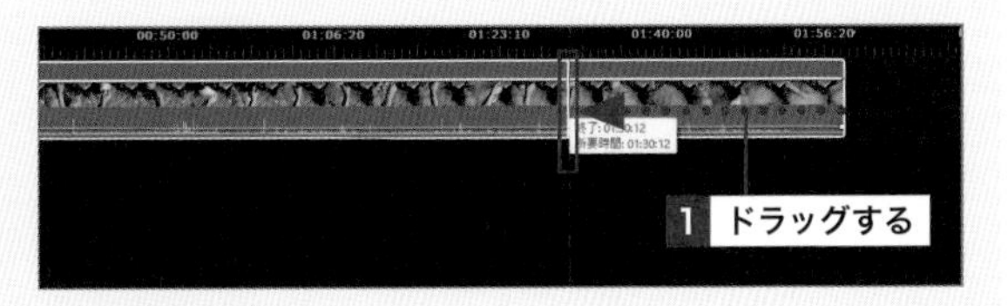

21 繰り返したい場面をコピーしよう

覚えておきたいキーワード
- コピー
- ペースト
- ビデオクリップ

同じシーンの映像を何度も使用したいときは、タイムライン上でビデオクリップをコピー（複製）してペースト（貼り付け）すると効率的です。また、動画以外のクリップも同じようにコピーし何度でもペーストできます。

1 ビデオクリップをコピーしてペーストする

1 ビデオクリップをコピーする

タイムライン上に配置してあるコピーしたいビデオクリップをクリックします**1**。メニューバーから［編集］をクリックし**2**、［コピー］をクリックします**3**。

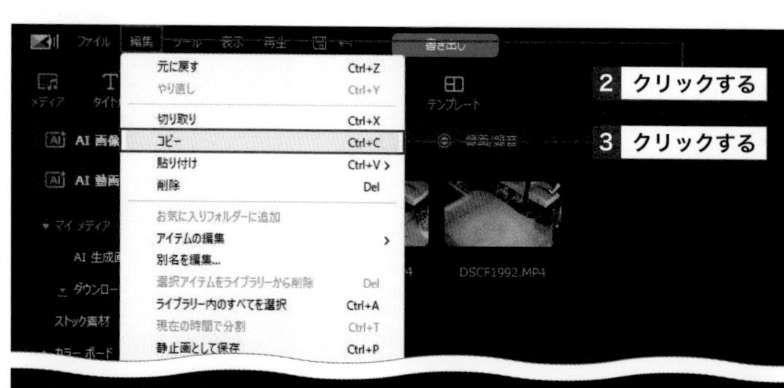

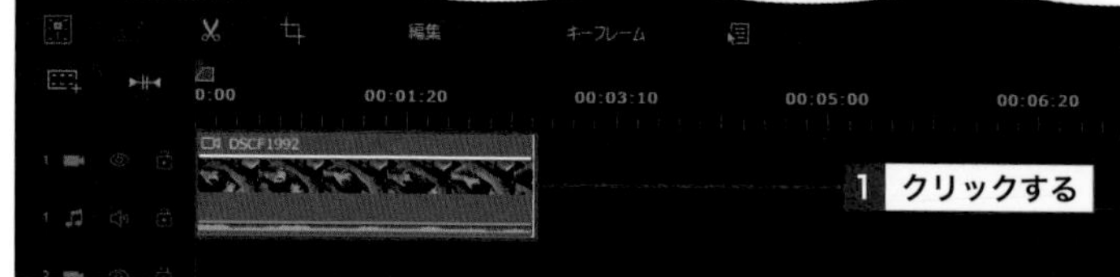

Hint コピーのショートカットキー

タイムラインのビデオクリップをクリックして選択した状態で、キーボードの Ctrl ＋ C を押すことでもコピーできます。

2 ビデオクリップをペーストする

をペーストしたい位置までドラッグします**1**。メニューバーから［編集］をクリックし**2**、［貼り付け］をクリックします**3**。ほかのクリップに干渉する位置にペーストした場合はメニューが表示されるので、ここでは［貼り付けて上書きする］をクリックします**4**。

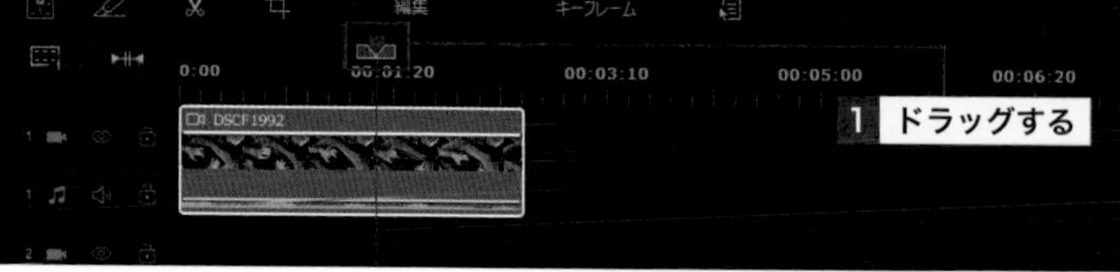

Hint ペーストのショートカットキー

をペーストしたい位置までドラッグし、キーボードの Ctrl ＋ V を押すことでもペーストできます。

3 ビデオクリップがペーストされる

ビデオクリップがペーストされます1。62ページ手順2でビデオクリップが重なる位置にペーストした場合は、重なった部分のビデオクリップが上書きされます。また、クリップのペーストは、■の下のタイムラインバーがある位置で、選択したトラックに行われます。

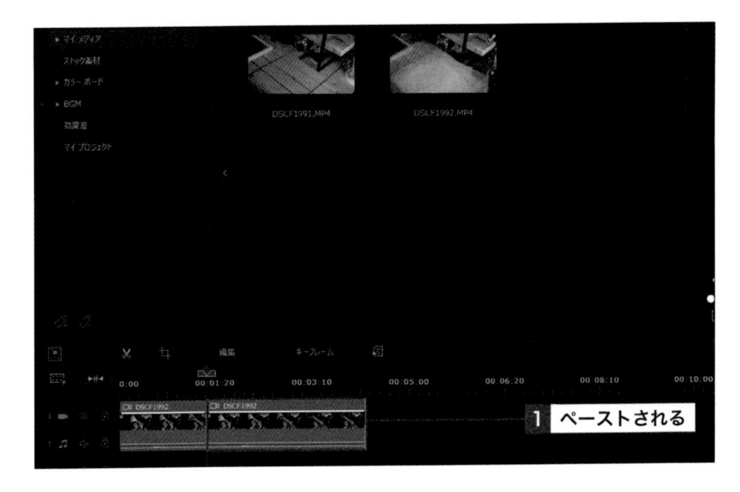

Memo ビデオクリップが重なる位置にペーストした場合のそのほかのペースト方法

[貼り付け、トリミングして合わせる] を選択した場合

貼り付けるポイントでスペースが空いている場合は、62ページ手順2の4で[貼り付け、トリミングして合わせる]をクリックすると、そのスペースに合わせて自動でトリミングが行われます。

[貼り付け、速度を上げて合わせる] を選択した場合

貼り付けるポイントでスペースが空いている場合は、62ページ手順2で[貼り付け、速度を上げて合わせる]をクリックすると、そのスペースに合うように自動で再生速度が調整されてペーストが行われます。

[貼り付けて挿入する] を選択した場合

62ページ手順2で[貼り付けて挿入する]をクリックすると、既存のビデオクリップが分割されて、その分割された間にペーストしたビデオクリップが挿入されます。既存のビデオクリップのうち分割されたうしろの部分(同じトラックのみ)が右に移動します。

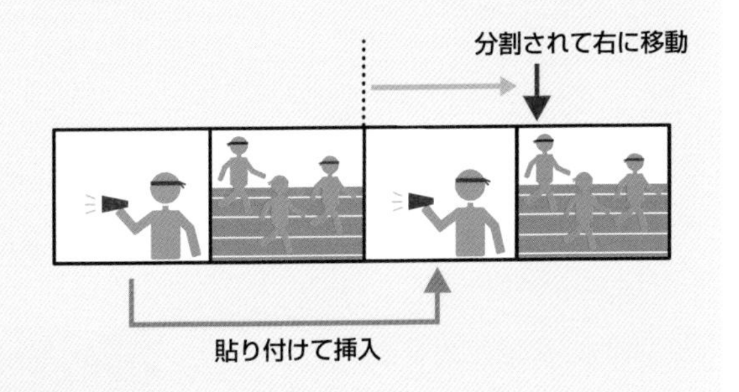

[貼り付け、挿入して、すべてのクリップを移動する] を選択した場合

62ページ手順2で[貼り付け、挿入して、すべてのクリップを移動する]をクリックすると、[貼り付けて挿入する]の操作に加えてすべてのトラックのクリップが右に移動します。

[クロスフェード] を選択した場合

62ページ手順2で[クロスフェード]をクリックすると、既存のクリップの上にペーストしたビデオクリップが重ねられます。そしてその重なった部分に自動的にクロスのトランジション(114ページのいちばん下のMemo参照)が追加され、右に移動します。

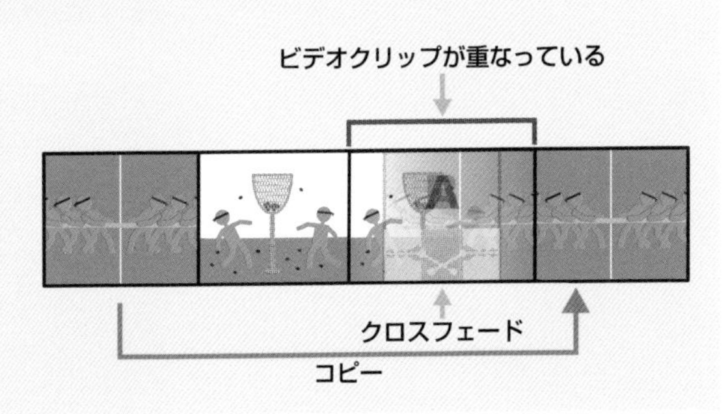

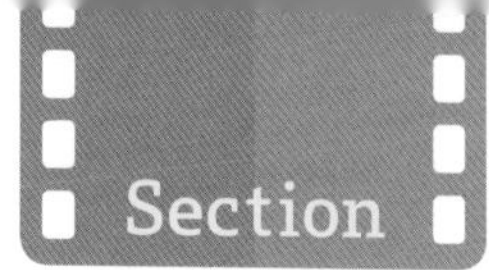

22 切り替え効果を入れたい場面で分割しよう

覚えておきたいキーワード
- ビデオクリップ
- 分割
- 分割位置の調整

ビデオクリップの途中で場面が切り替わっている場合や切り替え効果を与えたい場合は、ビデオクリップを分割します。分割したビデオクリップにも、切り替え効果や特殊効果などといった個別の編集作業が行えます。

1 ビデオクリップを分割する

切り替え効果（112ページ参照）や特殊効果（116ページ参照）は、クリップ単位で適用することができます。そのためビデオクリップを分割することで、設定したい部分だけに各効果を適用をすることが可能になります。

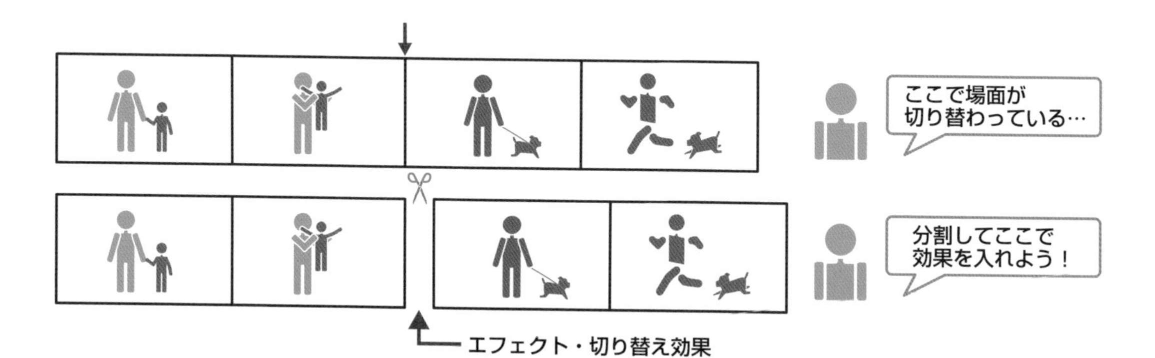

1 分割したい位置を指定する

ビデオクリップを分割したい位置まで■をドラッグします**1**。

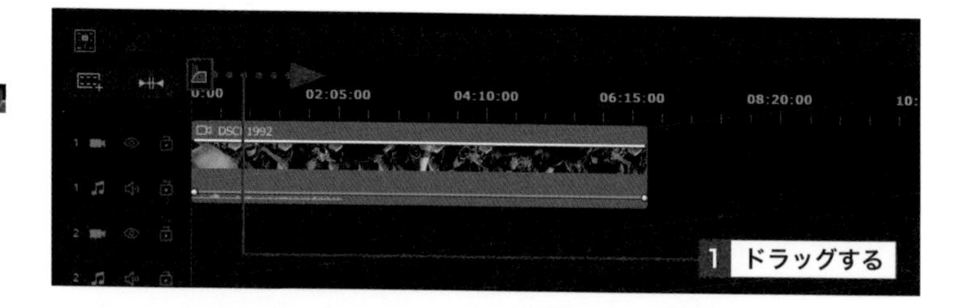

2 選択したビデオクリップを分割する

ビデオクリップをクリックして選択し**1**、タイムラインの上部にある■（選択したクリップを分割）をクリックします**2**。

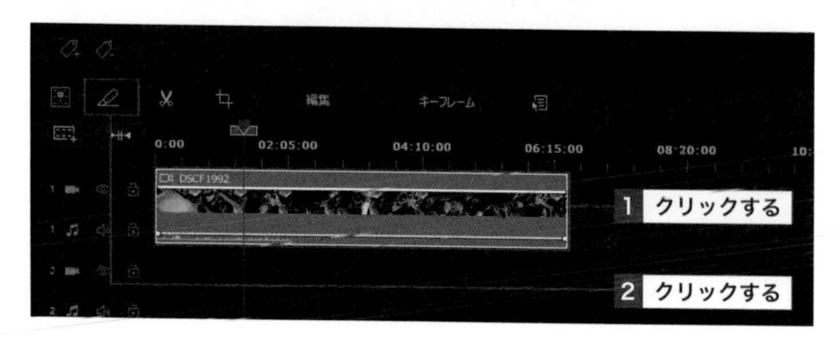

3 ビデオクリップが分割される

■の位置を境にして、ビデオクリップが2つに分割されます。

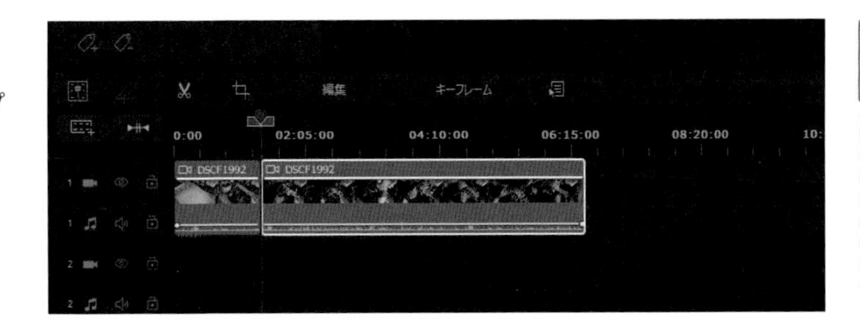

Memo タイムラインを分割する

64ページ手順1のあとでビデオクリップを選択した場合、■は「選択したクリップを分割」になります。選択したビデオクリップを分割すると、■の位置にある選択したビデオクリップのみが分割されます。
対して64ページ手順1のあとでビデオクリップを選択していない場合、■は「選択したクリップを分割」ではなく「タイムラインの分割」になります。タイムラインを分割すると、■の位置にあるすべてのクリップが分割されます（右図参照）。

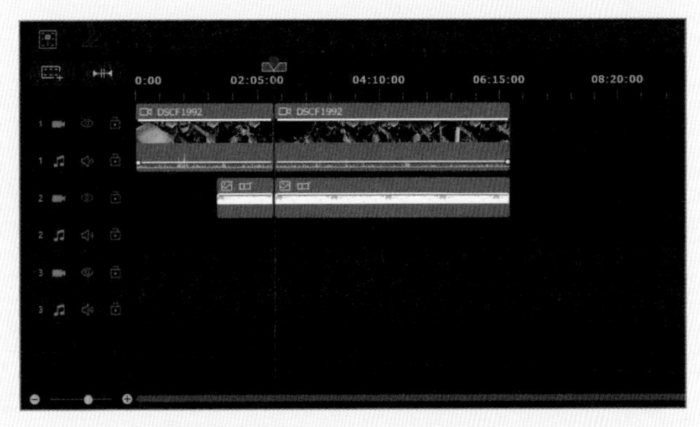

2 分割したい位置を細かく調整する

1 分割したい位置でプレビューを停止する

プレビューウィンドウでビデオクリップの再生中に■（一時停止）をクリックし1、一時停止します。

2 終了位置を指定する

■（コマ戻し）または■（コマ送り）をクリックすると1、再生を停止したまま分割する位置を1コマ（フレーム）ずつ前、またはうしろに移動することができます。

23 場面の再生順を入れ替えよう

覚えておきたいキーワード
- ビデオクリップ
- 上書き
- 挿入

タイムラインに配置したビデオクリップは、ドラッグでかんたんに再生順を並べ替えることができます。また、ビデオクリップが重なるように移動した場合は、移動後の動作を指定することができます。

1 ビデオクリップの順番を入れ替える

動画編集の基本は、起こった出来事（シーン）のビデオクリップを時系列順に並べていくことです。誰が見ても内容がわかるように、必要なシーンを最適な順番で並べるようにしましょう。

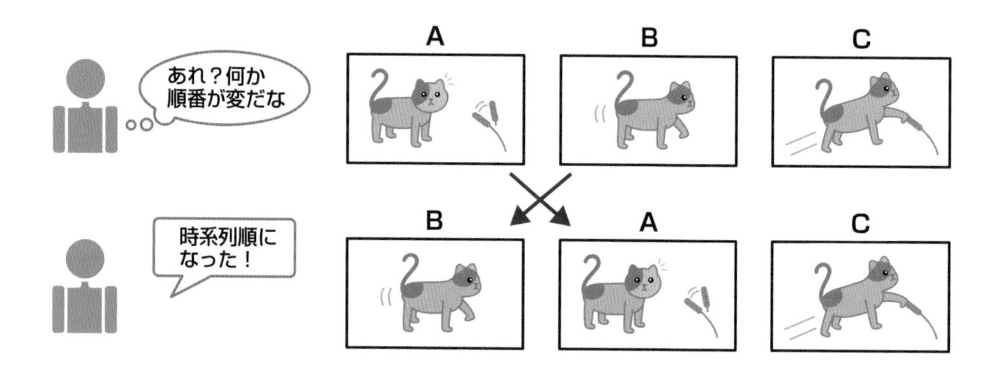

1 左にあるビデオクリップを右に移動する

タイムラインの左にあるビデオクリップをクリックし❶、隣りのクリップよりも右にドラッグします❷。

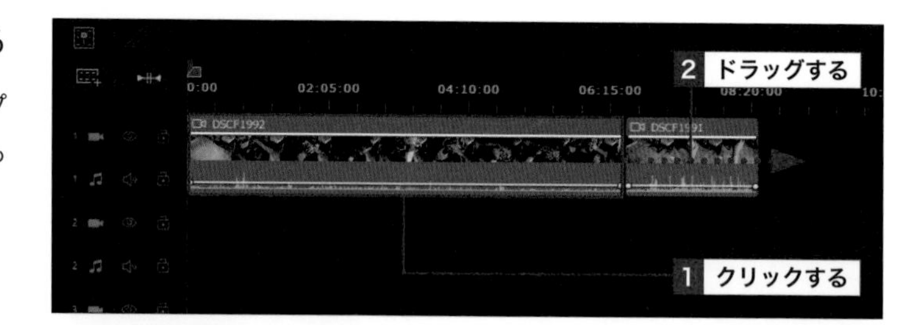

2 すべてのビデオクリップを移動する

ビデオクリップを移動したことで空いたスペースを右クリックし❶、［削除して削除した間隔以降のすべてのタイムラインクリップを移動する］をクリックします❷。

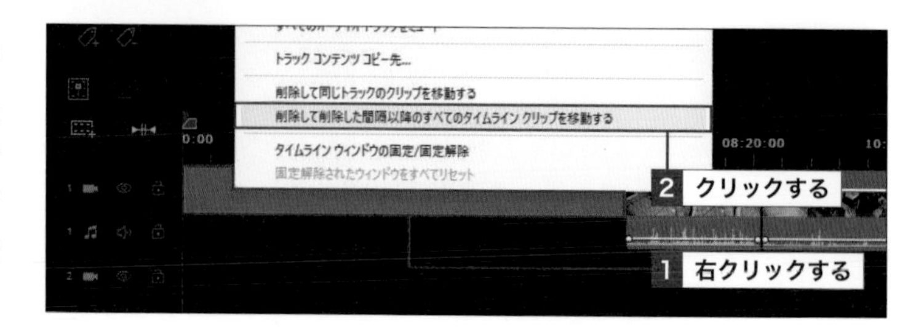

3 空いたスペースが埋まる

ビデオクリップを移動して空いたスペースが詰められ、クリップすべてのクリップが左に移動します。

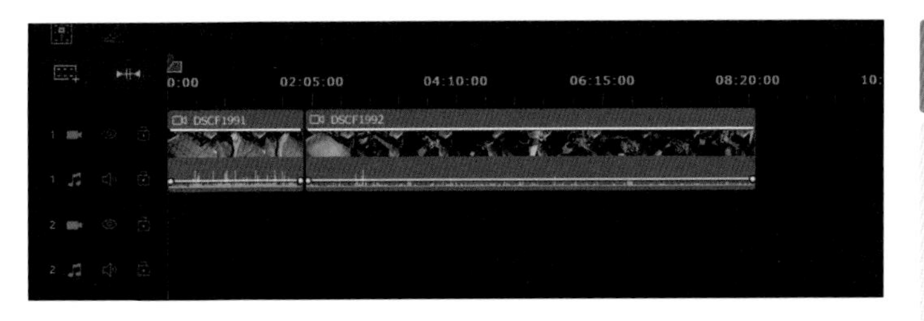

2 ビデオクリップの長さを空いたスペースにトリミングして合わせる

1 移動したいビデオクリップを選択する

タイムラインの右にあるビデオクリップをクリックし、隣りのクリップよりも左にドラッグします❶。ビデオクリップが重なる位置に移動した場合はメニューが表示されるので、ここでは［トリミングして合わせる］をクリックします❷。

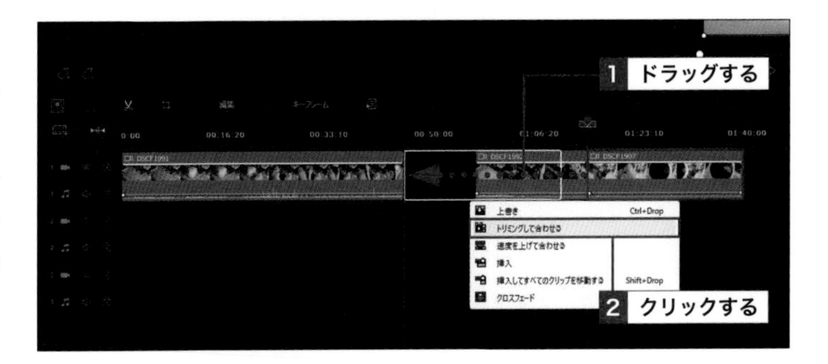

2 ビデオクリップが移動（トリミング）される

ビデオクリップが移動し、2つのビデオクリップの間の空いたスペースに合わせて自動でトリミングされます❶。

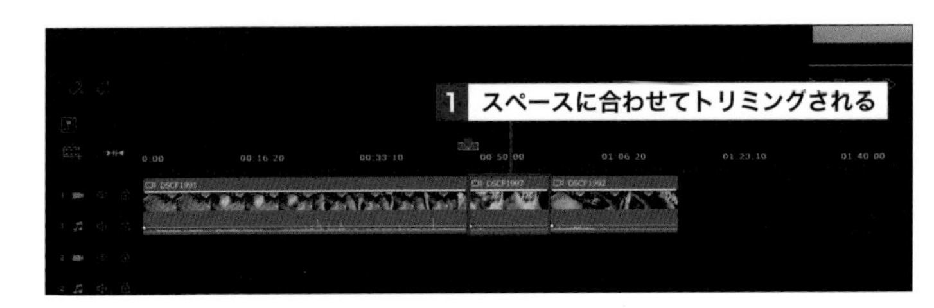

Memo そのほかの移動後の動作

［上書き］を選択した場合

67ページ手順1の❷で［上書き］をクリックすると、ドラッグした位置にトリミングされることなく素材が上書きされて配置されます。

［速度を上げて合わせる］を選択した場合

67ページ手順1の❷で［速度を上げて合わせる］をクリックすると、スペースに合わせて移動したビデオクリップの動画速度が調整され、ドラッグした位置に移動します。

［挿入］を選択した場合

67ページ手順1の❷で［挿入］をクリックすると、そこよりうしろに配置されている同じトラックのビデオクリップのみ右に移動します。

［挿入してすべてのクリップを移動する］を選択した場合

67ページ手順1の❷で［挿入してすべてのクリップを移動する］をクリックすると、そこよりうしろに配置されているタイムライン上にあるすべてのクリップが右に移動します。

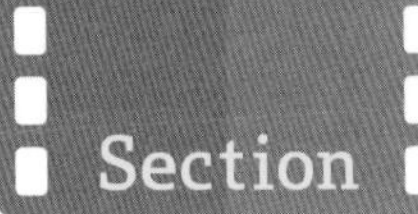

24 使わない場面を削除しよう

覚えておきたいキーワード
- ビデオクリップ
- 削除
- カット

動画の編集作業は、その大半が素材をトリミングしたり、不要なシーンをカット（削除）したりすることで占められています。どれだけ不要なシーンを選別し削除できるかが大事です。

1 不要なビデオクリップを削除する

1 削除したいビデオクリップを選択する

タイムラインで削除したいビデオクリップをクリックします**1**。メニューバーから［編集］をクリックし**2**、［削除］をクリックして**3**、削除後の動作をクリックして選択します**4**。

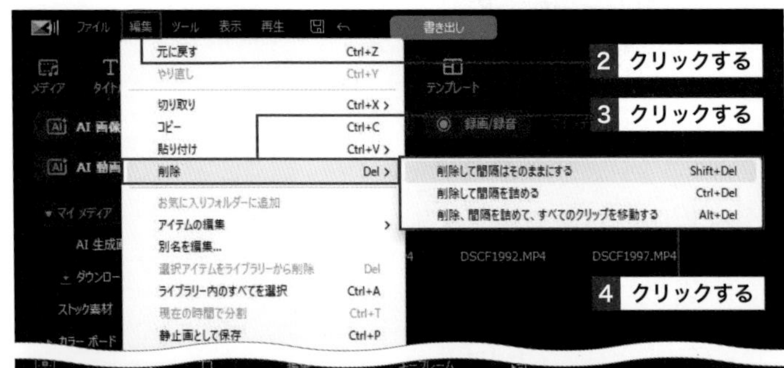

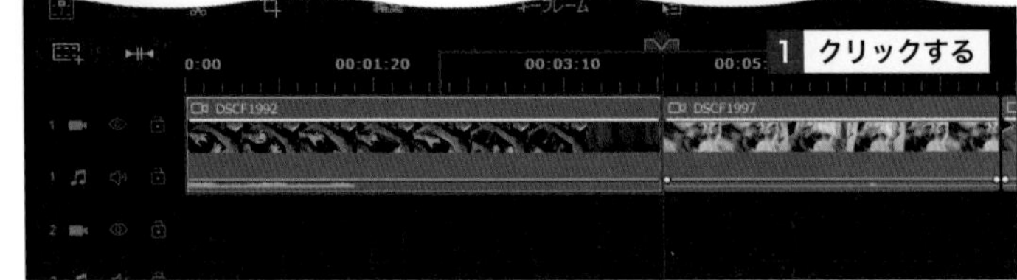

Memo ビデオクリップが1つだけの場合

タイムラインにビデオクリップが1つしかない場合やそれ以降に干渉するクリップがない場合、削除後の動作のメニューは表示されず、ビデオクリップは削除されます。

Memo 削除後の動作

［削除して間隔はそのままにする］を選択した場合

手順1の**4**で［削除して間隔はそのままにする］をクリックすると、ビデオクリップが削除されて空いたスペースがそのまま残ります。

［削除して間隔を詰める］を選択した場合

手順1の**4**で［削除して間隔を詰める］をクリックすると、ビデオクリップが削除されて空いたスペースが詰められ、同じトラックにあるビデオクリップだけが左に移動します。

［削除、間隔を詰めて、すべてのクリップを移動する］を選択した場合

手順1の**4**で［削除、間隔を詰めて、すべてのクリップを移動する］をクリックすると、ビデオクリップが削除されて空いたスペースが詰められ、そこよりうしろに配置されているタイムライン上にあるすべてのクリップが左に移動します。

タイトルやテロップを加えよう

25 動画の最初にタイトルを入れよう

覚えておきたいキーワード
- 「タイトル」ルーム
- タイトルの「詳細編集」画面
- ビデオトラック

動画にタイトルを入れるには、「タイトル」ルームでタイトルを作成し、ビデオトラックに配置します。「開始／終了時の特殊効果」や、キーフレームによるアニメーションを加えることで、見栄えのよいタイトルを作成できます。

1 既存のテンプレートを使ってタイトルを配置する

PowerDirectorの「タイトル」ルームの中には、既存のデザインのテキストテンプレートが多数盛り込まれています。好みのテンプレートがある場合や自分でテキストのデザインをするのが苦手な場合は、これらのテンプレートを活用するのがおすすめです。

1 「タイトル」ルームを表示する

画面上部のメニューから［タイトル］をクリックし1、「タイトル」ルームを表示します。［タイトル］をクリックします2。

2 テンプレートを選択する

テキストテンプレート（ここでは［人気］タグの中にある［ブロガー ソーシャルメディア20］）をクリックすると1、プレビューウィンドウにテンプレートのデザインが表示されます。

Memo 「タイトル」ルームのカテゴリー

「タイトル」ルームの中にあるテンプレートは、それぞれカテゴリーで分けられています。カテゴリー別で表示することで、それぞれのテーマに沿ったテンプレートを確認することができます。たとえば、YouTubeをテーマにしたテンプレートを使いたい場合は、［YouTube］タグをクリックすると、目的のテンプレートをすぐに見つけられ、作業がスムーズになります。

3 選択したテンプレートを配置する

タイムライン内の配置したいビデオトラック(ここではビデオトラック2)にドラッグ&ドロップします**1**。

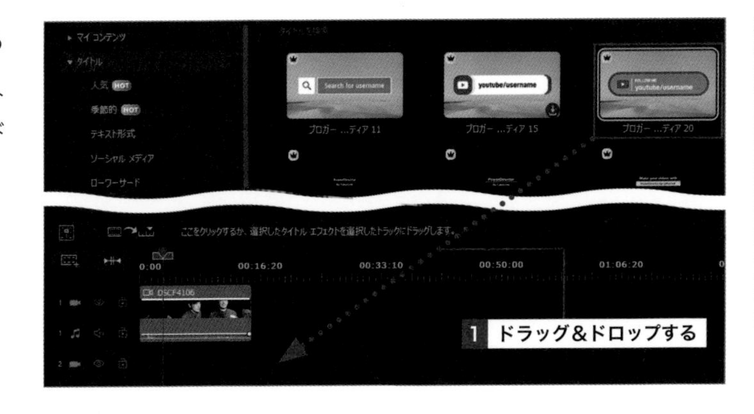

4 テンプレートが追加される

テキストテンプレートがビデオトラックに配置され、タイトルクリップになります。77ページを参考にタイトルの「詳細編集」画面を表示して、タイトルを編集しましょう。

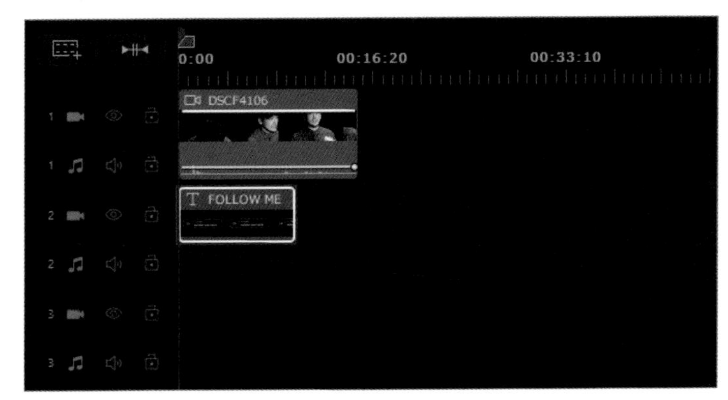

Memo タイトルはビデオトラックに入れて使用する

「タイトル」ルームで作成したタイトル素材は、ビデオトラックに入れて使用します。そのため、空いているビデオトラックの数だけ複数のタイトルを同時に重ねて使うことができます。また、タイトル素材は1つの映像素材として扱われるため、動画素材のように切り替え効果(112ページ参照)やエフェクト(116ページ参照)を使用することもできます。

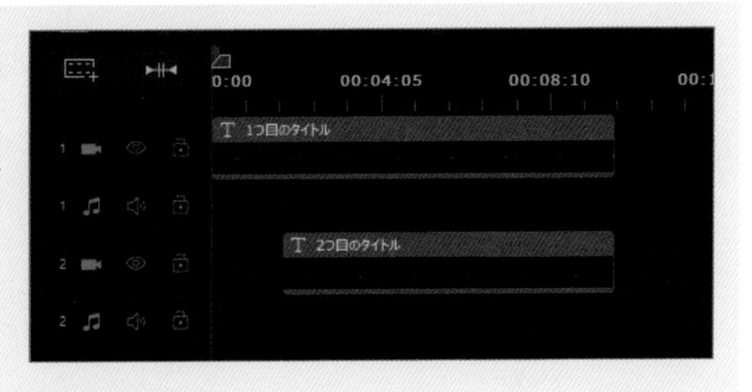

Hint テンプレートをお気に入りに追加する

何度も使用するテンプレートがある場合は、「お気に入り」に追加しておきましょう。テンプレートをマウスオーバーすると表示される右下の♡をクリックし、♥にします。お気に入りに追加したテンプレートは、[マイコンテンツ]→[お気に入り]の順にクリックすると、すぐにアクセスすることができます。

2 「タイトル」ルームにタイトルを登録して配置する

1 タイトルの「詳細編集」画面を表示する

[タイトル]をクリックし1、「タイトル」ルームを表示します。(新規タイトルテンプレートの作成)をクリックし2、[2Dタイトル]をクリックすると3、タイトルの「詳細編集」画面が表示されます。

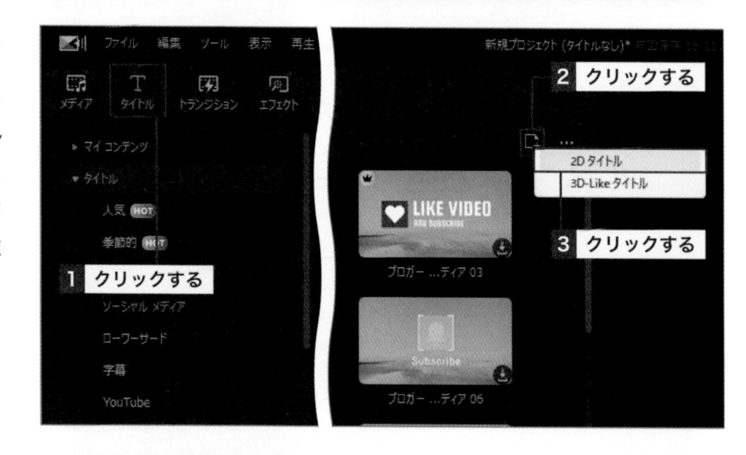

2 [マイタイトル]をクリックする

タイトルの「詳細編集」画面のプレビューウィンドウ内に表示されている[マイタイトル]をクリックします1。

3 タイトルを入力する

任意の文字を入力し、任意の位置にドラッグします1。このとき、タイトルの四隅のをドラッグすると、フォントのサイズを変えられます。[OK]をクリックします2。

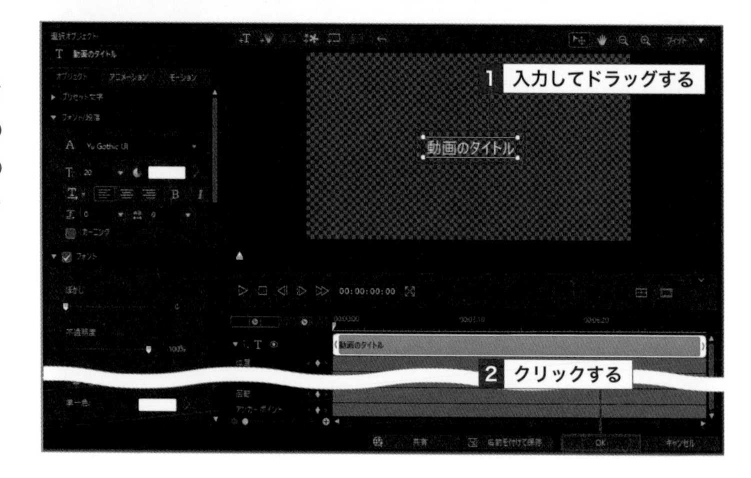

Step Up 「クイック編集」モードと「詳細編集」モード

タイトルの編集モードは2種類あります。ビデオトラックに配置したタイトルクリップをダブルクリックすると表示される「クイック編集」は、かんたんな編集項目で構成されています。一方、本書でも紹介している「詳細編集」は、すべての編集項目で構成されています。

4 テンプレートとして保存する

「テンプレートとして保存」画面で任意の名前を入力し❶、[OK]をクリックします❷。

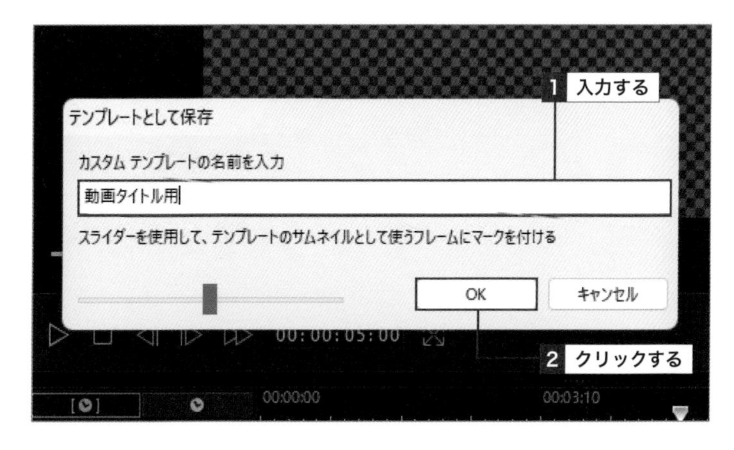

5 作成したタイトルを配置する

作成したタイトルが「タイトル」ルームの「マイコンテンツ」内にある「カスタム」タグに保存されます❶。タイムラインのビデオトラック2にドラッグ＆ドロップします❷。

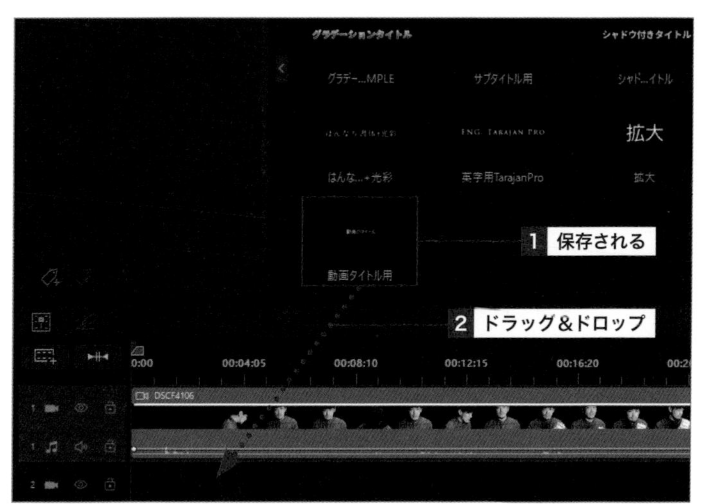

6 タイトルが追加される

ビデオトラック2にタイトルが配置され、動画にタイトルが追加されます。

Memo タイトルを入れるときのポイント

「タイトル」ルームで作成できるテロップの使いどころは、動画の題名を示すタイトル、バラエティ的な文字テロップなど、さまざまです。ひとえに正解というものはありませんが、たとえば人物のセリフであれば、声の大きさやトーンに合わせてテロップの大きさや色を調整するのがポイントです。また、動画だけでは伝わりにくいところを補足する目的のタイトルであれば、見やすいデザイン（大きさや色）でわかりやすい言葉を選びましょう。

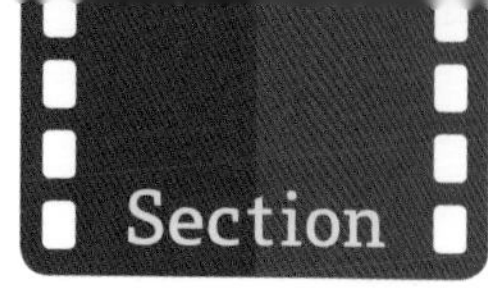

26 フォントをインストールしよう

覚えておきたいキーワード
- フォント
- Google Fonts
- Noto Sans JP

タイトルを細かく編集する前に、見やすくて使いやすいフォント(書体)をあらかじめインストールしておくのがおすすめです。ここでは、「Google Fonts」で無料公開されているフォントのインストール方法を紹介します。

1 フォントをインストールする

フォント(書体)とは、印刷や画面表示に使う、デザインが統一されている文字セットのことです。明朝体やゴシック体など、さまざまな種類のものがあります。テレビ番組やYouTube動画における「テロップ」は、時代によって流行やニーズなどが異なり、動画の印象を大きく左右します。動画の印象をレトロにしたい場合は昭和の時代に流行ったフォントを使ったり、逆に古臭さを感じさせずにオシャレな印象にするためには今の時代に沿うフォントを使ったりなど、作りたい動画の雰囲気に合わせたフォントをインストールして使用するのがおすすめです。インターネット上ではフリー(無料)から有料まで、さまざまなデザインのフォントがあります。それらのフォントをインストールすることで、PowerDirectorの「タイトル」ルームや「字幕」ルームで使用できるようになります。

1 ダウンロードページにアクセスする

WebブラウザでGoogle Fontsの「Noto Sans Japanese」(Noto Sans JP)のページ(https://fonts.google.com/noto/specimen/Noto+Sans+JP)にアクセスし、画面右上の[Get font]をクリックします1。

2 ファイルを保存する

[Download All]をクリックすると、ダウンロードが開始されます。ダウンロードが完了したら、(フォルダーに表示)をクリックします1。

Memo ファイルの保存方法

ファイルの保存方法は、使用しているWebブラウザやユーザー設定により異なります。

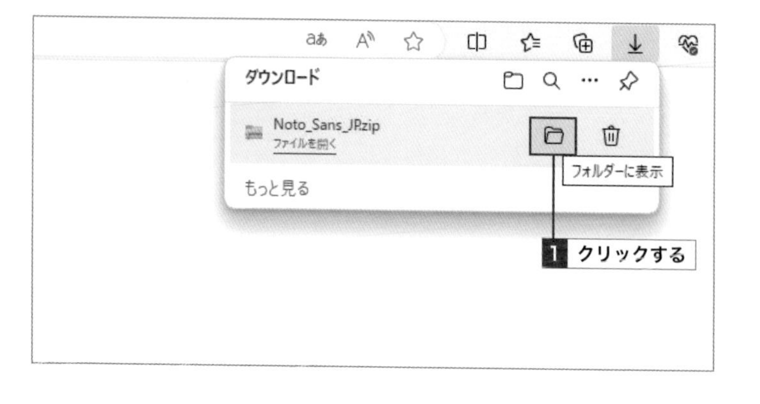

3 ファイルを展開する

フォルダーが開くので74ページ手順2で保存したファイルを右クリックし1、[すべて展開]をクリックします2。

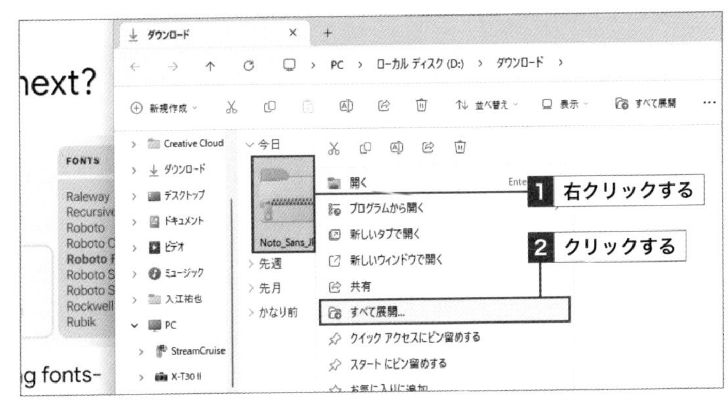

4 展開先を確認して開く

展開先のフォルダーを確認し1、[展開]をクリックします2。

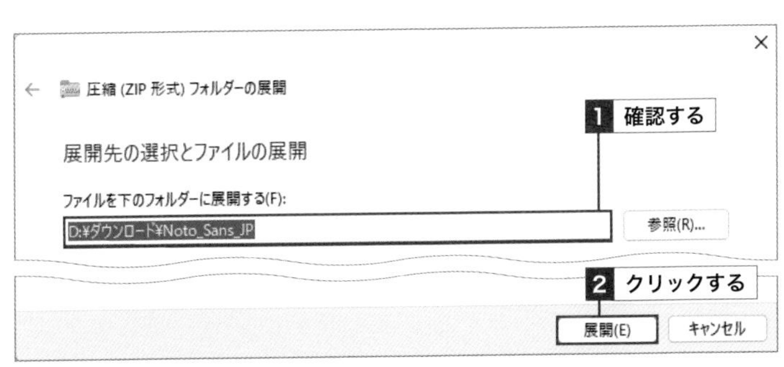

Memo 展開先を変更する

展開先を別にしたい場合は、[参照]をクリックして変更します。

5 フォントをインストールする

手順4で開いたフォルダーの[static]をダブルクリックし、その中にある任意の「ttf」ファイルを右クリックして1、[インストール]をクリックすると2、フォントがインストールされます。

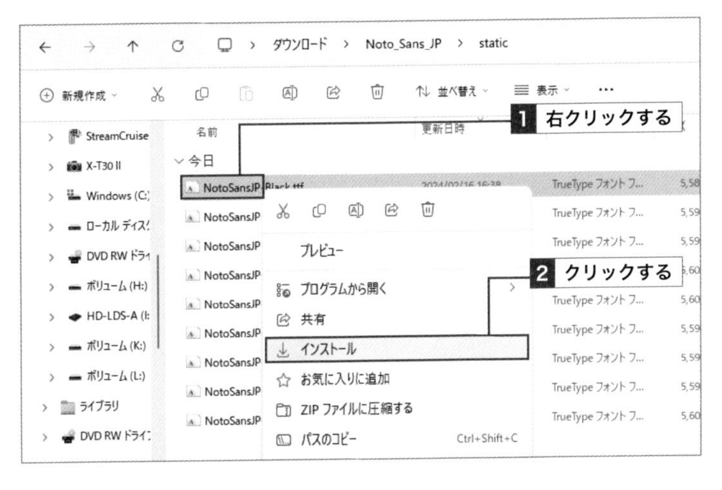

Hint すべてのファイルを選択する

Ctrl を押しながらすべての「ttf」ファイルをクリックして選択して、一度にすべての「ttf」ファイルをインストールすることもできます。

6 フォントが選択できるようになる

インストール後、PowerDirectorを起動している場合は再起動し、タイトルの「詳細編集」画面を表示します。78ページ手順1を参考に「フォント／段落」内のフォントの項目をクリックすると、手順5でインストールした「Noto Sans JP」を選択できるようになります1。

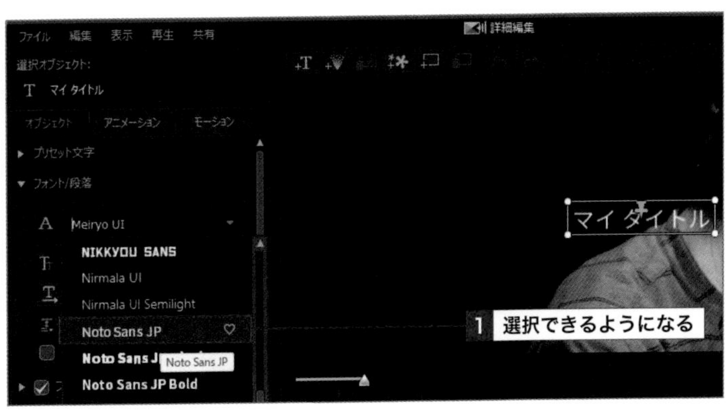

27 タイトルをデザインしよう

覚えておきたいキーワード
- タイトルの「詳細編集」画面
- テキスト背景
- グラデーション

タイトルの「詳細編集」画面では、凝ったデザインのタイトルを作成することができます。ここでは、グラデーションなどの装飾を施したタイトルのデザインについて、作り方もあわせて解説します。

1 タイトルの「詳細編集」画面でデザインを変更できるおもな項目

タイトルのデザインは、タイトルの「詳細編集」画面にある項目を使って変更していきます。各項目名の横にある▶をクリックすることで、設定できるパラメータが展開されます。チェックマークがある項目については、チェックを入れることでオン、外すことでオフにすることができます。

❶	フォント／段落	基本的なフォントのパラメータを設定できる項目です。フォントの種類やサイズ、単色のカラー、行間や文字間隔、テキストの配置などを指定することができます。
❷	フォント	「グラデーション」などの単色以外のフォントの色を指定することができます。
❸	境界線	フォントに境界線を付けることができる項目です。色、サイズ、ぼかしの強度でデザインの調整が可能です。一部パッケージ（Ultimate以上）では、二重に境界線を設定することができます。
❹	シャドウ	フォントにシャドウ（影）を付けることができる項目です。シャドウの距離やぼかしの強度、シャドウの方向でデザインの調整が可能です。
❺	テキスト背景	テキストに背景を付けることができる項目です。色や形、位置などが細かく調整できます。

2 タイトルの「詳細編集」画面を表示する

タイトルの「詳細編集」画面を表示するには、72ページ手順1で解説した「「タイトル」ルームを表示する方法」のほかに、「タイムラインに配置したタイトル素材を選択して表示する方法」があります。1つ目の「タイトル」ルームからタイトルの「詳細編集」画面を表示する方法は、新規のプリセットを作成するのがおもな目的です。2つ目のタイムライン上に配置したタイトルクリップからタイトルの「詳細編集」画面を表示する方法は、タイトルを直接編集するのがおもな目的となります。作業状況に合わせて使い分けましょう。

「タイトル」ルームから表示する

70ページ手順1を参考に「タイトル」ルームを表示し、■(新規タイトルテンプレートの作成)をクリックして1、[2Dタイトル]をクリックすると2、タイトルの「詳細編集」が画面が表示されます。

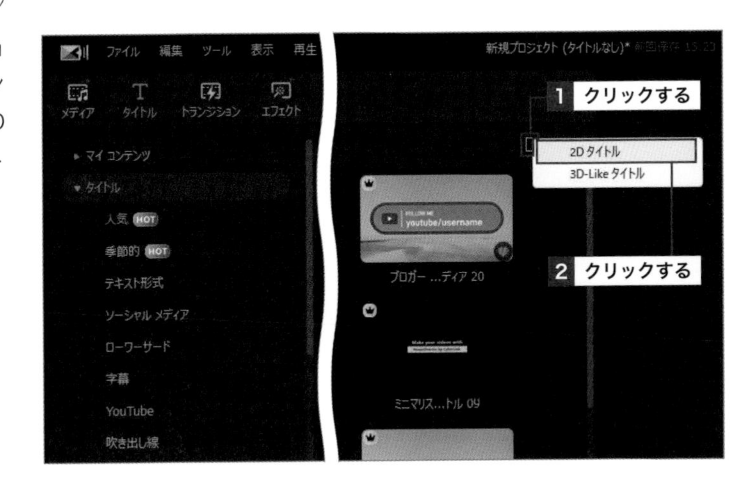

タイムラインに配置したタイトル素材を選択して表示する

タイムラインにタイトルクリップを配置したあとでも、タイトルの「詳細編集」画面を表示することができます。編集したいタイトルクリップを選択し1、■(その他機能)をクリックして2、[タイトル詳細編集]をクリックします3。

Memo テンプレートの保存

78〜80ページなどの手順で作成したタイトルのデザインは、テンプレートとして保存することができます(73ページ手順4参照)。タイトルの「詳細編集」画面の「プリセット文字」の■をクリックして展開し、■(現在選択している文字をプリセットとして保存する)をクリックすることで、作成したタイトルが「マイプリセット」に保存されます。保存したデザインのプリセットは、「プリセット文字」の「マイプリセット」からいつでも適用することができます。

3 テキスト背景を使ったタイトルを作成する

1 フォントを設定する

タイトルの「詳細編集」画面を表示し、任意の文字を入力してフォントサイズを調整したあと、「フォント／段落」の▶をクリックして展開します❶。任意のフォント（ここでは74～75ページでインストールした「Noto Sans JP Black」）に設定し❷、色部分（フォント色の選択）をクリックして「カラー」画面で好みの色を選択します❸。

2 テキスト背景を付ける

「テキスト背景」にチェックを付け▶をクリックして展開し❶、「テキスト背景の種類」を「タイトルに合わせる」の「四角形」に設定します❷。「塗りつぶし種類」は「単一色」の色部分をクリックして「カラー」画面で好みの色を選択します❸。

3 テキスト背景の大きさを調節する

「縦横比を維持」のチェックをクリックして外し❶、「幅」を少し余白ができる値（ここでは「1.10」）に設定します❷。次にテキスト背景の縦の位置である「オフセットY」の値を、中央になる値（ここでは「0.050」）に設定します❸。設定を終えたら［OK］をクリックします。

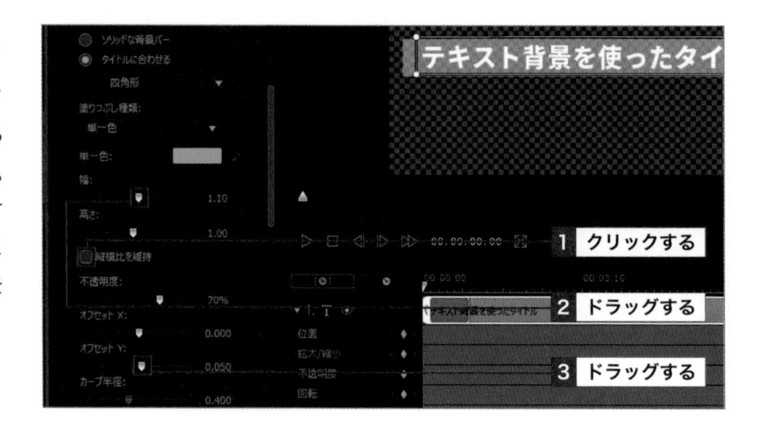

Memo カラーピッカー

「カラー」画面で色を選択する際、［画面から選択］をクリックするとカラーピッカーが表示され、画面上の好みの色を直感的に指定することができます。

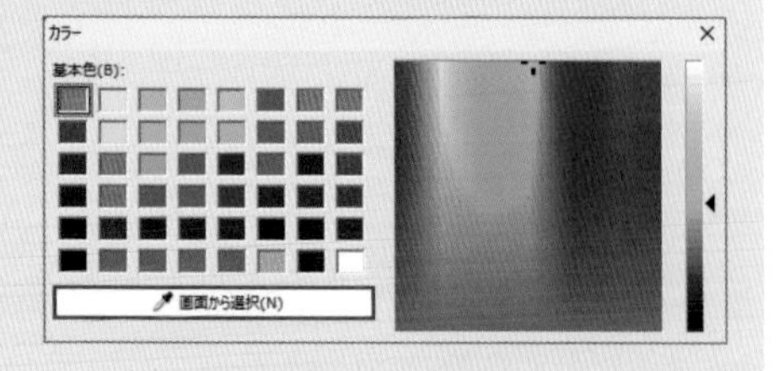

4 フォントをグラデーション加工したデザインタイトルを作成する

1 フォントを設定する

タイトルの「詳細編集」画面を表示し、任意の文字を入力してフォントサイズを調整したあと、「フォント／段落」の▶をクリックして展開します1。任意のフォント（ここでは74〜75ページでインストールした「Noto Sans JP Black」）に設定します2。

2 グラデーションをかける

「フォント」にチェックが付いていることを確認し、▶をクリックして展開します1。「塗りつぶし種類」を「グラデーションカラー」に変更します2。「グラデーションの分岐」の右側のカラーをダブルクリックし、ここでは「カラー」画面で黄色を設定します3。続けて「グラデーションの分岐」の左側のカラーをダブルクリックし、ここでは「カラー」画面でピンク色を設定します4。

3 境界線を付ける

「境界線」にチェックを付け▶をクリックして展開し1、「サイズ」をドラッグして「4.0」に設定します2。「塗りつぶし種類」を「単一色」に設定し3、「単一色」のカラー（境界線の色を選択）をクリックして、ここでは「カラー」画面で白色を設定します4。設定を終えたら[OK]をクリックします。

5 境界線をグラデーション加工したデザインタイトルを作成する

1 フォントを設定する

タイトルの「詳細編集」画面を表示し、任意の文字を入力してフォントサイズを調整したあと、「フォント／段落」の▶をクリックして展開します❶。任意のフォント(ここでは74～75ページでインストールした「Noto Sans JP Black」)に設定します❷。

2 境界線を付ける

「境界線」にチェックを付け▶をクリックして展開し❶、「サイズ」の値をドラッグして「4.0」前後に❷、「ぼかし」の値をドラッグして「4」を前後に設定します❸。

3 境界線に色を付ける

「塗りつぶし種類」を「グラデーションカラー」に変更します❶。「グラデーションの分岐」の右側のカラーをダブルクリックし、ここでは「カラー」画面でピンク色を設定します❷。続けて「グラデーションの分岐」の左側のカラーをダブルクリックし、ここでは「カラー」画面で水色を設定します❸。設定を終えたら[OK]をクリックします。

6 各種デザインの実例

ここでは、78〜80ページの方法で作成したタイトルデザインの実例を紹介します。フォントや色、そのほかの項目の設定を変更するだけで雰囲気が変わるため、さまざまな設定を試して自分好みのデザインを作ってみてください。

テキスト背景を使ったタイトル実例

テキストをシンプルな色（黒、ダークグレー、白）に設定すると、テキストの背景は比較的どのような色でも合わせやすくなります。自分の好きな色や自分らしい配色を意識して、背景の色を設定してみましょう。テキストの色が暗い場合はテキスト背景を明るい色に設定し、テキストの色が明るい場合はテキスト背景を暗い色に設定すると、明るさに差が出て文字が見えやすくなります。

フォントをグラデーション加工したデザイン実例

色彩的に相性のよい2色（類似色など）でグラデーションをかけるのがおすすめです。ここではグラデーションのテロップを見やすくするために、白い境界線を合わせています。なお、白い境界線とはあまり相性がよくない「明るい映像」とテロップを合わせる場合は、黒のシャドウを付けることで視認性が増します。

境界線をグラデーション加工したデザイン実例

淡い色のグラデーションをかけて明るいテロップに仕上げているため、暗い映像とよく合います。逆に明るい映像と合わせるとテロップが見えにくくなってしまうため注意が必要です。明るい映像と合わせる場合、テロップを見せるときだけ映像の不透明度を下げれば、テロップを際立たせることができます。

A.Leon/Shutterstock.com

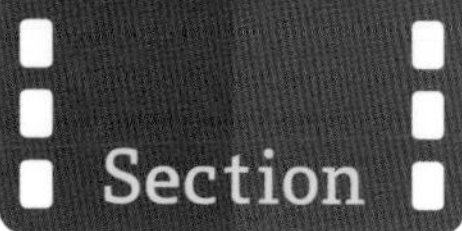

28 タイトルの表示時間や表示位置を調整しよう

覚えておきたいキーワード
- 表示時間
- 表示位置
- 文字を縦向き

タイトルが作成できたら、表示時間や表示位置を調整しましょう。表示時間と表示位置をバランスよく調整することで、視聴者にとって見やすいタイトルに仕上がります。

1 タイトルの表示時間を変更する

1 所要時間を開く

タイムラインに配置している表示時間を変更したいタイトルをクリックして選択し1、右クリックして2、[所要時間]をクリックします3。

2 表示時間を設定する

▲▼をクリック1、またはタイムコードにタイトルを表示したい時間を直接入力し、[OK]をクリックすると2、タイトルの表示時間が変更されます。

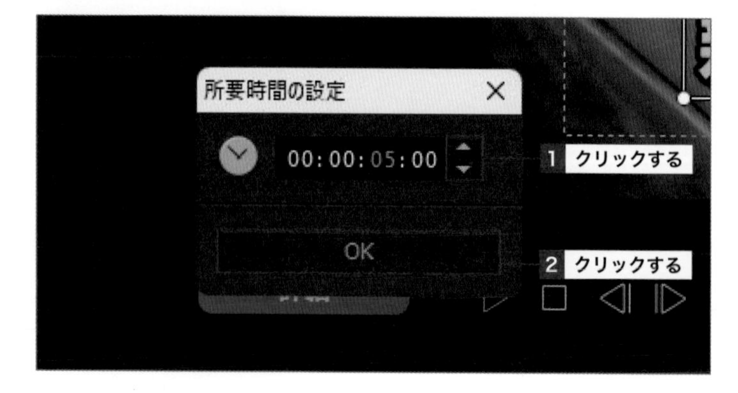

Memo マウスドラッグで時間を変更する

タイトルクリップを選択した状態で始点か終点の位置にカーソルを合わせると、カーソルが⟺のアイコンに変わります。このアイコンになったときに左右にドラッグすると、直感的に表示時間の長さを調整することができます。

2 タイトルの表示位置を変更する

1 タイトルの「詳細編集」画面を開く

タイムラインに配置しているタイトル素材をクリックして選択し1、（その他機能）をクリックして2、[タイトル詳細編集] をクリックします3。

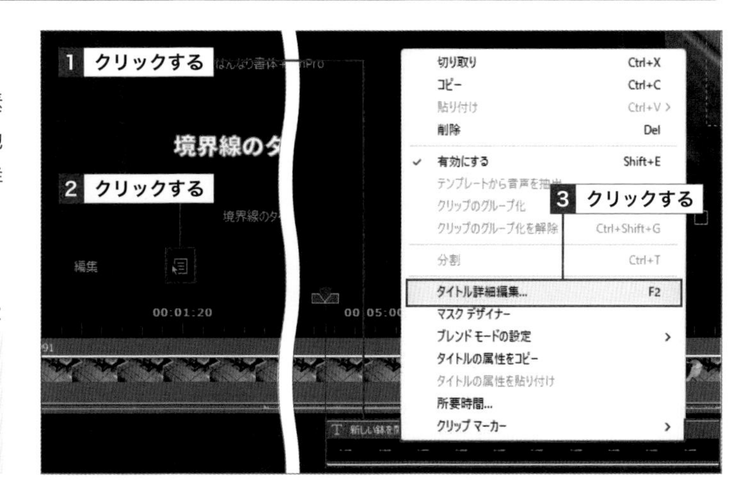

Hint ショートカットキーによる表示

タイムラインに配置したタイトルクリップを選択し、キーボードの F2 を押すことでも、タイトルの「詳細編集」画面が表示されます。

2 表示位置を調整する

タイトルの「詳細編集」画面のプレビューウィンドウでタイトル枠にマウスポインターを合わせてドラッグし、タイトルを移動します1。[OK] をクリックすると2、表示されるタイトルの位置が変更されます。

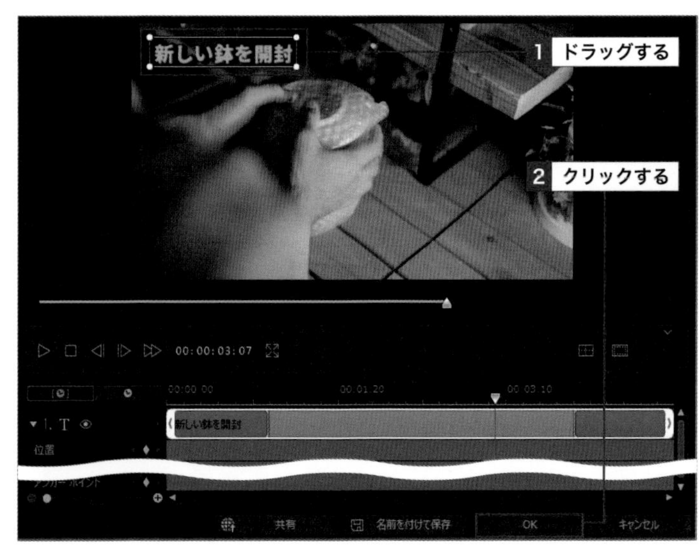

Step Up 文字を縦向きにする

文字を標準の横向きではなく縦向きにする場合は、手順1を参考にタイトルの「詳細編集」画面を表示し、「フォント／段落」のをクリックして展開し、（テキストの方向）をクリックします。／をクリックするごとに、文字を縦向きか横向きかに切り替えられます。

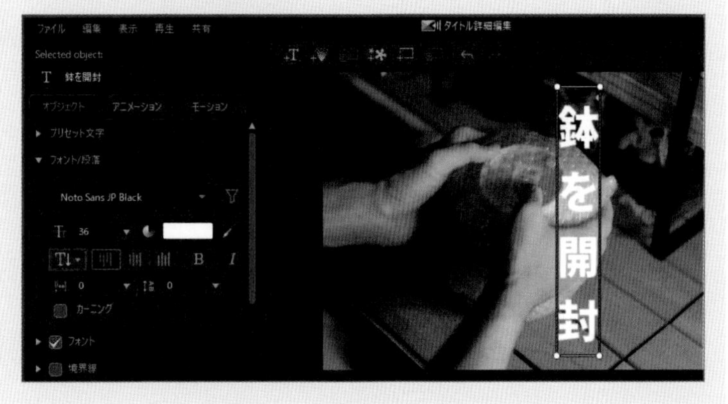

Section

29 タイトルをアニメーションさせよう

覚えておきたいキーワード
- タイトルの「詳細編集」画面
- キーフレーム
- アニメーション

タイトルを動かすには、キーフレームという機能を使用します。キーフレームは「区切りとなるデータ」のことで、時間経過によりサイズや位置といったパラメータのデータに変化を加えてタイトルを動かすことができます。

1 タイトルが移動するキーフレームアニメーションを作成する

1 タイトルの「詳細編集」画面を開く

77ページのタイトルの「詳細編集」画面を表示する2つ目の方法を参考に、タイトルの「詳細編集」画面を表示します。

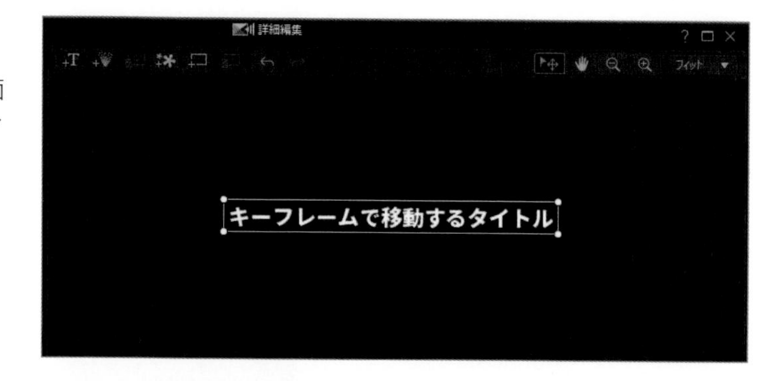

2 1つ目のキーフレームを追加する

タイトルの「詳細編集」画面内のタイムラインにある▼を左端(始点)にドラッグします1。「位置」のパラメータにある◆(現在のキーフレームを追加/削除)をクリックします2。

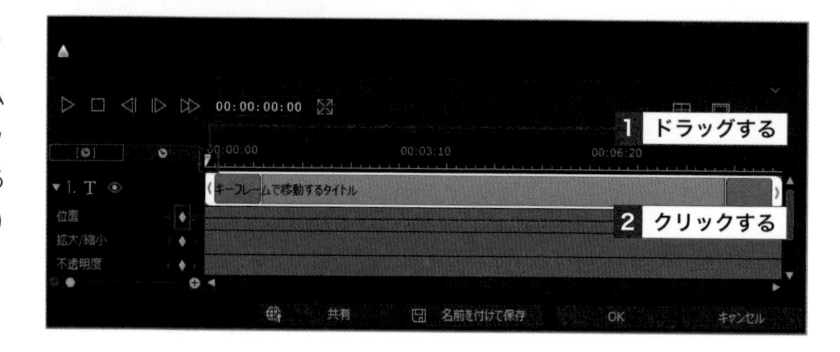

Key Word キーフレーム

キーフレームとは、時間経過によりパラメータを変更することができる機能です。この機能を適切に使うことで、タイトル素材が画面上を移動したり、画像がズームしたりするアニメーションを作成することができます。パラメータの数値を細かく調整する場合は、「オブジェクトの設定」から数値を入力します。また、キーフレーム機能はタイトル素材だけでなく、画像や動画素材にも同じように使用することができます。キーフレームを追加した際にタイムラインの幅が狭くて見えづらい場合は、タイムライン下にあるスライダーを左右にドラッグして拡大(縮小)して調整します。

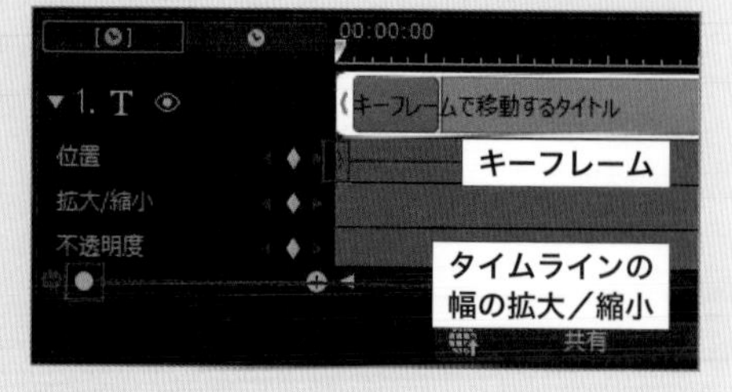

3 タイトルの位置を移動する

84ページ手順2で追加したキーフレームが赤く表示されている（選択されている）ことを確認し1、タイトルをドラッグしてアニメーションし始める位置に移動させます2。

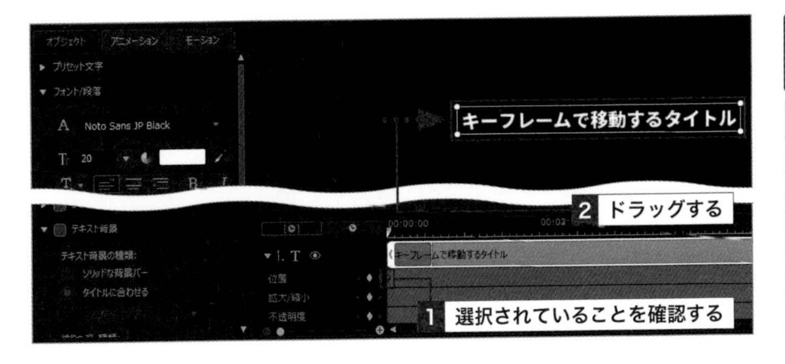

4 2つ目のキーフレームを追加する

タイムラインコードを確認しながら、▼を「00:00:01:00」の位置までドラッグします1。「位置」のパラメータにある◆（現在のキーフレームを追加／削除）をクリックします2。

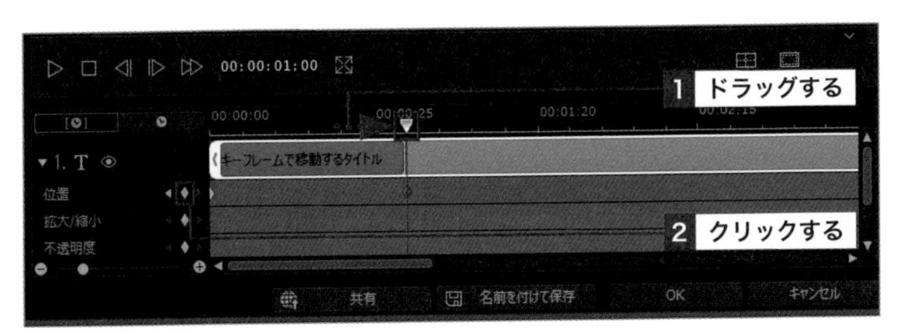

5 タイトルの位置を移動する

手順4で追加したキーフレームが赤く表示されている（選択されている）ことを確認し1、タイトルをドラッグしてアニメーションが終了する位置に移動させます2。

6 イーズインを設定する

手順4で追加したキーフレームが赤く表示されている（選択されている）ことを確認し1、「オブジェクトの設定」の▶をクリックして展開します2。「イーズイン」にチェックを付け3、数値をドラッグして「1.00」に設定します4。プレビューウィンドウのタイムラインスライダーを0秒まで戻してから▶をクリックすると、タイトルのアニメーションを確認できます。設定を終えたら[OK]をクリックします。

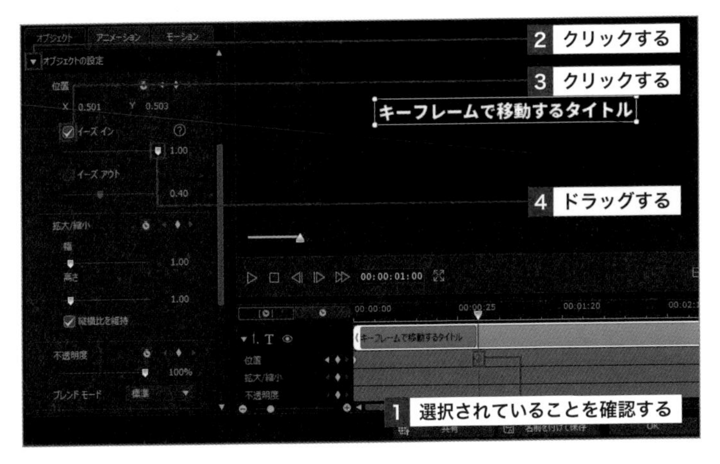

Key Word　イーズイン

イーズインは、キーフレームによるアニメーションに緩急を付ける機能の1つです。任意のキーフレームにイーズインを設定すると、そのキーフレームより前方にあるキーフレームからのアニメーションに緩急（だんだんゆっくりになる）が付けられます。前方にキーフレームがない場合、イーズインは設定できません。

2 タイトルがズームインするアニメーションを作成する

1 タイトルの「詳細編集」画面を開く

84ページ手順1を参考に、タイトルの「詳細編集」画面を表示します。タイトルの「詳細編集」画面内のタイムラインにある▼を左端（始点）にドラッグします1。

2 1つ目のキーフレームを追加する

「オブジェクトの設定」の▶をクリックして展開し1、「拡大／縮小」の◆（現在のキーフレームを追加／削除）をクリックします2。追加したキーフレームが赤く表示されていることを確認し、「幅」と「高さ」をドラッグして「1.00」に設定します3。

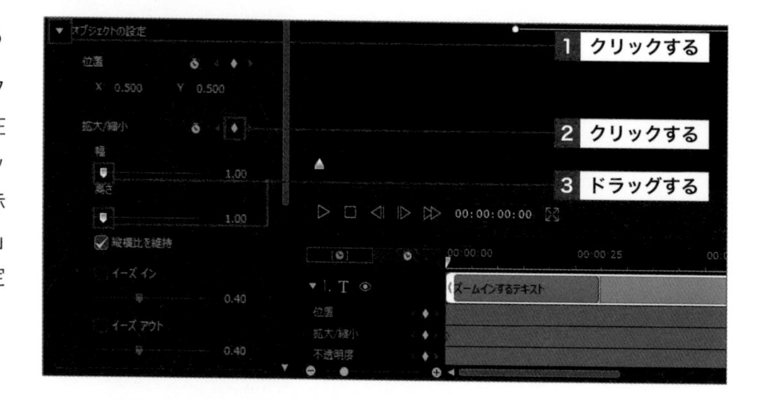

3 2つ目のキーフレームを追加する

タイムラインコードを確認しながら、▼を「00:00:01:00」の位置までドラッグします1。再度「拡大／縮小」の◆（現在のキーフレームを追加／削除）をクリックし2、追加したキーフレームが赤く表示されていることを確認したら、「幅」と「高さ」をドラッグして「1.50」に設定します3。

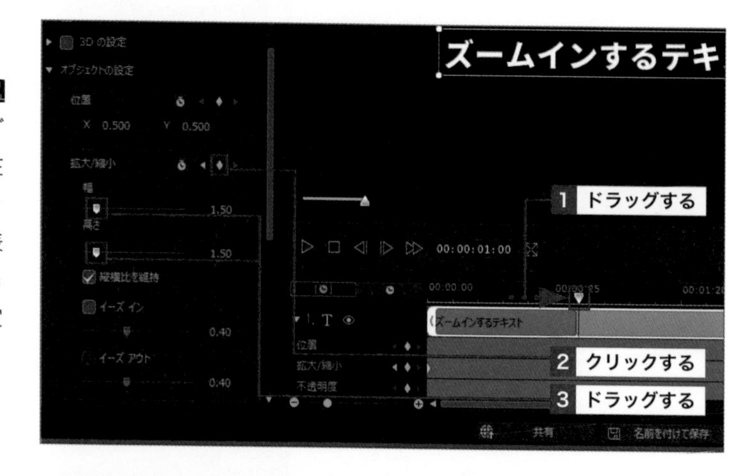

4 イーズインを設定する

アニメーションに緩急を付けたい場合は、手順3で作成したキーフレームをクリックして選択し、「イーズイン」にチェックを付け1、数値をドラッグして「1.00」に設定します2。▶をクリックするとアニメーションが確認できます。設定を終えたら[OK]をクリックします。

3 タイトルが点滅しながら現れるアニメーションを作成する

1 「オブジェクトの設定」を展開する

84ページ手順1を参考にタイトルの「詳細編集」画面を表示します。「オブジェクトの設定」の▶をクリックして展開します1。

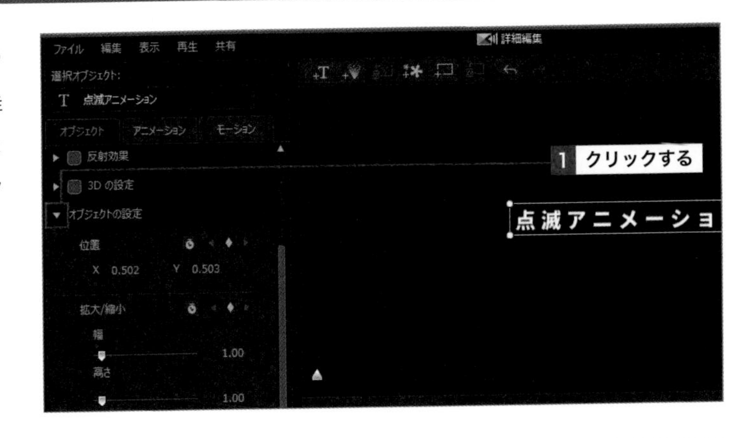

2 1つ目のキーフレームを追加する

タイムラインコードを確認しながら、▼を「00:00:00:00」の位置までドラッグします1。「不透明度」の◆(現在のキーフレームを追加／削除)をクリックし2、「不透明度」をドラッグして「100%」に設定します3。

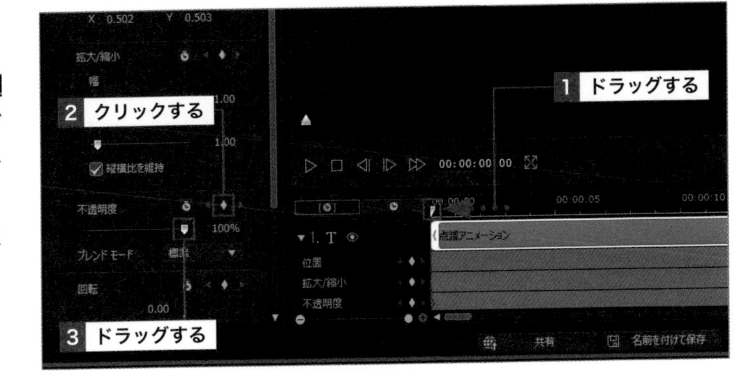

3 不透明度の異なるキーフレームを追加する

手順2と同様の操作で「00:00:00:01」にキーフレームを追加し、「不透明度」を「0%」に設定します。続けて「00:00:00:02」にキーフレームを追加し1、「不透明度」をドラッグして「100%」に設定します2。

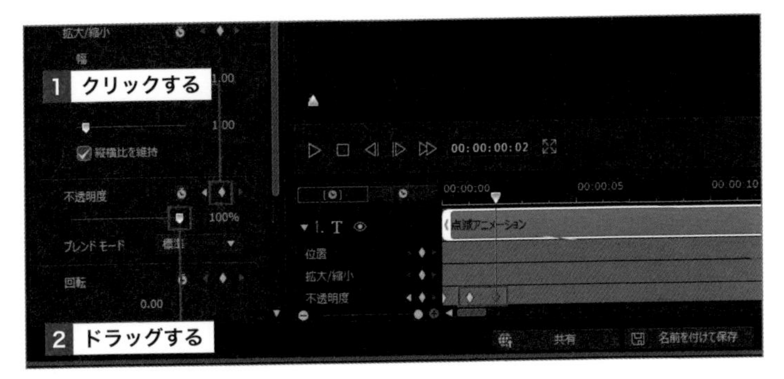

4 不透明度の異なるキーフレームを追加する

以降も同様にして「不透明度」が「0%」と「100%」のキーフレームを交互に追加していきます1。▶をクリックすると、点滅しながら現れるアニメーションのタイトルを確認できます。設定を終えたら[OK]をクリックします。

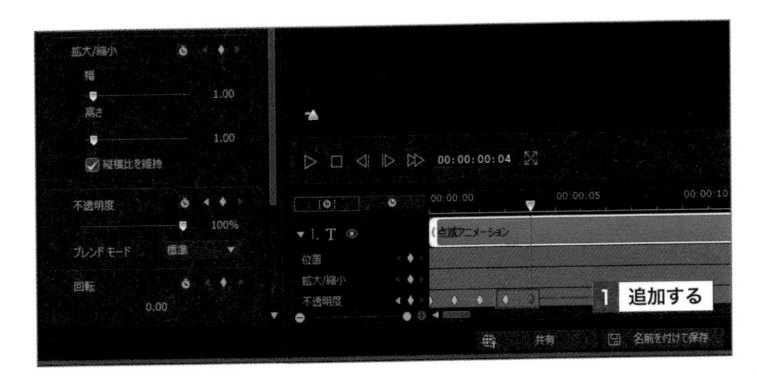

30 タイトルに立体感を出そう

覚えておきたいキーワード
- 立体感
- 境界線
- 深度

最新のPowerDirectorでは、境界線の深さを設定できる「深度」というパラメータがあります。これを有効に使うことで、かんたんに立体感のあるタイトルを作成することができます。

1 立体感のあるタイトルを作成する

1 タイトルを配置する

「タイトル」ルームの中にある［デフォルト］のタイトルをタイムラインのビデオトラック2にドラッグ＆ドロップし1、映像素材の前面に配置します。

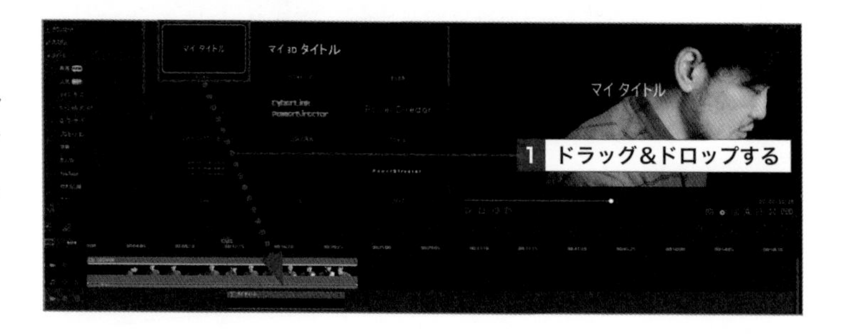

2 フォントを設定する

77ページのタイトルの「詳細編集」画面を表示する2つ目の方法を参考に、タイトルの「詳細編集」画面を表示します。任意の文字を入力してフォントサイズと位置を調整したあと、「フォント／段落」の▶をクリックして展開します1。任意のフォント（ここでは74～75ページでインストールした「Noto Sans JP Black」）に設定し2、色部分（フォント色の選択）をクリックして好みの色を選択します3。

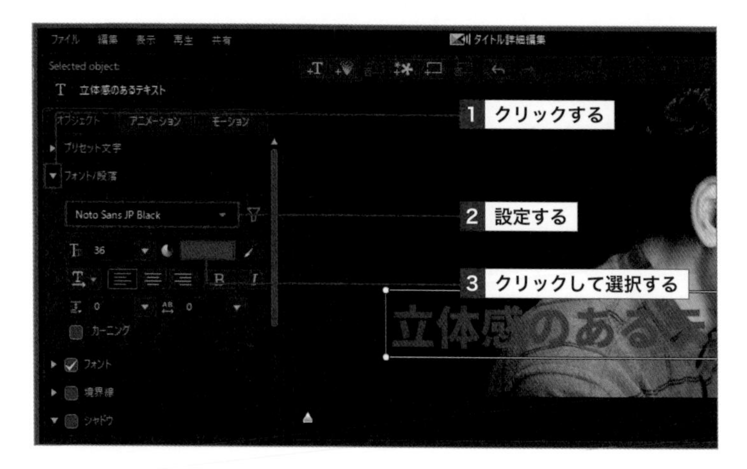

Step Up グラデーションで光の加減を表現する

色を設定する際に、グラデーションカラーで光の加減を表現することでさらに立体感のあるタイトルにできます（79ページ参照）。光の加減は、文字の左上から右下にかけて少しだけ暗くする色でグラデーションにすると、違和感が出にくいです。

3 境界線を付ける

「境界線」にチェックを付け▶をクリックして展開し**1**、「サイズ」の値をドラッグして「4.0」に設定します**2**。「塗りつぶし種類」は「単一色」のグレーに設定します**3**。

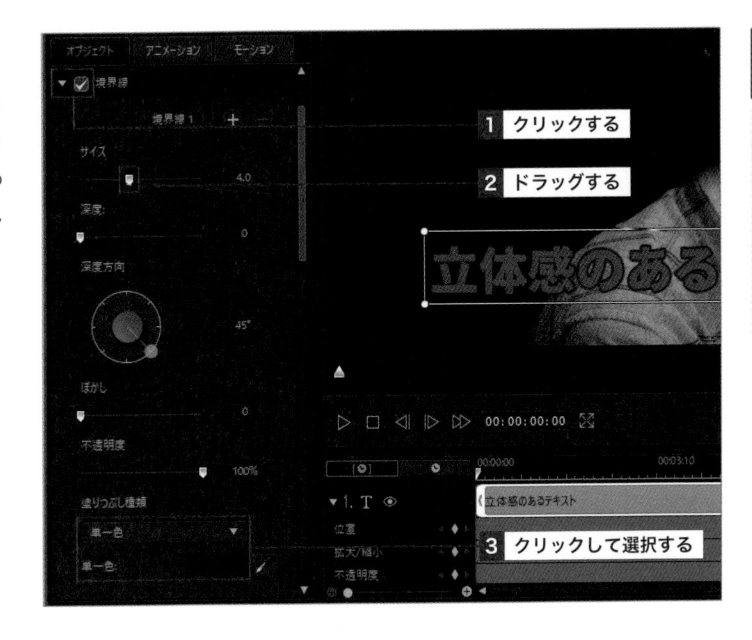

4 境界線に深度を設定する

「深度」の値をドラッグして「4」に設定します**1**。「深度方向」は「45°」に設定します**2**。

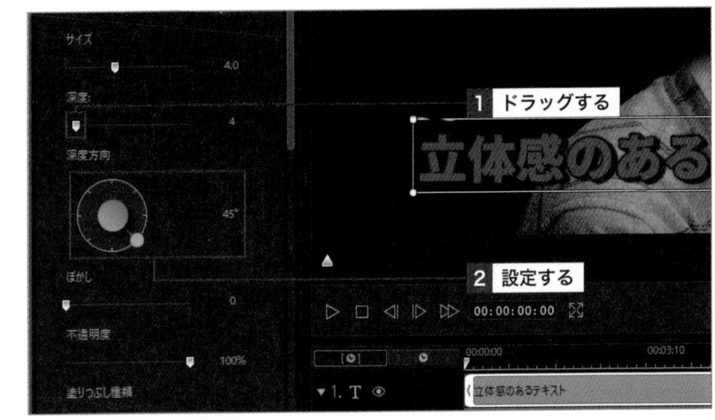

5 シャドウを設定する

「シャドウ」にチェックを付け▶をクリックして展開し**1**、「距離」の値をドラッグして「1.0」に設定します**2**。「シャドウ塗りつぶし」にチェックを付け**3**、色部分（シャドウカラーの選択）をクリックして黒に設定します**4**。設定を終えたら［OK］をクリックします。

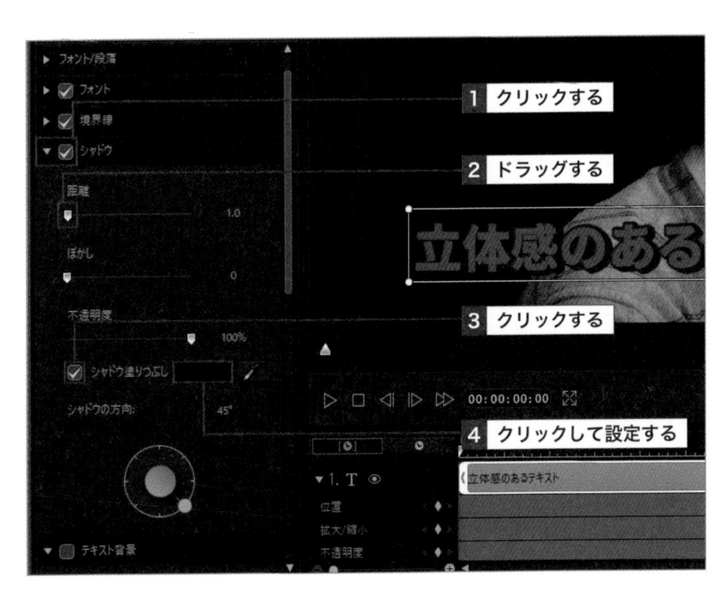

31 テレビ番組のようなテロップを作ろう

覚えておきたいキーワード
- テロップ
- 配色
- 境界線

テロップを作成する際に、フォント選びに加えて色、境界線、シャドウの配色を意識することで、テレビ番組のような印象的なテロップに仕上げることもできます。

1 フォントを選ぶ

テレビ番組風のテロップを作成する際は、フォント選びにこだわりましょう。太字でかわいいフォントがおすすめです。今回はGoogle Fontsで公開されている「Yusei Magic」(https://fonts.google.com/specimen/Yusei+Magic)を74～75ページを参考にインストールして使用します。

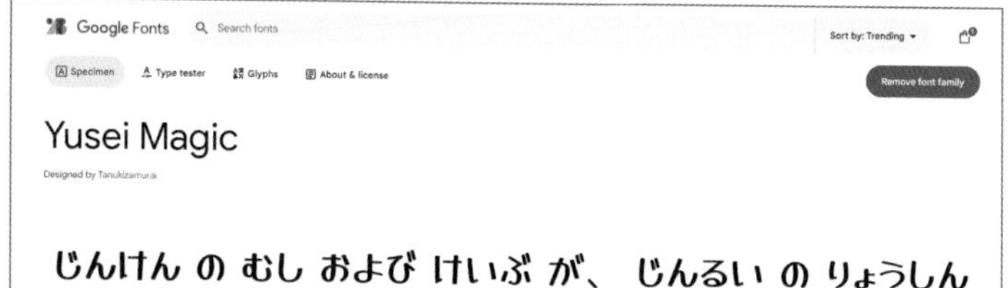

2 テロップを作成する

1 基本的なフォントを設定する

77ページのタイトルの「詳細編集」画面を表示する1つ目の方法を参考にタイトルの「詳細編集」画面を表示し、任意の文字を入力してフォントサイズを調整したあと、「フォント／段落」の▶をクリックして展開します1。任意のフォント(ここでは「Yusei Magic」)に設定し、色をここでは白に設定します。

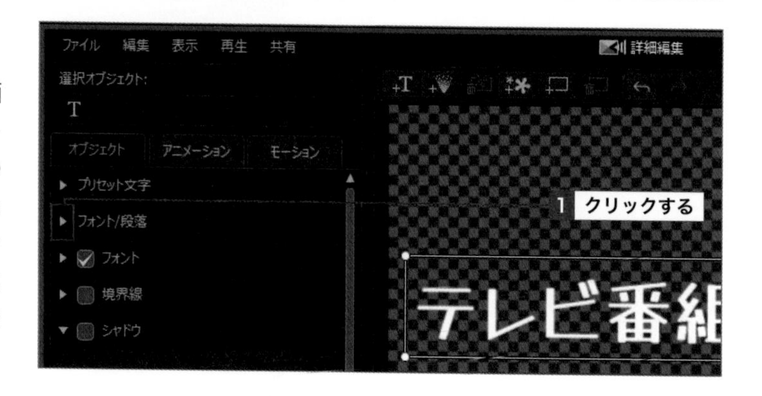

Step Up 範囲選択して一部の文字の色やサイズを変える

テキストは範囲選択することで、範囲選択した文字だけの色やサイズを変えることができます。目立たせたい言葉とそれ以外の言葉で一部の色を反転させると、よりテレビ番組風に仕上がります。

2 配色を意識して境界線を設定する

「境界線」にチェックを付け▶をクリックして展開し1、「サイズ」の値をドラッグして「4.0」前後に2、深度の値をドラッグして「2」前後に設定します3。「単一色」の色部分（境界線の色を選択）をクリックし、手順1の色と相性のよい色（ここでは紫）を設定します4。

3 シャドウを設定する

「シャドウ」にチェックを付け▶をクリックして展開し1、「距離」の値をドラッグして「2.0」に設定します2。色部分（シャドウカラー）をクリックして手順2の色と相性のよい色（ここでは黄色）を設定します3。設定を終えたら［OK］をクリックします。

Memo 配色のコツ

フォントの色と境界線の色は相性のよい配色を意識します。よくわからない場合は、どのような色にも合いやすい白や暗いグレーを選ぶと、ほかの色と合わせやすくなるでしょう。完全な黒色は、重たい印象を与えるので使用には注意が必要です。

Step Up 二重境界線

PowerDirector Ultimate以上のパッケージ（体験版も使用は可能）では、境界線の中にある＋（境界線を追加）をクリックすることで、複数の境界線が設定可能になります。これを効果的に使うことで、よりテレビ番組風のテロップに仕上げることができます。配色は片方が鮮やかな色なら片方はグレーか白にすると、デザインが落ち着きやすいです。

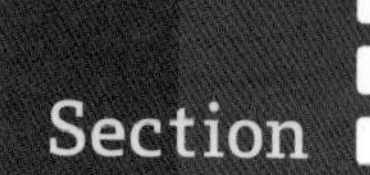

32 動画に字幕を入れよう

覚えておきたいキーワード
- 字幕
- 「字幕」ルーム
- 字幕クリップ

動画に字幕を入れるときは、「字幕」ルームを使用して字幕クリップに追加します。「字幕」ルームではかんたんな字幕ナレーションを入れたり、人物のセリフを文字にして入れたりすることができます。

1 テロップや字幕を入れるメリット

テロップや字幕を入れることで、動画は格段に見やすくなります。周りの音声や声は自分では聞き取れていたとしても、他人(視聴者)からすれば聞き取りにくいことも多いためです。テロップや字幕があることで、お年寄りや耳の不自由な人でも動画を楽しんでもらえますし、移動中など音が出せない状況でも動画の内容を把握できるのは大きなメリットになります。字幕を入れる際は、シンプルなデザインと見やすさがポイントとなります。見やすいサイズ、色、位置に気を配り、動画の邪魔にならないように入れていきましょう。

Memo 字幕とタイトルの使い分け

PowerDirectorでは「タイトル」ルームのほかに、「字幕」ルームで「字幕クリップ」の作成が可能です。「タイトル」ルームで作成できるタイトルはビデオトラックに入れて使えるので、1つのシーンで好きな数だけ重ねて使用できます。アニメーションを付けたり凝ったテロップを作ったりする場合に最適ですが、1つ1つ作成するのに時間がかかってしまいます。それに対し、字幕作成に特化した字幕クリップは、シンプルな字幕・テロップ向きで、映画の字幕のような無駄のないあっさりとしたテロップをかんたんに作ることができます。凝ったテロップを作るときは「タイトル」ルーム、シンプルな字幕を作るときは「字幕」ルームと、状況に応じて使い分けるようにしましょう。

2 「字幕」ルームで字幕を追加する

1 「字幕」ルームを開く

画面上部のメニューから[字幕]をクリックし❶、[手動で字幕を作成]をクリックします❷。

2 字幕リストを追加する

プレビューウィンドウの▶(再生)をクリックして再生します❶。字幕を入れたいポイントで⏸(一時停止)をクリックして一時停止し、＋(現在の位置に字幕マーカーを追加)をクリックします❷。

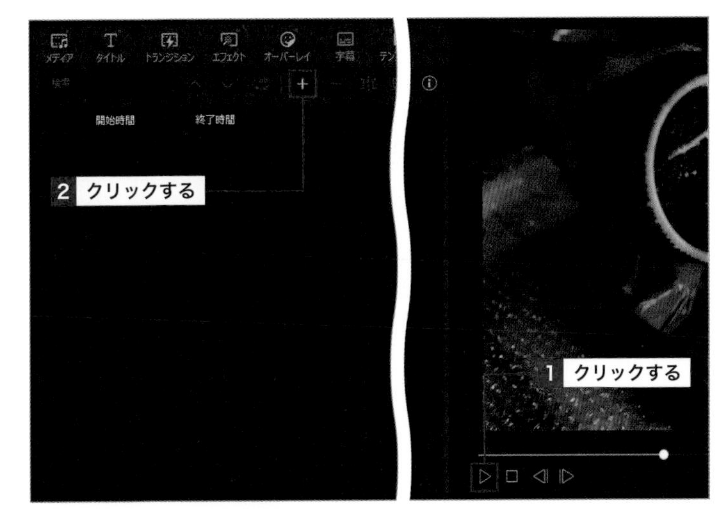

3 字幕テキストを入力する

字幕リストが追加されます。「字幕テキスト」の入力欄をクリックし、任意のテキストを入力します❶。入力が完了したら入力欄以外の場所をクリックします。

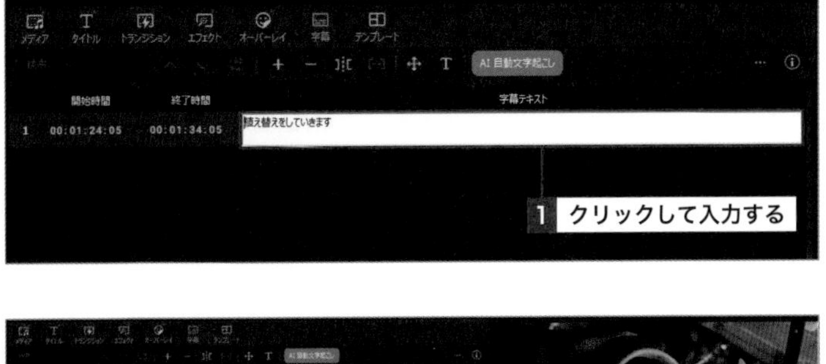

4 字幕テキストが追加される

動画に字幕が追加されます。タイムラインにも字幕クリップが追加されます。

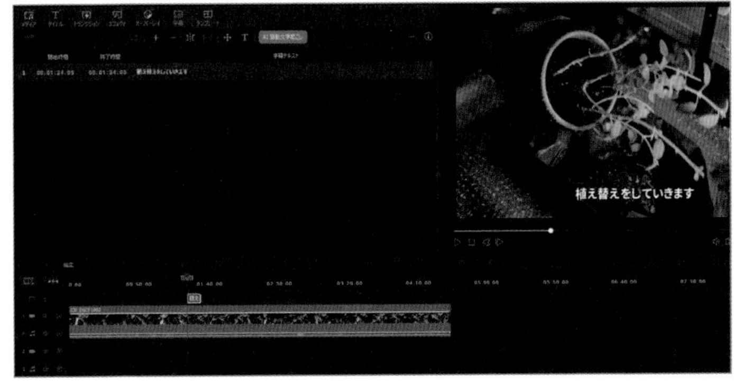

3 字幕のフォントや色を変える

1 字幕テキストを編集する

字幕リストでデザインを変えたい字幕テキストの左部分（「開始時間」か「終了時間」付近）をクリックし❶、T（字幕テキスト形式の変更）をクリックします❷。

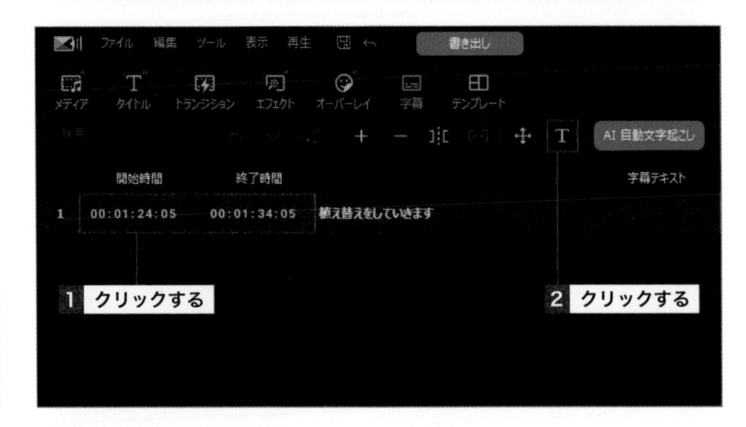

Memo 字幕は各シーンに1つずつ

字幕クリップを配置できる字幕トラックは1つしかないため、同じタイミングで2つ以上の字幕を配置することはできません。

2 字幕テキストの形式を変更する

「文字」画面が表示されます。「フォント」「スタイル」「サイズ」などの項目をクリックして変更を加え❶、[OK] をクリックします❷。

3 字幕テキストの色を編集する

字幕テキストの色を変更したい場合は、手順2の画面で「カラー」の項目から「テキスト」のカラー（初期設定では白色）をクリックします❶。

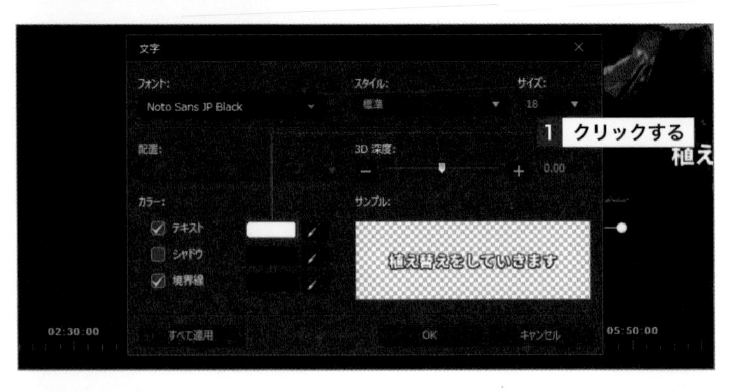

4 字幕テキストの色を設定する

「カラー」画面で任意の色をクリックし❶、[OK] をクリックします❷。

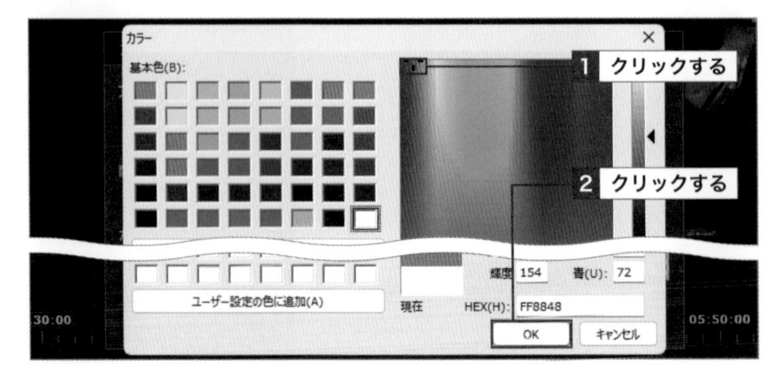

5 字幕テキストの色が変更される

[OK] をクリックすると1、字幕テキストの色が変更されます。

Memo 字幕を削除する

作成した字幕を削除したい場合は、字幕リストまたは字幕クリップをクリックし1、━(選択した字幕マーカーの削除)をクリック(またはキーボードの Delete)します2。

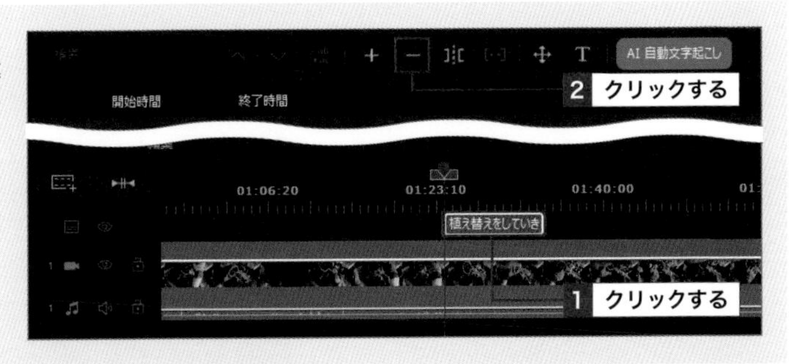

4 再生中に複数の字幕マーカーを追加する

1 字幕マーカーを追加する

プレビューウィンドウの▶(再生)をクリックして再生し、音声を聞きながら字幕を入れたいポイントで+(現在の位置に字幕マーカーを追加)をクリックします1。

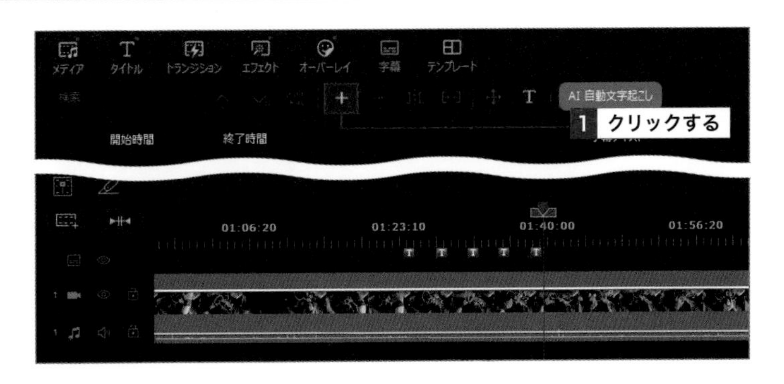

2 字幕リストが作成される

再生が完了すると、字幕マーカーを追加したタイミングの字幕リストが一気に作成されます。93ページ手順3や94ページを参考に字幕を入力し、編集します。

33 字幕の表示時間や表示位置を調整しよう

覚えておきたいキーワード
- 字幕
- 表示時間
- 表示位置

字幕クリップが作成できたら、字幕の表示時間と表示位置を調整しましょう。どちらもタイトルと同様に見やすさを意識して、バランスよく調整することがポイントです。

1 字幕の表示時間を変更する

1 所要時間を開く

タイムライン上で表示時間を変更したい字幕クリップを右クリックし1、[所要時間]をクリックします2。

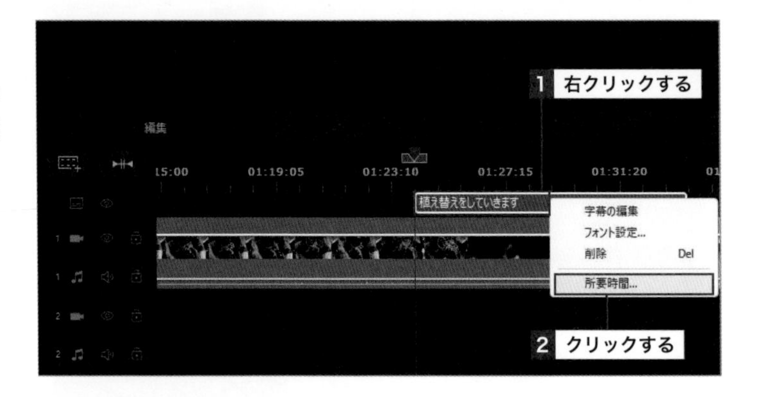

2 表示時間を設定する

▲▼をクリック1、またはタイムコードに字幕を表示したい時間を直接入力し、[OK]をクリックすると2、字幕の表示時間が変更されます。

Step Up 始点または終点をドラッグして調整する

タイムラインで表示時間を変更したい字幕クリップを右クリックし、始点または終点にカーソルを合わせて⇔をドラッグすることでも表示時間の調整が可能です。

2 字幕の表示位置を変更する

1 字幕位置の調整を開く

「字幕」ルームで位置を変更したい字幕テキストをクリックし❶、✥(字幕位置の調整)をクリックします❷。

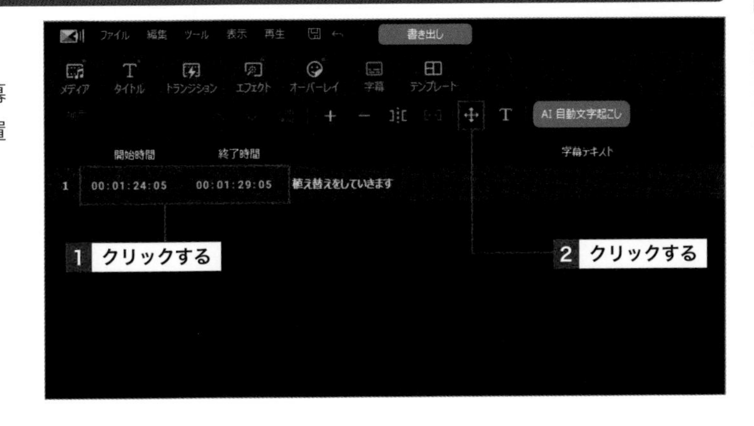

2 表示する座標位置を設定する

「位置」画面が表示されるので、「X位置」と「Y位置」の数値をドラッグして調整します❶。☒をクリックして「位置」画面を閉じると、字幕の位置が変更されます❷。

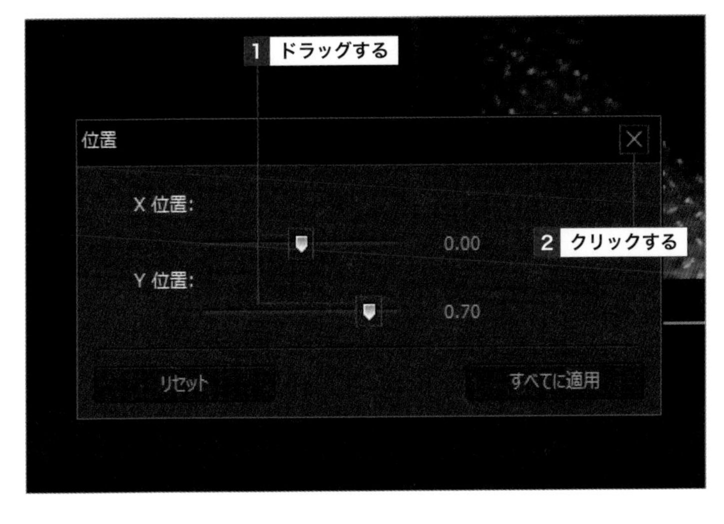

Hint すべての字幕の表示位置を変更する

画面で[すべてに適用]をクリックすると、動画内に追加されているすべての字幕クリップの位置が変更されます。

Memo 字幕の表示位置

「X／Y」の両座標ともに0が「中央」、値が+になると「右／下方向」、値が-になると「左／上方向」に移動します。標準では「X：0.00／Y：0.83」となっており、これ以上「Yの座標位置」が下になると見えにくくなる恐れがあります。

Step Up YouTube Studioで字幕を生成する

一度YouTubeにアップロードした動画の内容を修正したい場合、基本的には動画を再編集してアップロードし直す必要があります。しかし、「YouTube Studio」（第7章参照）というツールを使用すれば、字幕をあとから自動で生成したり、手動で修正を加えたりすることができます。なお、PowerDirectorで作成した字幕はYouTube Studioでは修正できません。

34 音声を自動で文字起こししよう

覚えておきたいキーワード
- 字幕
- AI自動文字起こし
- 365版専用機能

サブスクリプション版の「PowerDirector 365」には、音声に合わせてAIが自動で字幕を生成する「自動文字起こし」機能があります。この機能の利用には、高スペックのパソコンが必要になります（32ページ参照）。

1 AI自動文字起こしを使用する

1 [AI自動文字起こし]をクリックする

AI自動文字起こしを使用したい動画クリップをクリックし1、画面上部のメニューから[字幕]をクリックして2、[AI自動文字起こし]をクリックします3。

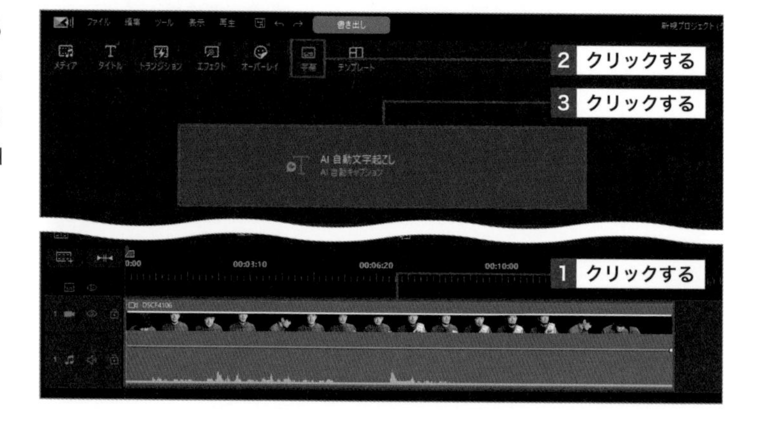

2 文字起こし内容を設定する

「AI自動文字起こし」画面が表示されたら、「音声元」のトラックと「言語」を設定し1、[作成]をクリックします2。

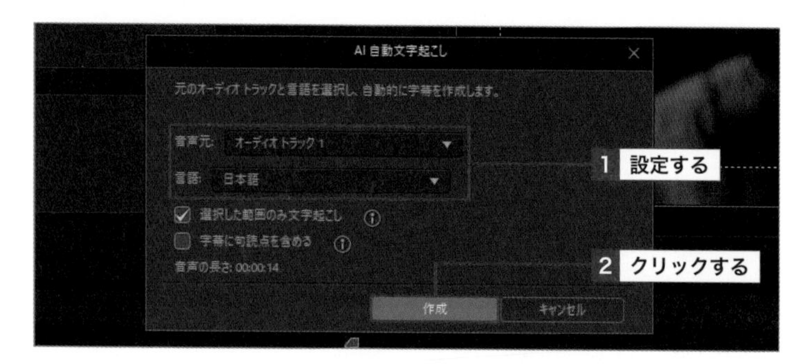

Memo 音声元のトラックを指定する

手順2で設定する「音声元」のトラックは、タイムラインに配置しているすべてのトラックから指定できます。ここでは、「オーディオトラック1」を指定しています。

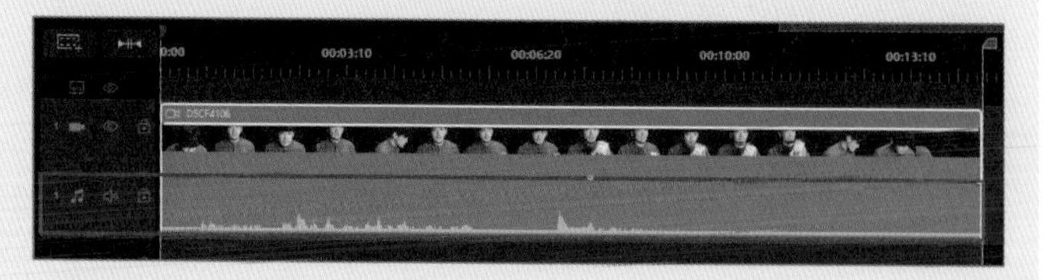

3 字幕が生成される

音声が自動で文字起こしされ、字幕が生成されます1。

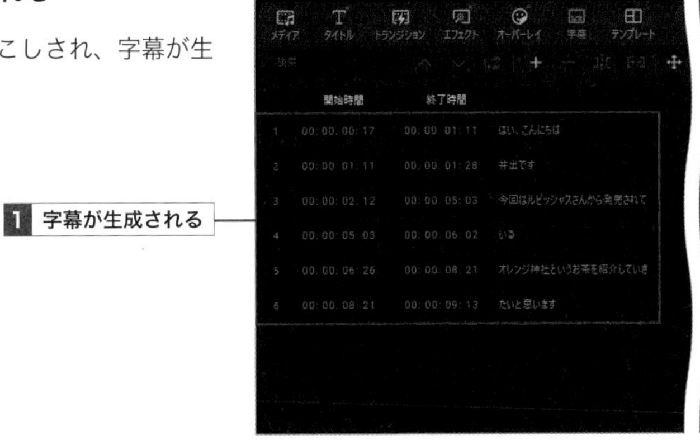

4 字幕を修正する

各字幕をチェックし、誤りがある場合は93～95ページを参考に修正します1。

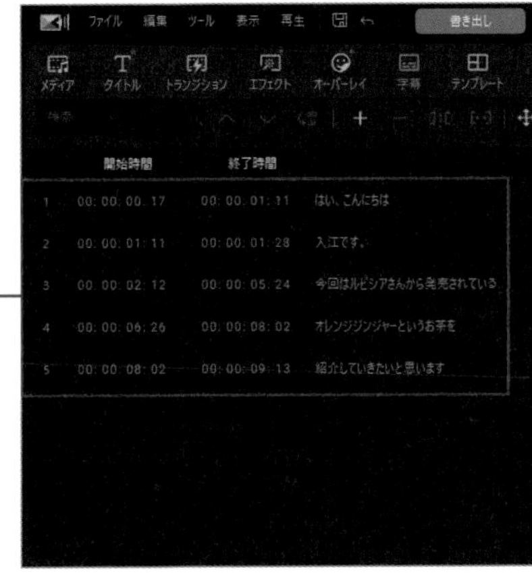

Memo タイムライン全体を文字起こしする

ここでは1つの動画クリップを文字起こしの範囲にしていますが、タイムライン全体を文字起こししたい場合は、手順2の画面で「選択した範囲のみ文字起こし」のチェックを外します。なお、文字起こしの範囲が選択されていない（動画クリップをクリックしていないなど）場合、「選択した範囲のみ文字起こし」の項目はグレーアウトします。

Step Up 字幕のデザインを一括で変更する

AI自動文字起こしで作成した字幕には、デフォルトのデザインが適用されています。これらの色やフォントなどを別のデザインに一括で変更したい場合は、「字幕」ルーム内で右クリックし1、［すべての字幕を選択］をクリックします2。すべての字幕が選択されたら、94～95ページを参考にフォントや色などを変更します。

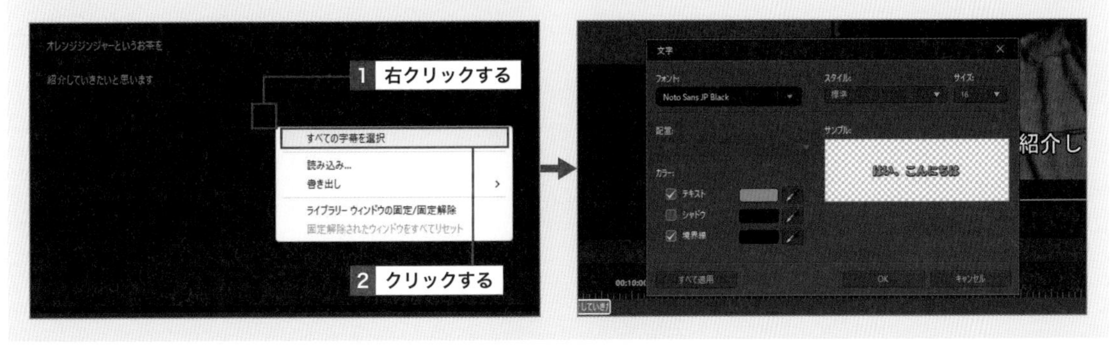

35 動画にワイプを入れよう

覚えておきたいキーワード
- 2Dステッカー
- オーバーレイ
- ワイプ

ここでは、テレビ番組などでよくある画面の右下に人物の映像や画像などを配置する「ワイプ」の作り方を解説します。ワイプの作成には、合成する映像・画像の大きさや位置を調整できるオーバーレイの「詳細編集」画面を使用します。

1 オーバーレイの「詳細編集」画面でワイプ画像を配置する

1 「オーバーレイ」ルームを開く

画面上部のメニューから[オーバーレイ]をクリックし❶、「オーバーレイ」ルームを表示します。■(画像から新しいオーバーレイを作成)をクリックし❷、[2Dステッカー]をクリックします❸。

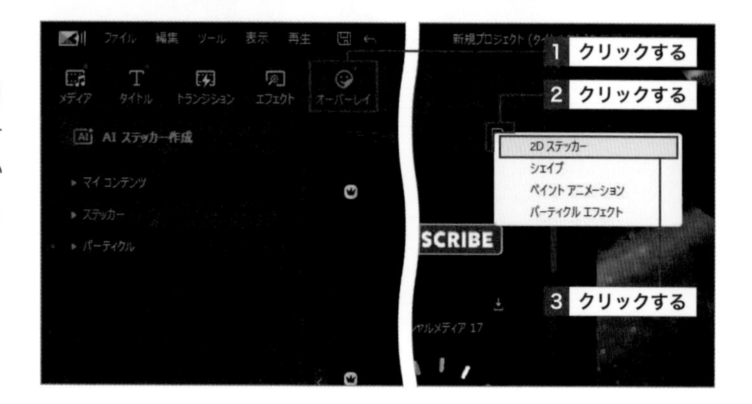

2 ワイプ画像を選択する

ワイプとして配置したい画像をクリックして選択し❶、[開く]をクリックします❷。

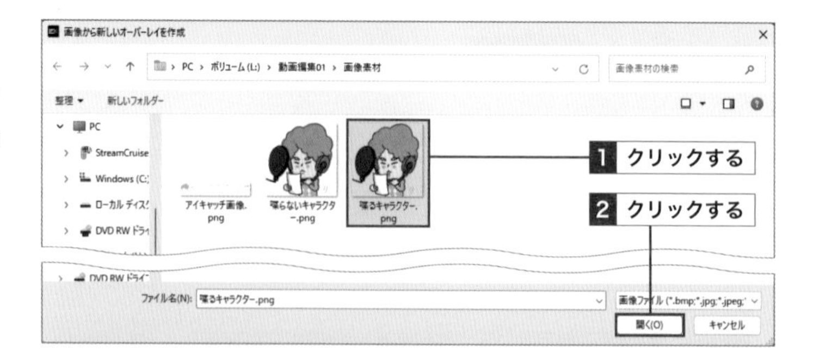

3 画像のサイズや位置を調整する

オーバーレイの「詳細編集」画面が表示されます。画像(2Dステッカー)の四隅にある■をドラッグしてサイズを変更し、ドラッグして位置を調整します❶。

4 2Dステッカーを保存する

大きさと位置が調整できたら手順3の画面で[名前を付けて保存]をクリックし、任意の名前を入力して1、[OK]をクリックします2。保存した2Dステッカーは、「オーバーレイ」ルームの「マイコンテンツ」内にある「カスタム」タグから表示できます。

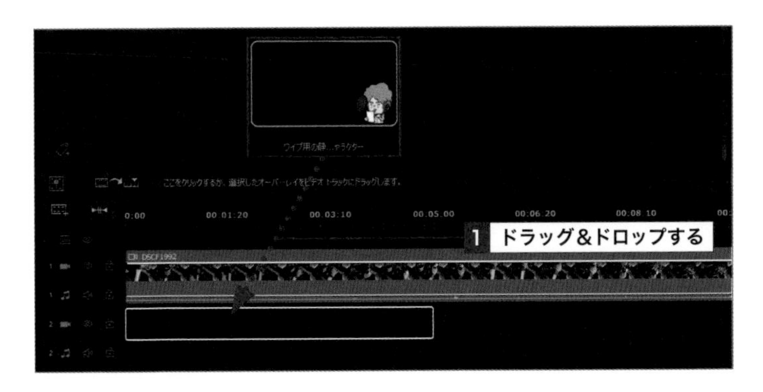

5 タイムラインに追加する

手順4で保存した2Dステッカーをクリックし、タイムライン上の任意のビデオトラックにドラッグ＆ドロップします1。

6 タイムラインに配置される

2Dクリップとしてタイムラインに配置されます。そのほかにも、手順3のオーバーレイの「詳細編集」画面では、「アニメーション」タブに切り替えることで、小刻みに動くリピートアニメーションなどを設定することが可能です。

Step Up ゲーム実況などでよくあるワイプ動画の重ね方

ゲーム実況などでよく見る「ゲーム画面」と「自分のワイプ動画」を合成する場合は、2つのトラックを使って2つの素材を重ねます。やり方としては、まずゲーム動画をビデオ／オーディオトラック1に配置し、ワイプ動画をビデオ／オーディオトラック2にタイミングを合わせて配置します。続いて、ワイプ動画を右クリック→[オーバーレイ詳細編集]の順にクリックしてオーバーレイの「詳細編集」画面を表示し、位置とサイズを調整すると、ゲーム画面にワイプ動画を表示できます。

A.Leon/Shutterstock.com

36 動画に写真やロゴ画像を配置しよう

覚えておきたいキーワード
- 動画に写真を挿入
- 画像クリップの配置
- 画像クリップの編集

PowerDirectorでは、あらかじめパソコンに取り込んでおいた写真やロゴ画像などの静止画を配置することができます。ここではロゴ画像を読み込み、動画の冒頭や区切りの部分などに配置・編集する方法を解説します。

1 動画にロゴ画像を配置する

1 ロゴ画像を読み込む

46〜47ページを参考に「メディア」ルームにあらかじめ用意しておいたロゴ画像を読み込み、ドラッグ&ドロップでビデオトラック2に配置します1。

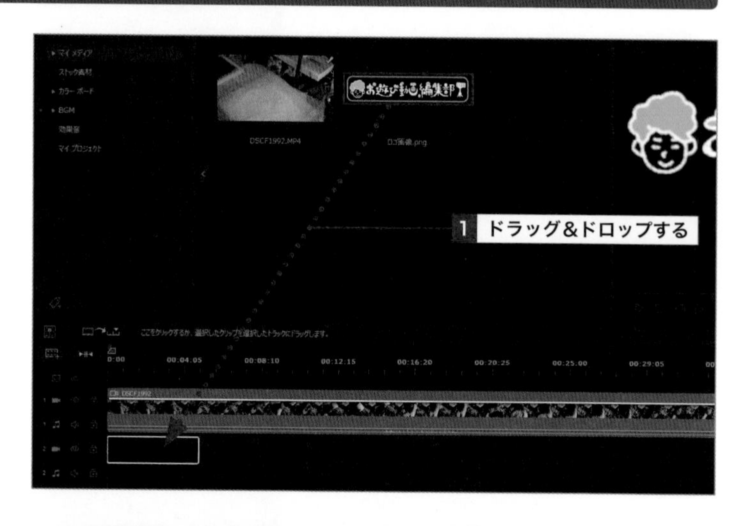

Memo 画像クリップはビデオトラックに配置する

画像クリップはビデオトラックに配置して使用します。動画と違い画像には音声がないため、オーディオトラックは使用しません。動画と重ねて画像を表示したい場合は、動画よりも前面(初期設定では下)にあるビデオトラックに配置します。

2 所要時間を開く

配置した画像クリップをクリックし1、⊙(選択したクリップの長さを設定)をクリックします2。

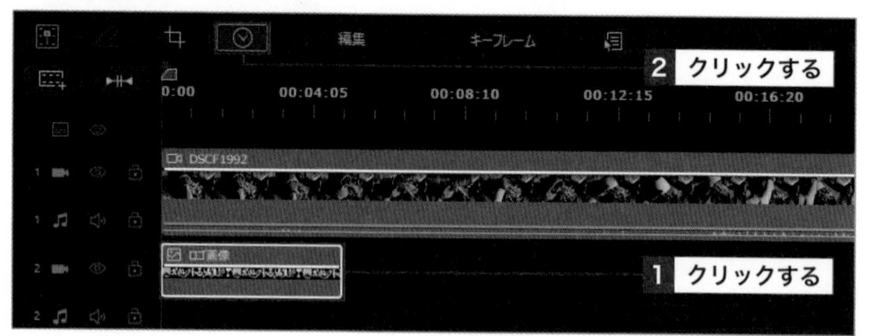

Memo 写真やロゴを挿入するメリット

主動画とは別の場面や物を説明するときには、あえて動かない写真を挿入するといった使い分けも1つの手です。動画と写真を使い分けることで、静止画のシーンでは別の場面を説明しているのだと視聴者が理解しやすくなります。また、子どもの表情をとらえたポートレート写真やかわいらしいペットの写真を使用するのもおすすめです。さらに、動画の冒頭や区切りの部分、あるいは動画の終わりに自分のチャンネルのロゴ画像を配置すると、動画をかっこよく見せたりアクセントを付けたりする効果があります。目的に応じて、動画と写真を組み合わせて動画を見やすく仕上げましょう。

3 表示時間を設定する

をクリック1、またはタイムコードにロゴ画像を表示したい時間を直接入力し、[OK]をクリックすると2、画像クリップの表示時間が変更されます。

4 ロゴ画像が配置される

ロゴが動画内に配置されます。

2 画像クリップを編集する

1 オーバーレイの「詳細編集」画面を開く

タイムラインに配置した画像クリップをクリックし1、(その他機能)をクリックして2、[オーバーレイ詳細編集]をクリックします3。

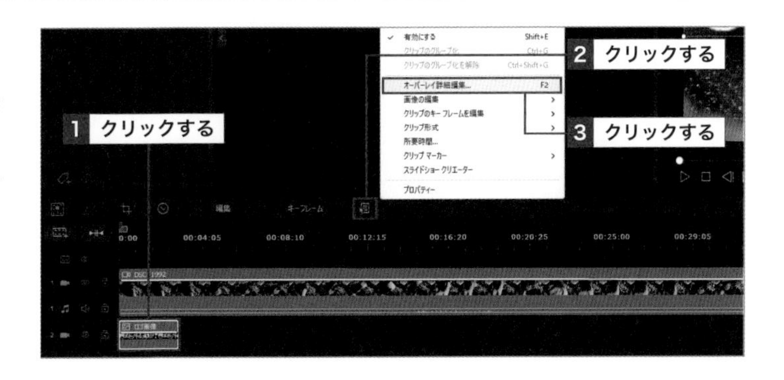

2 画像のサイズや位置を調整する

オーバーレイの「詳細編集」画面が表示されます。画像(オブジェクト)の四隅にあるをドラッグしてサイズを変更し、ドラッグして位置を調整します1。

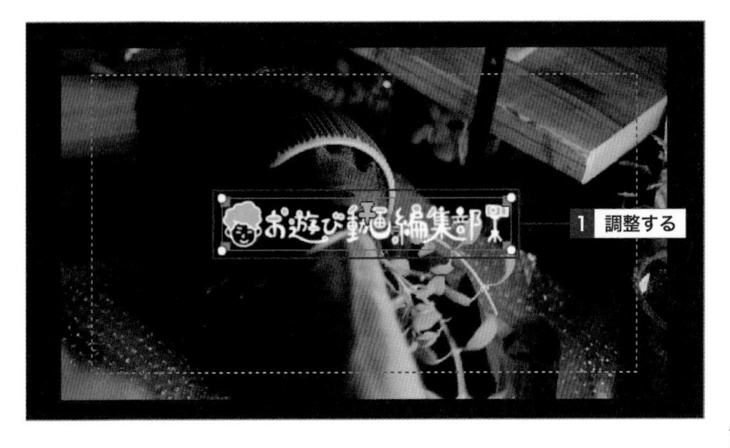

Memo 「クイック編集」を利用する

タイトルと同様にオーバーレイも「クイック編集」を利用できます(72ページのStepUp参照)。

37 配置する画像をAIで生成しよう

覚えておきたいキーワード
- AI画像生成
- AIステッカー作成
- 365版専用機能

サブスクリプション版の「PowerDirector 365」では、AIを活用して自分だけの画像素材を作成できます。AI機能は、1日の作成数に制限がある点と、高スペックのパソコンが必要な点に注意しましょう（32ページ参照）。

1 AI画像生成機能を使用する

1 AI画像生成を表示する

画面上部のメニューから［メディア］をクリックし❶、［AI画像生成］をクリックします❷。

2 画像を生成する

「AI画像生成」画面が表示されるので、作ってみたい画像を表す単語を入力し❶、好みのスタイル（ここでは［風景］→［リアル］）を選択して❷、［画像を生成］をクリックします❸。

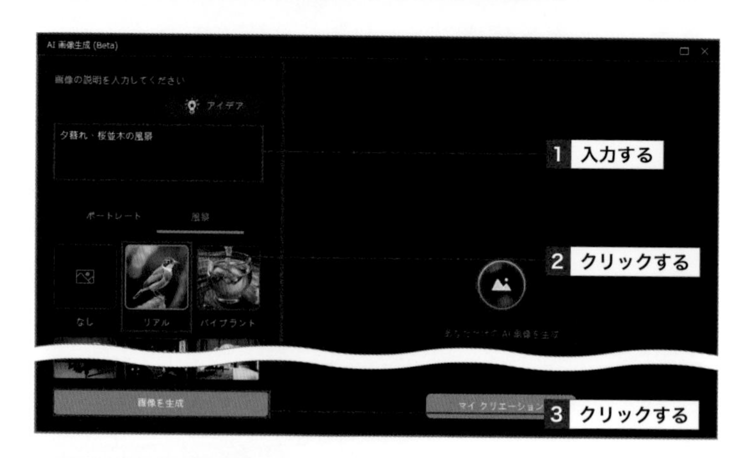

3 生成した画像を保存する

好みの画像ができたらその素材をクリックし❶、（ライブラリーに追加する）→［OK］の順にクリックします❷。

2 AIステッカー作成機能を使用する

1 AIステッカー作成を表示する

画面上部のメニューから[オーバーレイ]をクリックし1、[AIステッカー作成]をクリックします2。

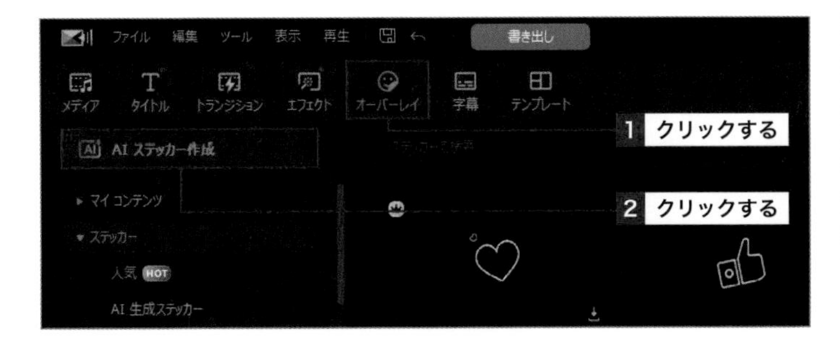

2 ステッカーを生成する

「AIステッカー作成」画面が表示されるので、作ってみたいステッカーを表す単語を入力し1、好みのスタイル（ここでは[手描き]）を選択して2、[ステッカーを生成]をクリックします3。

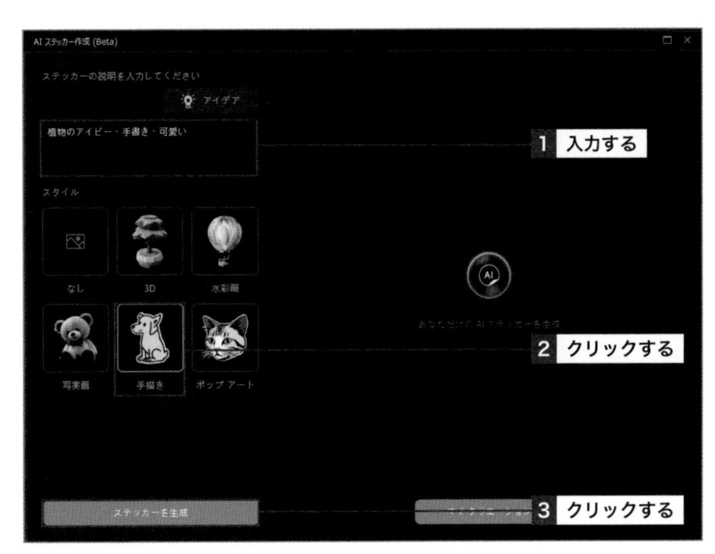

3 生成したステッカーを保存する

好みのものができたらその素材をクリックし1、（ライブラリーに追加する）をクリックします2。

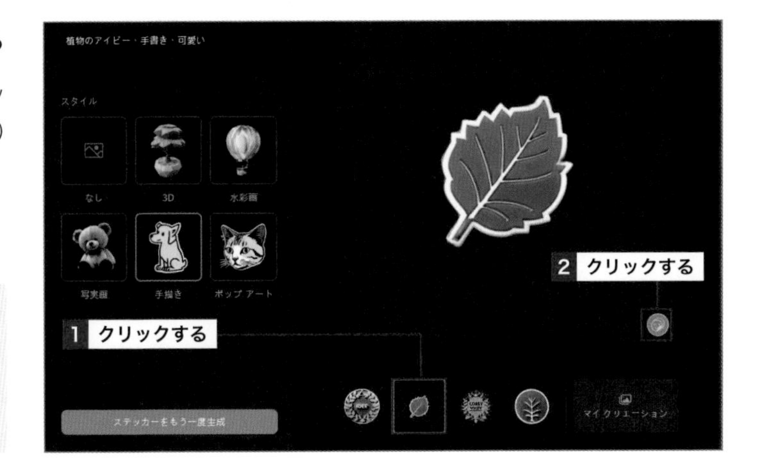

Memo 追加した画像やステッカー

画像は「メディア」ルームの「マイメディア」→「AI生成画像」、ステッカーは「オーバーレイ」ルームの「ステッカー」→「AI生成ステッカー」の中に保存されており、タイムラインにドラッグして使用します。

Memo 単語を入力する際のポイント

AI画像生成では、複雑な物質（機械など）や文字を生成すると違和感が出やすいことに注意が必要です。人物、動物、景色、場所、地名などのテーマを決め、そこから掘り下げる単語（どのような人物、動物、場所、時間など）を追加します。単語で区切る場合は読点を使用します。また、[アイデア]をクリックすると作例が表示されます。

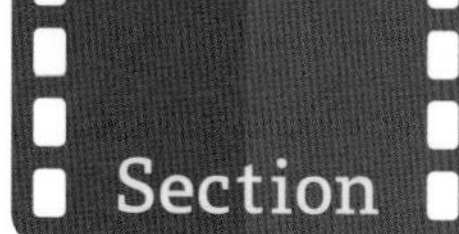

Section 38 オープニング動画を作成しよう

覚えておきたいキーワード
- オープニング
- テンプレート
- オープニング動画デザイナー

YouTubeでは、動画のはじめにオープニングを入れるとクオリティが高く見えやすいです。PowerDirectorでは「テンプレート」ルームから好みのテンプレートを選ぶだけで、かんたんにオープニングを作成することができます。

1 オープニングのテンプレートを選ぶ

1 「テンプレート」ルームを開く

画面上部のメニューから[テンプレート]をクリックし1、[オープニング]をクリックします2。

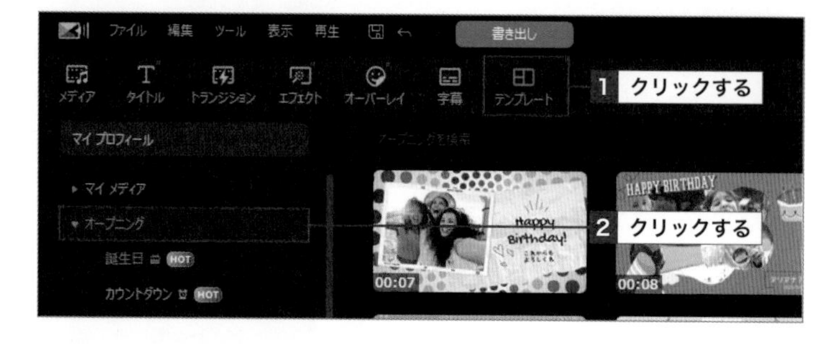

2 テンプレートを選択する

好みのテンプレートを選んで右クリックし1、[オープニング動画デザイナーで編集]をクリックします2。

3 背景メディアを置き換える

オープニング動画デザイナーが開いたら、(背景メディアを置き換え)をクリックし1、[メディアファイルの読み込み]をクリックします2。

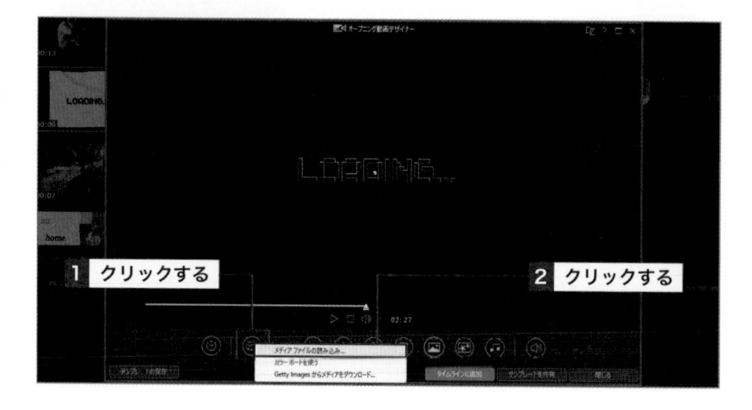

4 オープニング動画を選択する

オープニングに使用する自身のチャンネルと関連のある動画をクリックし❶、[開く]をクリックします❷。

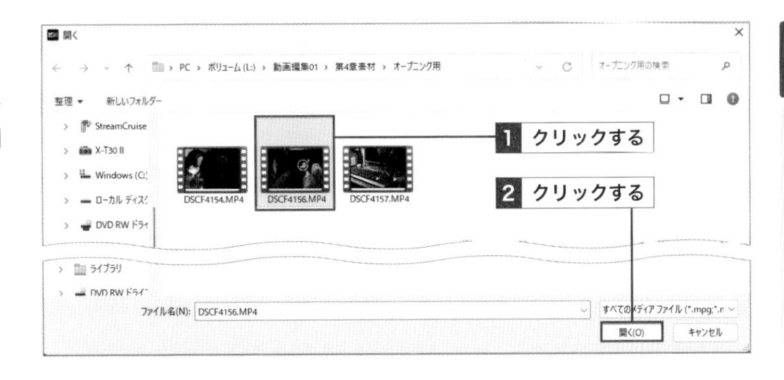

5 使用範囲を選択する

「範囲を選択」画面が表示されるので、黄色い枠の下部をドラッグし❶、映像として使用する範囲を選択して、[OK]をクリックします❷。

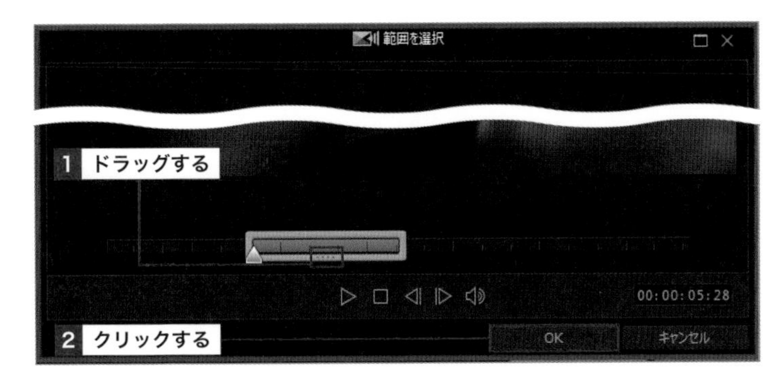

6 テキストを変更する

テキストを変更する場合は、テキストが現れる瞬間までタイムラインバーを移動し、テキストをクリックして、任意の文字列を入力します❶。位置を変える場合は、テキストをドラッグし、サイズを変える場合は、テキストの四隅の◻をドラッグして、テキストの編集を終えたら☒をクリックします❷。

7 テンプレートを保存する

オープニングが作成できたら[テンプレートの保存]をクリックし❶、名前を入力して❷、[OK]をクリックします❸。[タイムラインに追加]をクリックすると❹、タイムラインにオープニングが追加されます。保存したテンプレートは「テンプレート」ルームの「マイメディア」→「保存したテンプレート」の中にあります。

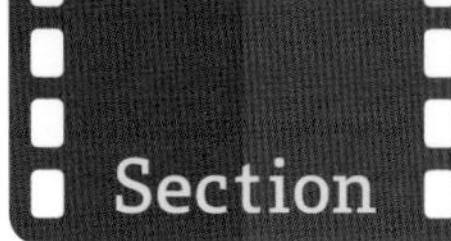

39 エンディング動画を作成しよう

覚えておきたいキーワード
- エンディング
- テンプレート
- エンディング動画デザイナー

YouTubeは動画の終わりにエンディングを入れるのが定番です。エンディングを作成しておけば、終了画面の設定（182ページ参照）からチャンネル登録を促進したり、再生リストに誘導するボタンを設置したりできます。

1 エンディングのテンプレートを選ぶ

1 「テンプレート」ルームを開く

画面上部のメニューから［テンプレート］をクリックし**1**、［エンディング］をクリックします**2**。

1 クリックする
2 クリックする

2 テンプレートを選択する

好みのテンプレートを選んで右クリックし**1**、［エンディング動画デザイナーで編集］をクリックします**2**。

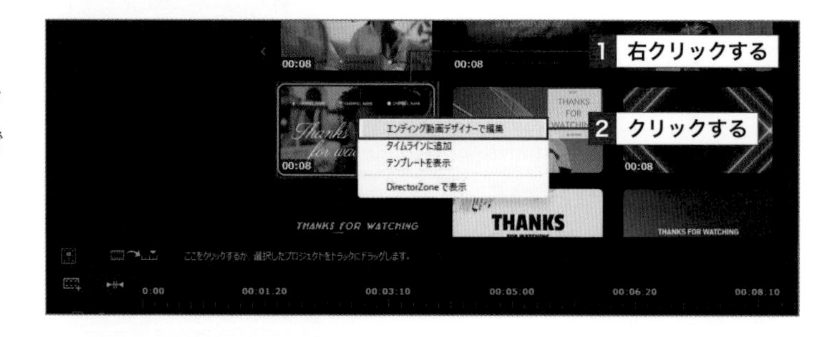

3 背景メディアを置き換える

エンディング動画デザイナーが開いたら、◎（背景メディアを置き換え）をクリックし**1**、［メディアファイルの読み込み］をクリックします**2**。

4 エンディング動画を選択する

エンディングに使用する自身のチャンネルと関連のある動画をクリックし1、[開く]をクリックします2。

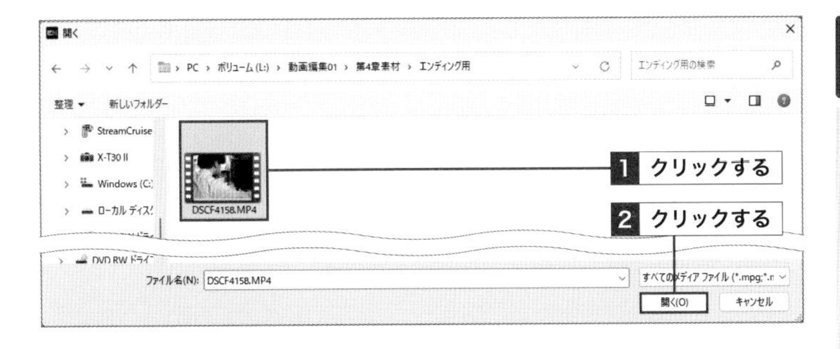

5 使用範囲を選択する

「範囲を選択」画面が表示されるので、黄色い枠の下部をドラッグし1、映像として使用する範囲を選択して、[OK]をクリックします2。

6 テキストを変更する

テキストを変更する場合は、テキストが現れる瞬間までタイムラインバーを移動し、テキストをクリックして、任意の文字列を入力します。位置を変える場合は、テキストをドラッグし、サイズを変える場合は、テキストの四隅の□をドラッグして1、テキストの編集を終えたら×をクリックします2。

7 テンプレートを保存する

エンディングが作成できたら[テンプレートの保存]をクリックし1、名前を入力して2、[OK]をクリックします3。[タイムラインに追加]をクリックすると4、タイムラインにエンディングが追加されます。保存したテンプレートは「テンプレート」ルームの「マイメディア」→「保存したテンプレート」の中にあります。

2 テンプレートのBGMを変更する

オープニング、エンディングともにテンプレートを使う際は、できるだけBGMを変更しましょう。これはテンプレートで使用されているBGMがYouTubeで許可されているかどうかを調べるのが困難なためです。素材サイトなどからYouTubeで使用できる楽曲を用意して、オープニングとエンディングのBGMを置き換えます（133ページのMemo参照）。

1 動画デザイナーを表示する

「テンプレート」ルームの「マイメディア」→「保存したテンプレート」の中にあるテンプレートを右クリックし**1**、[エンディング動画デザイナーで編集]（または[オープニング動画デザイナーで編集]）をクリックします**2**。

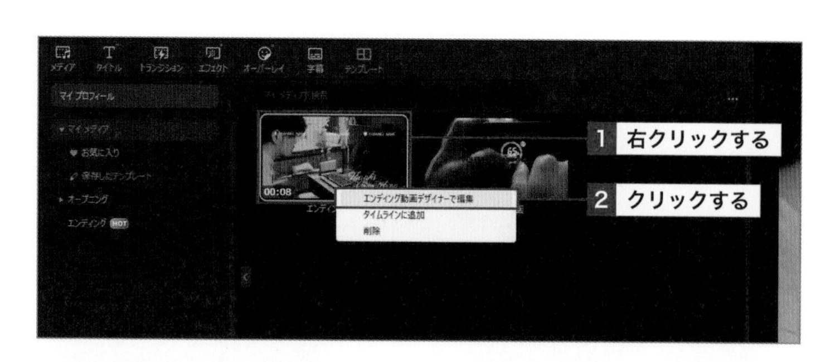

2 楽曲を選択する

（BGMの編集／置き換え）をクリックします**1**。（音楽ファイルを読み込み）をクリックし**2**、用意したエンディング用（またはオープニング用）の楽曲を選択して、[開く]をクリックします。

3 使用範囲を選択する

黄色い枠の下部をドラッグして楽曲として使用する範囲を選択し**1**、[OK]をクリックします**2**。

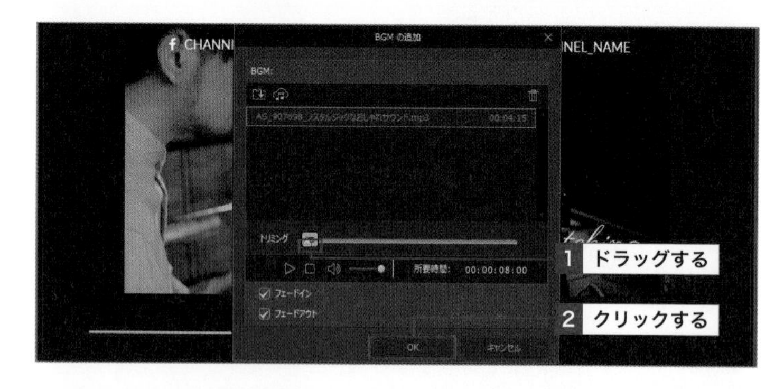

4 テンプレートを保存する

[テンプレートの保存]をクリックし**1**、[タイムラインに追加]をクリックします**2**。

動画をきれいにしよう

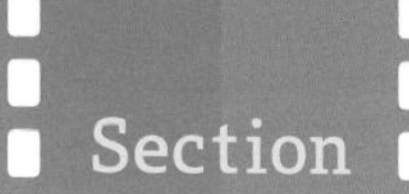

40 切り替え効果で動画をきれいにつなげよう

覚えておきたいキーワード
- トランジション
- 切り替え効果
- オーバーラップ/クロス

現在の場面から別の場面に切り替わるときにアニメーションを付けて切り替える効果を「トランジション」と呼びます。 トランジションをうまく活用することで、各シーンの切り替えがスムーズにつながり、動画が見やすくなります。

1 トランジションとは

トランジションとは、「移り変わり」や「変わり目」という意味を持ちます。動画編集においては別のシーンへ場面が切り替わる際にアニメーションを施すことを指します。PowerDirectorでは400種類以上のアニメーションのトランジションを使うことができます。たとえば、「Aという場面からBという場面に徐々に映像が切り替わっていくフェード」などが一般的です。
トランジションは使いすぎると映像がくどくなってしまうため、時系列が大きく変わるときだけに使用するようにしましょう。逆に、時系列が変わらないシーンに切り替える場合は、トランジションはできるだけ使わないようにします。ここでいう「時系列が変わらない」というのは、たとえば同じシーンを複数のカメラで撮影した際に、複数のアングルを切り替えて1つのシーンを作るときなどです。映画の1シーンでカメラが切り替わるときのようなものともいえます。こういったシーンでのトランジションは映像の邪魔になってしまうため注意しましょう。

フェード

紙破り

カルーセル

2 ビデオクリップの間に切り替え効果を設定する

1 「トランジション」ルームを開く

画面上部のメニューから[トランジション]をクリックし**1**、任意のカテゴリーをクリックして**2**、タイムライン上に2つの動画(画像)を横にぴったり並べた状態で「トランジション」ルームを表示します。

2 切り替え効果を選択する

任意の切り替え効果(ここでは[スパークルトランジション03])をクリックすると**1**、プレビューウィンドウに切り替え効果のアニメーションが表示されます**2**。

3 切り替え効果を追加する

設定する切り替え効果をビデオトラックのクリップとクリップの境目にドラッグ&ドロップすると**1**、切り替え効果が適用されます。

Step Up トランジションに適切な効果音を合わせる

「ページカール」であればページをめくる効果音など、トランジションの動きに合った自然な効果音を追加(136ページ参照)すると、動画のクオリティが上がります。

4 切り替え効果を確認する

■を切り替え効果の前までドラッグし**1**、プレビューウィンドウの▷(再生)をクリックすると**2**、適用した切り替え効果を確認できます。

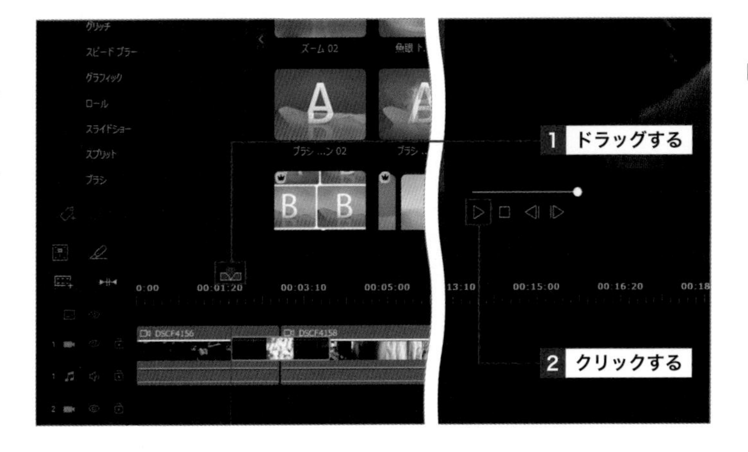

Memo 画像クリップやタイトルクリップにも適用可能

「トランジション」ルームにあるトランジションは、ビデオクリップ以外にも画像クリップや「タイトル」ルームで作成できるタイトルクリップにも適用することができます。

Step Up 1つのビデオクリップに切り替え効果を設定する

切り替え効果は2つのビデオクリップの間だけではなく、1つのビデオクリップの始まり部分、または終わり部分に設定することもできます。単一クリップの始まり部分(カットイン)に使われる切り替え効果のことを「プレフィックス」と呼び、徐々にシーンが現れてくる効果を設定できます。逆に単一クリップの終わり部分(カットアウト)に使われる切り替え効果のことを「ポストフィックス」と呼び、徐々にシーンが消えていく効果を設定できます。

3 切り替え効果の設定を変更する

1 切り替え効果をダブルクリックする

タイムライン上の切り替え効果(ここでは[スパークルトランジション03])をダブルクリックします1。

Memo 切り替え効果の設定項目

設定できる項目は、切り替え効果の種類によって異なります。たとえばトランジション動作に方向の概念があるものは方向のパラメータがありますが、方向の概念がない場合は方向のパラメータがありません。

2 オーバーラップ/クロスを切り替える

「トランジションの設定」画面が表示されます。「使用するトランジション動作を選択」で、[オーバーラップ]をクリックします1。

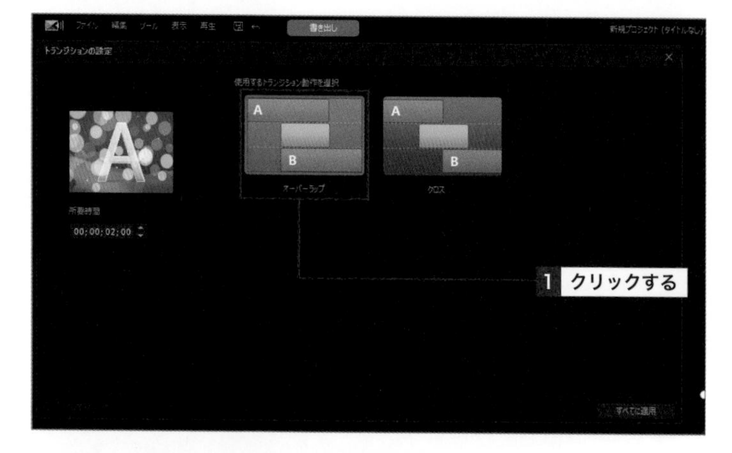

Memo 所要時間を設定する

「所要時間」では、数値を直接入力したりタイムラインのスライダーをドラッグしたりすることで、トランジションのアニメーション時間を調整できます。

3 オーバーラップ/クロスが切り替わる

「クロス」から「オーバーラップ」に切り替わります。

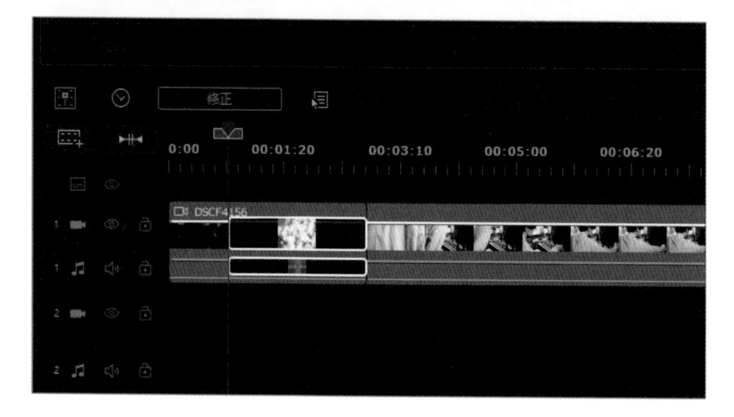

Memo オーバーラップとクロスの違い

2つのビデオクリップをトランジションさせる動作として、「オーバーラップ」と「クロス」の2つの種類があります。「オーバーラップ」は映像を重ねながら場面を切り替えるため、見た目的にもきれいにトランジションさせることができますが、所要時間の半分の時間分は必ず左にビデオクリップが詰められて全体の時間が短くなる点に注意が必要です。対する「クロス」は所要時間の半分は止まった映像としてトランジションさせるため、ビデオクリップが一切ずれずに場面切り替えを行うことができます。

4 切り替え効果を削除する

1 削除する切り替え効果を選択する

削除したい切り替え効果をクリックして選択し❶、（その他機能）をクリックして❷、［削除］をクリックします❸。

2 切り替え効果が削除される

切り替え効果が削除されます。

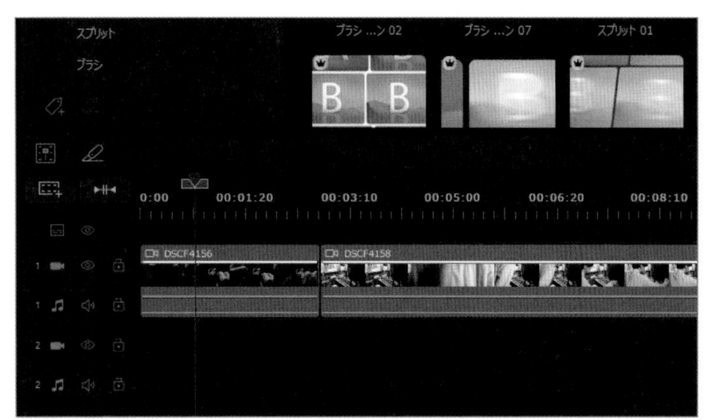

Memo 切り替え効果の削除を取り消す

切り替え効果の削除を取り消した直後にもとに戻すには、メニューバーの（元に戻す）をクリックします。

Step Up すべてのビデオクリップにトランジションを設定する

トランジションは、選択したトラック内にあるすべてのビデオクリップに一括で設定することもできます。始めにカットし終わったビデオクリップを並べ、トランジションを適用したいトラックが選択されている（ほかのトラックよりも明るくなっている）状態にします。任意の切り替え効果をクリックして（選択したトランジションを選択したトラック上のすべての動画に適用）をクリックしたら、4つの中から任意のトランジション動作をクリックします。「クロストランジション」と「オーバーラップトランジション」は、2つのビデオクリップが並んでいるすべての部分に適用されますが、「プレフィックストランジション（前）」と「ポストフィックストランジション（後）」は並びに関係なくすべての単一クリップに適用されます。

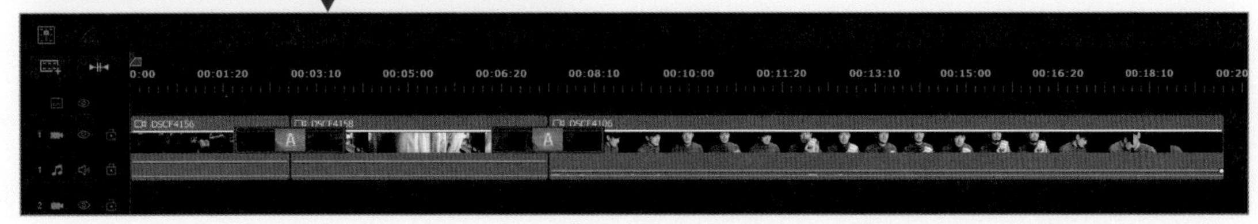

Section 41 特殊効果を設定しよう

覚えておきたいキーワード
- エフェクト
- 特殊効果
- 「エフェクト」ルーム

PowerDirectorでは「エフェクト」ルームからエフェクトを追加し、映像に特殊効果を加えられます。たとえば、白黒やセピア調の特殊効果を施し、その映像が過去の回想であることを印象付けるなどという使い方ができます。

1 特殊効果とは

「特殊効果」(エフェクト)とは、コンピュータグラフィックス(CG)を使って映像に特殊な視覚効果を施す処理のことを指します。PowerDirectorの「エフェクト」ルームには約300種類の特殊効果が用意されており、ビデオクリップにかんたんに特殊効果を加えることができます。なお、PowerDirectorの上位のパッケージおよびサブスクリプションになるほど使用できるエフェクトの数が多くなっています(サブスクリプションが最多)。特殊効果は動画編集の中でも映像に与える影響が大きいため、くどくなりすぎないように自然に活用してみましょう。

ビデオエフェクト

顔ぼかし

ボディーエフェクト

テクスチャー

フィルターとLUT

レトロフィルム

ビンテージ

カラー

Memo それぞれのエフェクトの扱い方について

PowerDirectorでは、エフェクトによっては扱い方が異なることに注意が必要です。たとえば「ビデオエフェクト」や「サードパーティ」に含まれる通常のエフェクトは、動画素材、画像素材、タイトル素材に適用ができるほか、エフェクトトラックでの使用が可能です(テロップなどにも影響を与える)。しかし、「ボディーエフェクト」などの特殊なエフェクトは動画素材のみに適用可能で、画像素材に適用したりエフェクトトラックを使用したりすることはできません。

2「エフェクト」ルームでセピア調の特殊効果を追加する

1 「エフェクト」ルームを開く

画面上部のメニューから[エフェクト]をクリックし1、「エフェクト」ルームを表示します。「エフェクト」ルーム右上の[エフェクトを検索]をクリックします2。

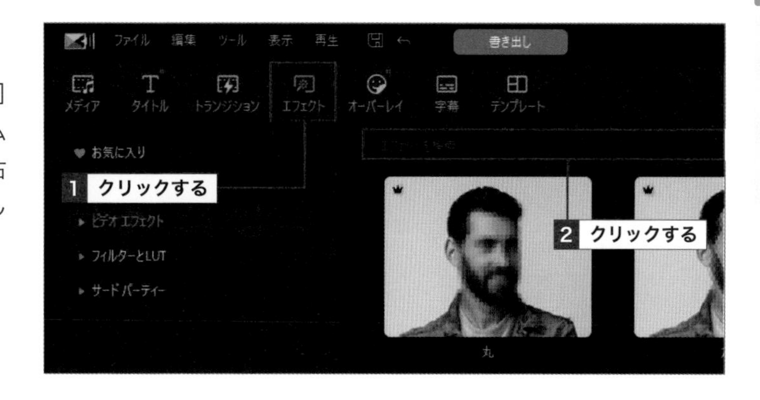

2 特殊効果を検索する

ここでは例として「セピア」と入力すると1、「セピア」に該当する特殊効果が絞り込まれます。

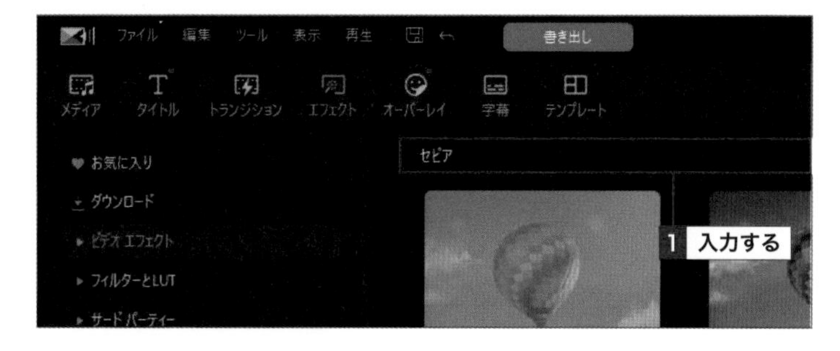

3 特殊効果を追加する

「セピア」の特殊効果を設定したいビデオクリップにドラッグ&ドロップすると1、ビデオクリップに「セピア」の特殊効果が個別適用されます。

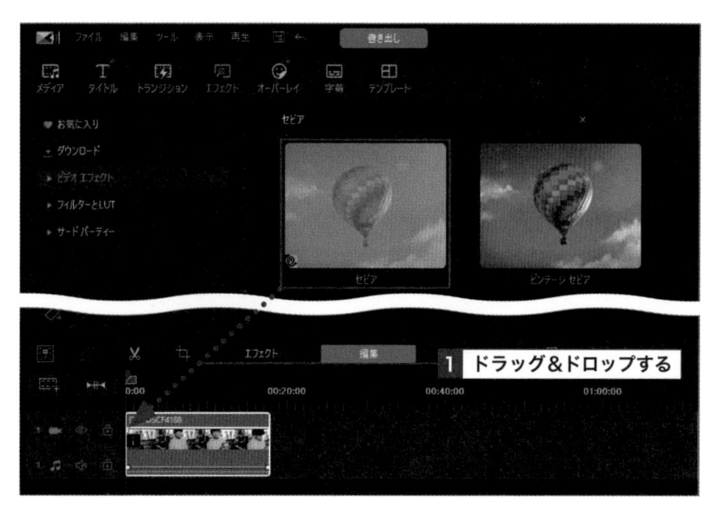

Step Up エフェクトトラックに特殊効果を設定する

手順2のあとに設定したい特殊効果を右クリックし、[タイムラインのエフェクトトラックに追加]をクリックすると、自動でエフェクトトラックが用意され、その中に特殊効果が追加されます。エフェクトトラックに入っている特殊効果は、そのトラックよりも背面にあるすべての映像トラックに対して特殊効果が適用されます。

3 特殊効果の設定を変更する（一例）

1 エフェクトの設定を開く

特殊効果を適用したビデオクリップをクリックし❶、［エフェクト］をクリックします❷。

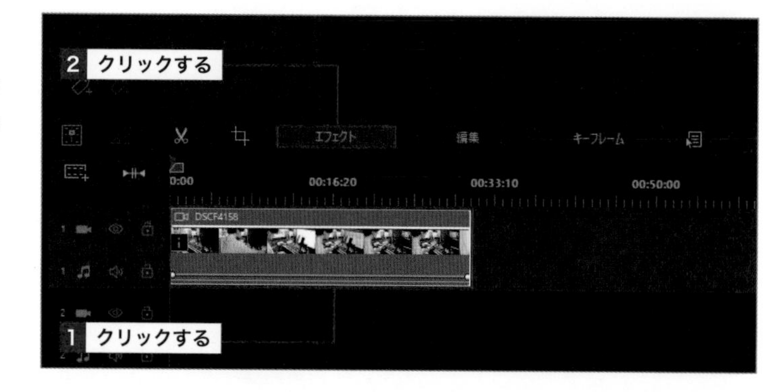

2 カラー画面を開く

「エフェクトの設定」画面が表示されます。「フォント色」のカラー（色の選択）をクリックします❶。ここで設定できる項目はエフェクトにより異なります。

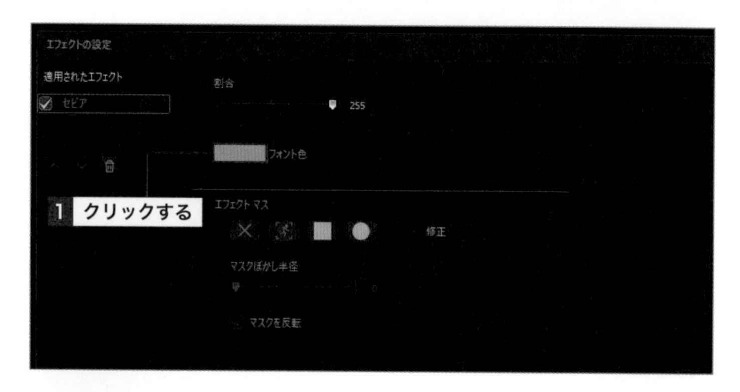

3 特殊効果の色を設定する

「カラー」画面が表示されます。任意の色をクリックし❶、［OK］をクリックすると❷、特殊効果の色が変更されます。調整が完了したら☒をクリックして「エフェクトの設定」画面を閉じます。

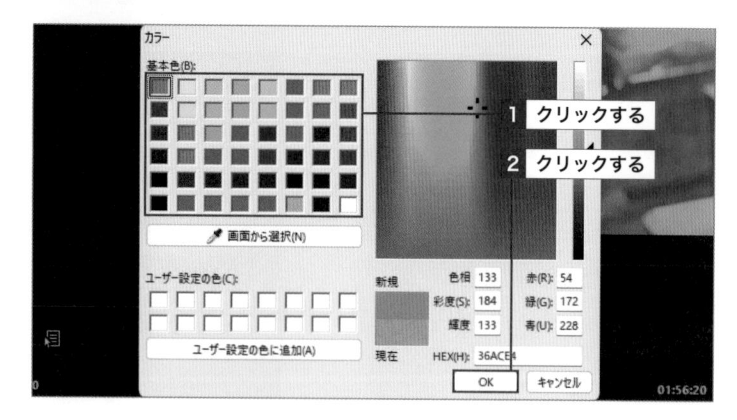

Memo 特殊効果のパラメータ変更とリセット

特殊効果の種類によって、設定できる項目（パラメータ）が異なります。なお、「エフェクトの設定」では、画面右下の［リセット］をクリックすると、標準のパラメータ設定に戻すことができます。

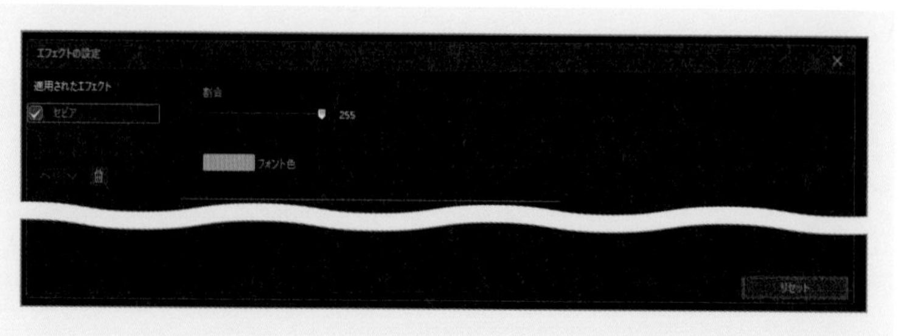

4 特殊効果の有効／無効を切り替える

1 エフェクトの設定を開く

118ページ手順2の画面を表示し、エフェクト名のチェックをクリックします1。

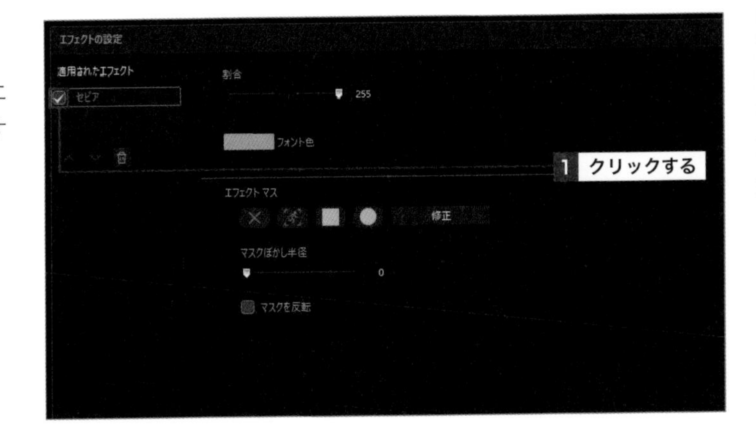

2 特殊効果が無効になる

チェックが外れると「エフェクトの設定」のパラメータがグレーになり、特殊効果が無効になります。

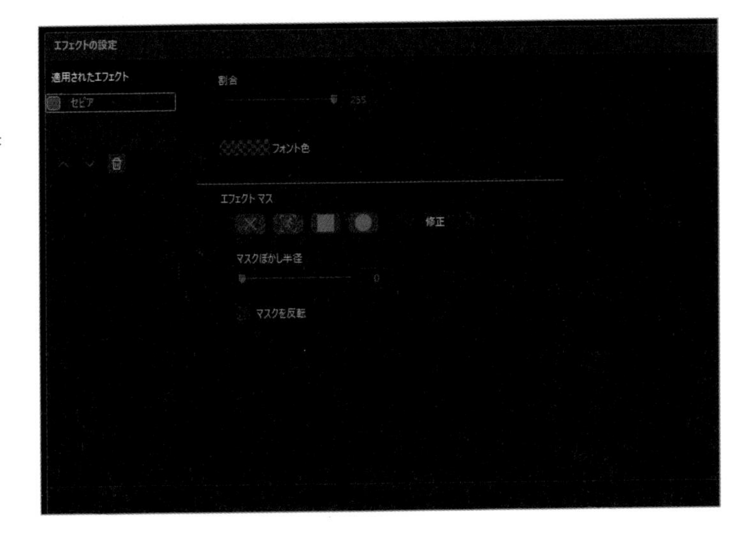

5 特殊効果を入れ替える

1 特殊効果を入れ替える

複数の特殊効果を設定した場合、118ページ手順2の画面で任意の特殊効果をクリックし1、∧ ∨をクリックすると2、順番を入れ替えることができます。なお、下のものほど特殊効果が前面に上書き適用されます。

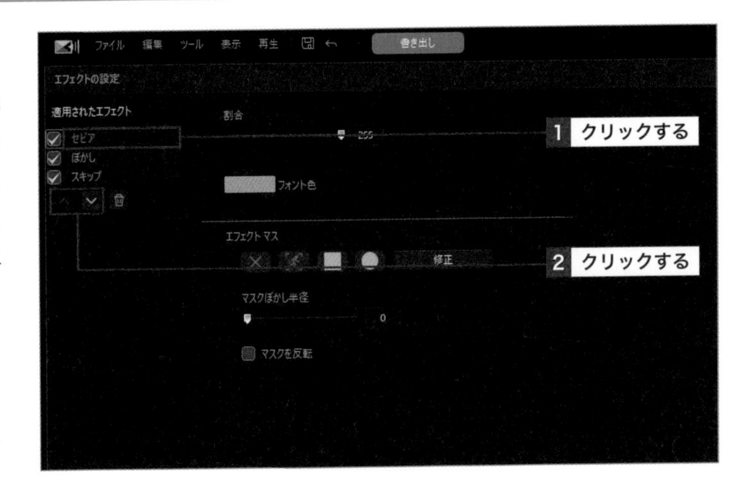

> **Memo 特殊効果を削除する**
>
> 🗑をクリックすると、個別に適用されたエフェクトを削除することができます。

42 動く人物やモノの周りにエフェクトを付けよう

覚えておきたいキーワード
- ボディーエフェクト
- ビデオエフェクト
- 自動オブジェクト選択

ボディーエフェクトでは被写体に派手なエフェクトを適用することができ、そのほかのビデオエフェクトでは「ぼかし」や「モザイク」といった定番のエフェクトを映像に適用することができます。

1 ボディーエフェクトを適用する

1 「エフェクト」ルームを開く

画面上部のメニューにある[エフェクト]をクリックし1、[ビデオエフェクト]をクリックして2、[ボディーエフェクト]をクリックします3。

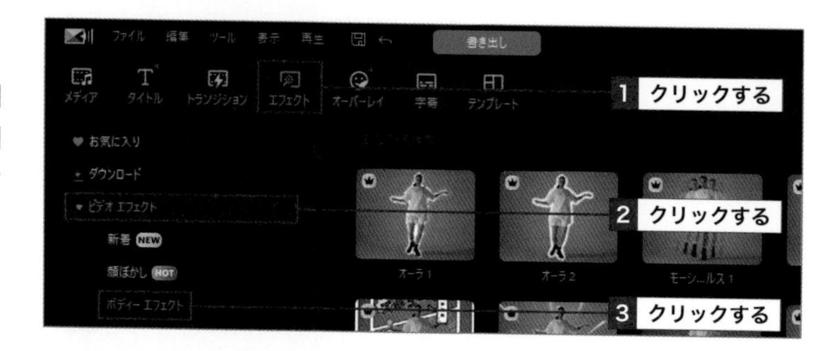

2 ボディーエフェクトを適用する

任意のエフェクト(ここでは[ライトウェーブ])をクリックすると1、動いている被写体を自動で認識しているエフェクトのアニメーションがプレビューウィンドウに表示されます2。エフェクトをビデオトラックにドラッグ&ドロップすると3、効果が適用されます。

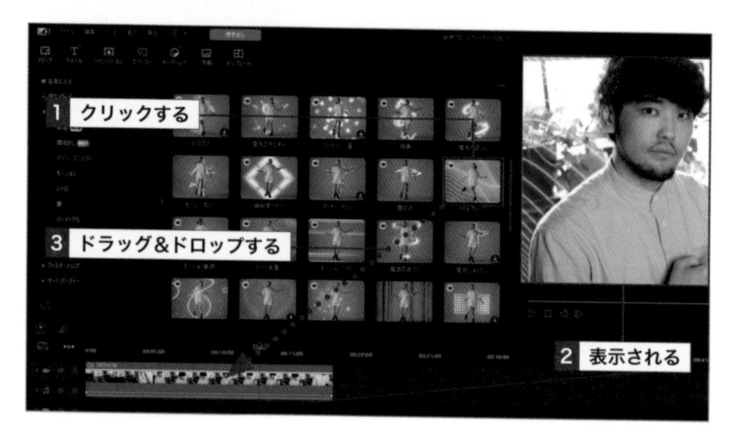

Memo ボディーエフェクトを調整する

ビデオクリップをクリックして選択し、[エフェクト]をクリックすると、「エフェクトの設定」画面が表示されます。この画面では、各パラメータを使用してエフェクトの強度や色などを調整することができます。

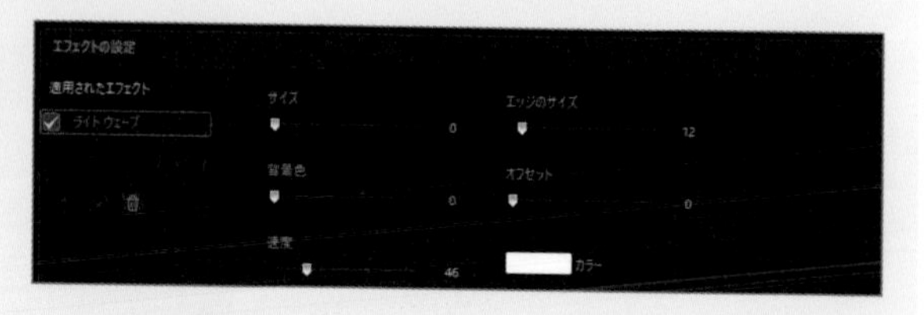

2 ビデオエフェクトを適用する

1 ビデオエフェクトを選択する

120ページ手順1の画面で[ビデオエフェクト]をクリックします1。

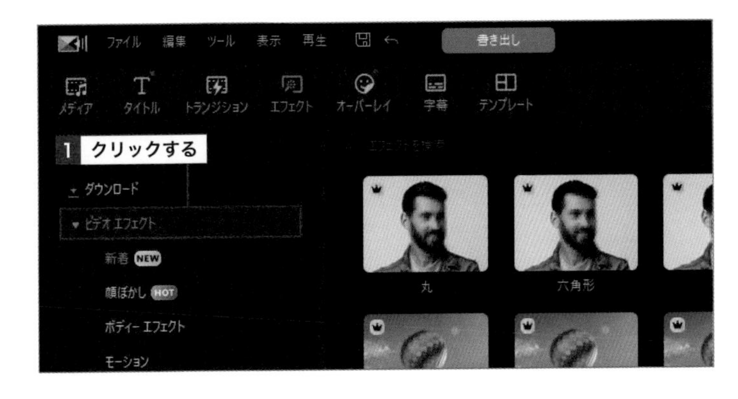

2 ビデオエフェクトを適用する

任意のカテゴリー(ここでは[テクスチャー])をクリックし1、任意のエフェクト(ここでは[鉛筆スケッチ2])をクリックすると2、エフェクトのアニメーションがプレビューウィンドウに表示されます3。エフェクトをビデオトラックにドラッグ&ドロップすると4、効果が適用されます。

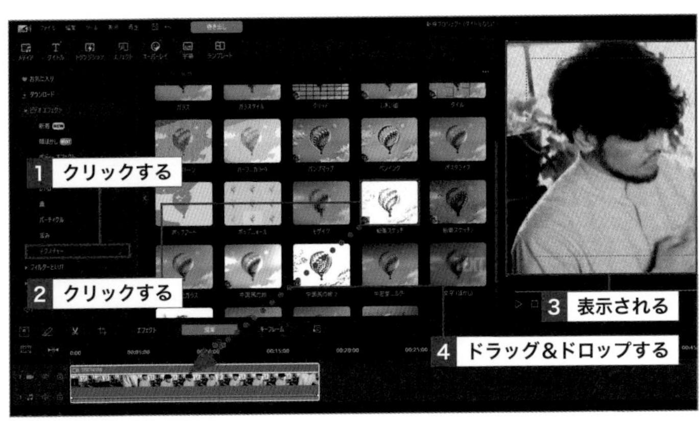

3 自動オブジェクト選択を設定する

ビデオクリップをクリックし1、[エフェクト]をクリックして2「エフェクトの設定」画面を開きます。手順2で適用したエフェクトにチェックが付いていることを確認し(付いていない場合はチェックを付け)3、「エフェクト マス」の(自動オブジェクト選択)をクリックします4。

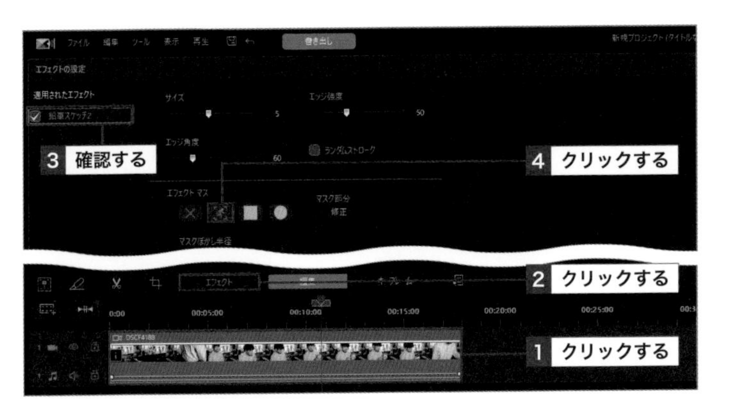

4 エフェクトの適用範囲を反転させる

「マスク部分を反転」にチェックを付けることで1、エフェクトの適用範囲を反転(被写体以外の部分に適用)させることができます。

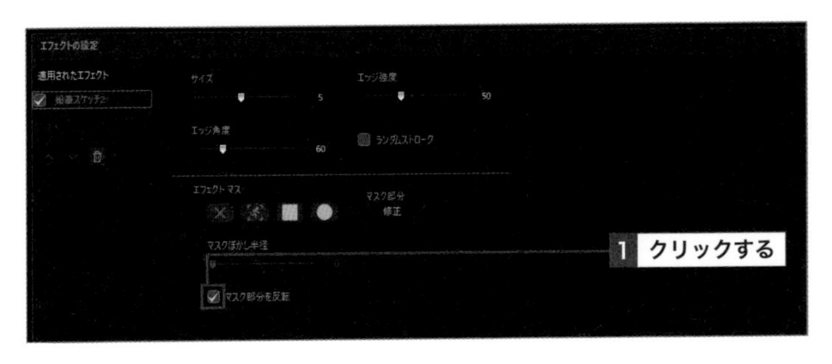

43 手ブレやゆがみを補正して見やすくしよう

覚えておきたいキーワード
- 映像の補正
- 手ブレ補正
- レンズ補正

手持ち撮影や歩きながらの撮影では手ブレが起こりやすく、見ている人が酔いやすい映像になってしまいます。PowerDirectorでは、手ブレ補正機能のほか、ゆがみや光量など撮影時の問題を補正する機能が備わっています。

1 手ブレ補正を利用する

1 ビデオスタビライザーを設定する

手ブレを補正したいビデオクリップをクリックし❶、［編集］をクリックして❷、「ツール」タブの中にある［ビデオスタビライザー（手ぶれ補正）］をクリックします❸。

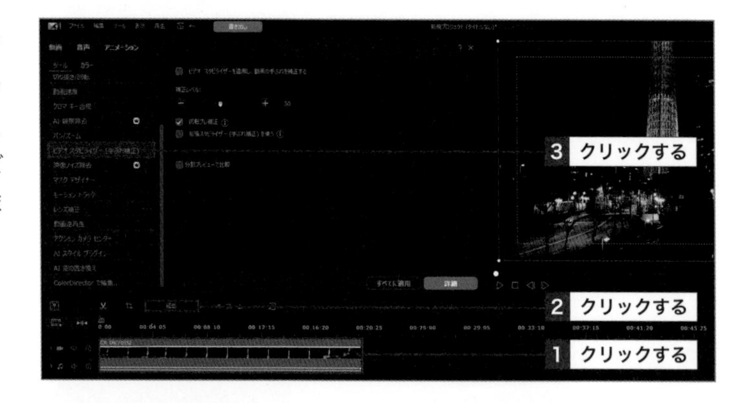

2 手ブレ補正を適用する

ビデオスタビライザーの設定画面が表示されます。「ビデオスタビライザーを適用し、動画の手ぶれを補正する」にチェックを付け❶、「回転ブレ補正」のみにチェックを付け❷、［すべてに適用］をクリックすると❸、ビデオクリップに手ブレ補正が適用されます。

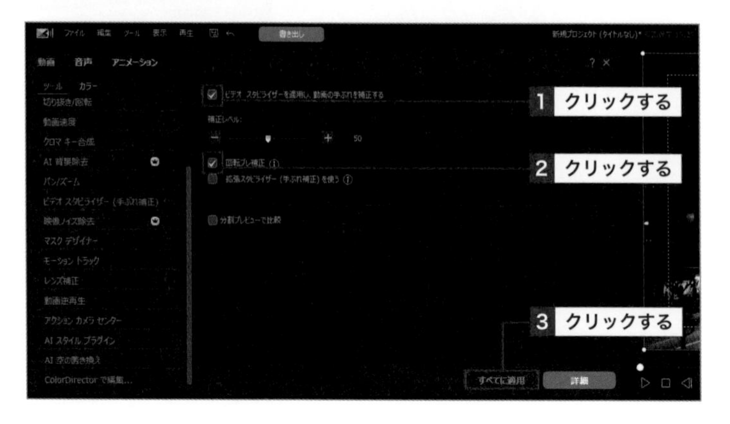

Memo 「回転ブレ補正」と「拡張スタビライザー」

PowerDirectorのビデオスタビライザーには、2段階の補正機能があります。カメラが左右に回転して生じたブレ（通常の手ブレ）には「回転ブレ補正」が最適です。もう1つの補正機能である「拡張スタビライザー（手ぶれ補正）を使う」では、より高度な処理により動画の手ブレを改善します。とくに後者では高い処理能力（パソコンスペック）が必要となるため、撮影した映像の手ブレ度合いやパソコン環境に応じて、最適な手段を選びましょう。なお、ビデオスタビライザーを適用した動画は、体験版での書き出しができません。

2 レンズ補正を利用する

1 レンズ補正を展開する

122ページ手順1の画面で[レンズ補正]をクリックし❶、「レンズ補正の適用」にチェックを付けます❷。

Key Word レンズ補正

レンズ補正とは、撮影時に使用した広角レンズなどの影響で生じた動画のゆがみや光の量などを直すことを指します。

2 レンズ補正を適用する

撮影した動画の機材である「メーカー」と「モデル」を選択すると❶、自動でレンズ補正されます。

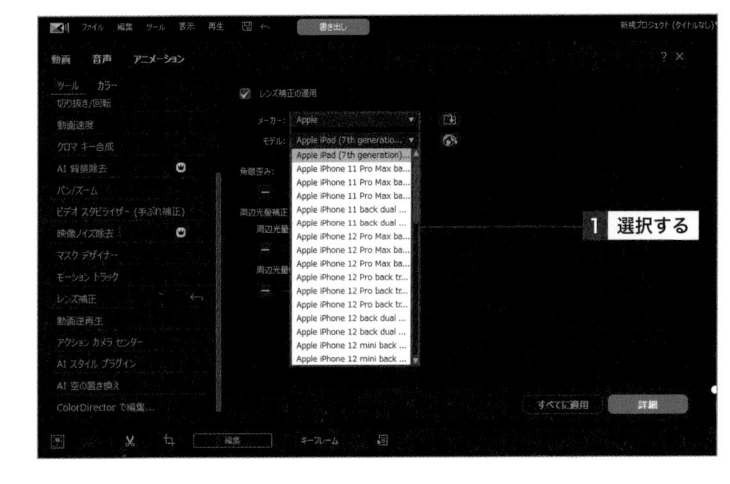

Memo 設定後の補正効果

上の手順2の「メーカー」「モデル」の中にプロファイルがないなどの場合は、「魚眼歪み」「周辺光量」「周辺光量中心点」をドラッグして手動で調整することもできます。

●魚眼歪み
広角レンズで撮影された動画などで、画面の周辺部に生じる丸いゆがみを補正できます。

●周辺光量
動画撮影時に画面中心と比べて画面周辺が暗くなって撮影された場合（周辺減光。右図参照）に調整するパラメータです。値を大きくすることで、画面周辺を明るく補正できます。

●周辺光量中心点
「周辺光量」で補正された明るさの部分が中心点に向かって大きくなる値です。値が大きくなるほど端に向かって明るさの面積が狭くなります。

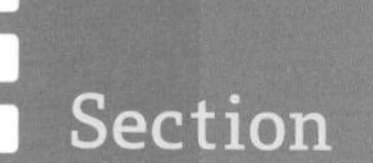

明るさや色を調整して見やすくしよう

覚えておきたいキーワード
- カラー調整
- ホワイトバランス
- カラーマッチ

室内や逆光での撮影は、カメラ設定を適切に行わないと画面全体、もしくは背景に対して被写体がかなり暗くなる傾向があります。また、天気の悪い日は自然光が弱く映像が暗くなるため、明るさや色調の調整を行いましょう。

1 カラー調整で明るさを調整する

1 補正／強調を開く

補正したい動画または画像クリップをクリックし❶、[編集]をクリックします❷。

2 明るさを設定する

編集画面の中にある[カラー]タブをクリックし❶、[カラー調整]をクリックしてチェックを付けて❷、「露出」「輝度」「コントラスト」などのスライダーをドラッグし❸、最適な明るさに設定します。

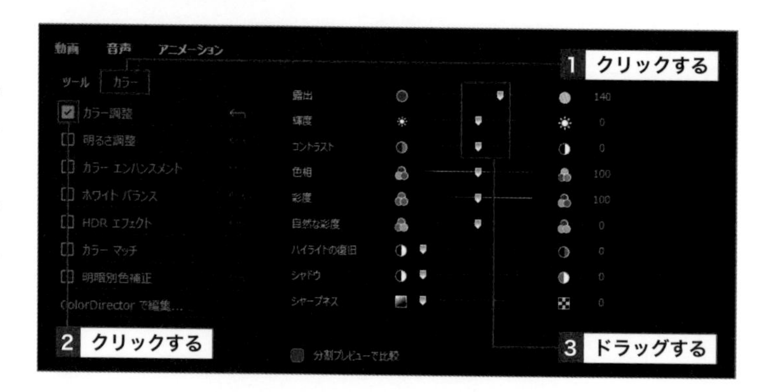

3 明るさが調整される

各種パラメータに応じて明るさが調整されます。

Memo 明るさに影響を及ぼすパラメータ

露出：露出光の感度を調節する値です。「100」より大きくすると感度が強く（明るく）なります。
輝度：画面の明るさを調節する値です。
コントラスト：映像内の明るい部分と暗い部分の差を調整する値です。

2 ホワイトバランスで色調を調整する

1 色温度を設定する

124ページ手順2の画面で［ホワイトバランス］をクリックしてチェックを付けます1。「色温度」のスライダーをドラッグしてここでは「1」に設定し2（「0」に近付くほど寒色になり、「100」に近付くほど暖色になる）、寒色系にします。

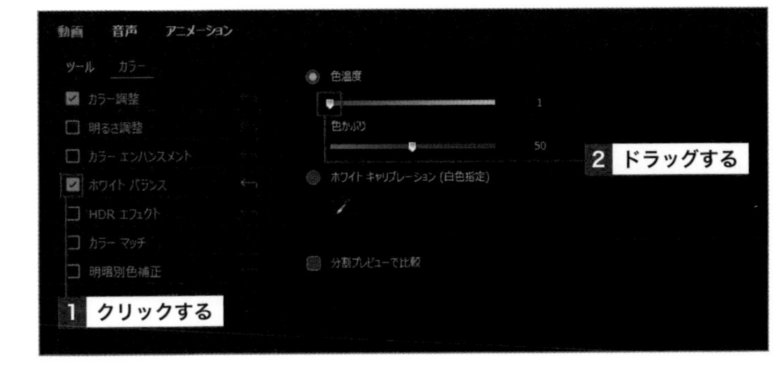

2 色かぶりを設定する

「色かぶり」のスライダーをドラッグしてここでは「70」に設定し1、色のレベルを調整します。

3 ホワイトバランスが調整される

2つのパラメータを使ってホワイトバランスが調整されます。

Memo 色温度と色かぶりの調整パラメータ

「色温度」は値が大きいほど暖色系に、小さいほど寒色系に調整されます。「色かぶり」では、値が大きいほど紫色方向に、小さいほど緑色方向に調整されます。プレビューウィンドウを見ながら、2つのスライダーで色味を調整しましょう。基本的には白い部分が正確に白く見えるバランスが理想ですが、色味によって映像を表現することも意識してみましょう。暖色系の色味にすると明るさや幸福感を表現し、寒色系の色味にすると落ち着きや冷たさなどの静的なイメージを表現できます。

3 カラーマッチで色味を統一する

1 カラーマッチを開く

色調を合わせたい1つ目のビデオクリップをクリックして選択し1、キーボードのCtrlを押しながら2つ目のビデオクリップを選択したら2、[カラーマッチ]をクリックします3。

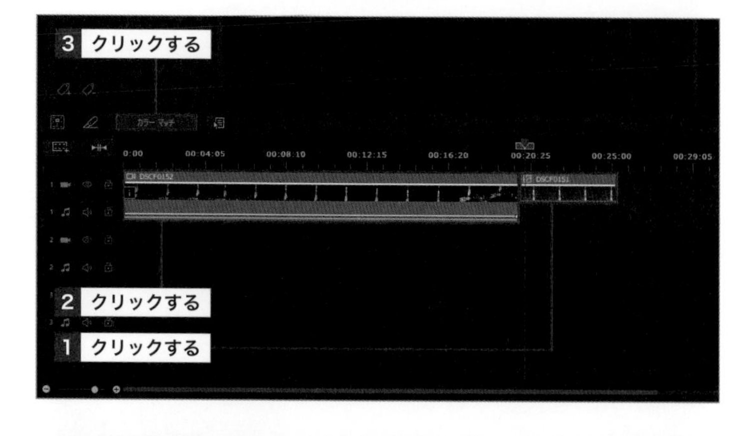

2 2つのクリップの画面が開く

左側が補正に使用する参照クリップ、右側が補正されるターゲットクリップとして表示されます1。

3 参照画面をプレビューする

左側のプレビューウィンドウ(「参照」画面)にある▷(再生)をクリックして再生し、補正に使用するシーンで⏸(一時停止)をクリックして一時停止します1。

4 カラーマッチを適用する

[カラーマッチ]をクリックすると1、右側のプレビューウィンドウ(「ターゲット」画面)の色味が、左側のプレビューウィンドウ(「参照」画面)に合わせて調整されます。[適用]をクリックして終了します2。

Hint 「ターゲット」と「参照」の入れ替え

初期状態では、同じトラックにあるクリップどうしでは「右側」、別のトラックにある場合は「下側」にあるクリップがターゲットクリップになります。「ターゲット」画面と「参照」画面を入れ替えたい場合は、2つの画面の中間にある⇄(参照とターゲットの切り替え)をクリックします。

4 フィルターとLUTで色味を変更する

「LUT」とはルックアップテーブルの略で、映像の色味を変えるフィルターのことです。サブスクリプション版の「PowerDirector 365」の場合は、CyberLinkから公開されているLUTを無料で使用することができます。そのほかにもネットで公開されているLUTファイルをダウンロードし、「エフェクト」ルームの［ダウンロード］に読み込んで使用することもできます。

1 フィルターとLUTを開く

117ページ手順1を参考に「エフェクト」ルームを開き、［フィルターとLUT］をクリックし1、任意のカテゴリー（ここでは［ビンテージ］）をクリックします2。

2 フィルターとLUTを適用する

任意のフィルター（ここでは［フェードフィルム寒03］）をクリックすると1、フィルターのイメージがプレビューウィンドウに表示されます2。フィルターをタイムラインに配置しているクリップにドラッグ＆ドロップすると3、フィルターが適用されます。

Memo フィルターを上書きする

フィルターは素材に重ねて使うことができないため、新しいフィルターをドラッグすることで上書きできます。

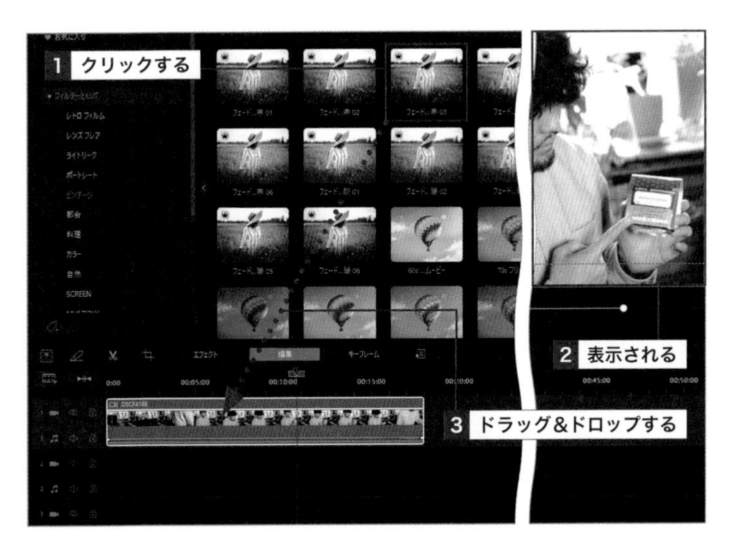

3 フィルターとLUTを削除する

追加したフィルターを削除する場合は、118ページ手順1を参考に「エフェクトの設定」画面を表示し、任意のフィルターにチェックが付いているのを確認（付いていない場合はクリック）して1、🗑をクリックします2。

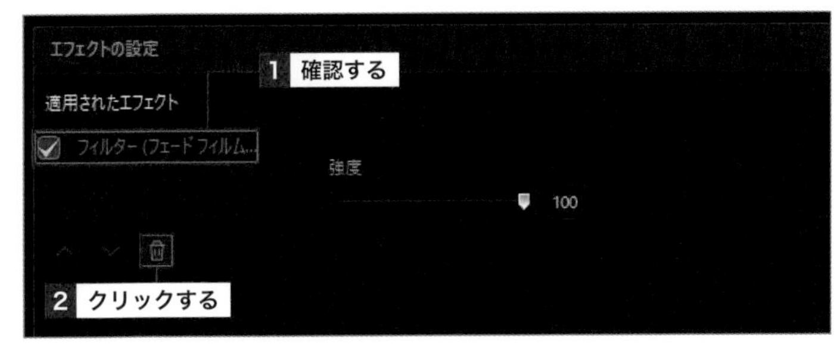

Memo フィルター削除の例外

「レトロフィルム」「レンズフレア」「ライトリーク」などの一部のフィルターは、前面のビデオトラックに合成されます。これらのフィルターを適用後に削除する場合は、手順3の方法ではなく、タイムライン上の合成素材を直接削除する必要があります。

45 動画の背景を合成しよう

覚えておきたいキーワード
- クロマキー合成
- グリーンバック
- AI背景除去

グリーンバックで撮影された動画をクロマキー合成してグリーン部分を抜いたり、AI背景除去機能で被写体以外の背景を透過させたりできます。グリーンバックで撮影する場合は、グリーンバック用の背景シートが必要です。

1 グリーンバックで背景を合成する

1 背景素材を配置する

合成に使用する背景素材（ここでは104ページで作成したAI画像を画面最大サイズに調整したもの）をクリックし❶、「ビデオトラック1」にドラッグ＆ドロップします❷。

2 動画素材を配置する

グリーンバックで撮影した人物の動画素材をクリックし❶、「ビデオトラック2」にドラッグ＆ドロップします❷。

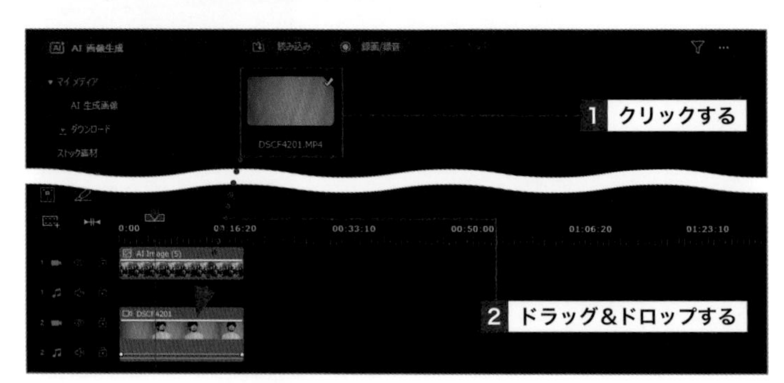

Hint グリーンバックの背景シートを活用する場合の注意点

グリーンバックを使用する場合は、被写体の中に緑色が含まれないようにし、照明ライトを当てて被写体が際立つように撮影するとよいでしょう。この際、照明の光による影がグリーンバックに映らないようにするために、被写体とグリーンバックの距離を空けると効果的です。また、画面全体をグリーンバックで覆えない場合は、被写体のみをグリーンバックで覆えば背景と合成することができます（縦向きの撮影でも対応可能）。ただし、その場合はグリーンバックではない背景部分を、PowerDirectorのマスクデザイナーでマスク処理をする必要があります（本書では解説していない機能）。

3 クロマキー合成を設定する

手順2で配置した動画素材をクリックして選択し1、[編集]をクリックして2、「ツール」タブの中にある[クロマキー合成]をクリックします3。

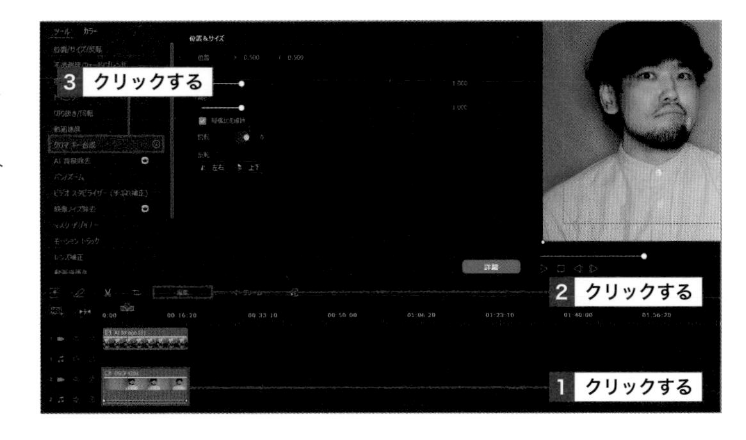

4 背景の色を抜く

(スポイトで削除する色を選択する)をクリックし1、プレビューウィンドウ内の緑色部分をクリックします2。

5 クロマキー合成を行う

背景の色が抜けたら、「色の範囲」と「ノイズ除去」のを左右にドラッグして被写体だけが残る値に調整し1、[OK]をクリックします2。

2 AI背景除去で背景を合成する

1 動画素材を配置する

128ページ手順2で、グリーンバックではない人物の動画素材をクリックし1、「ビデオトラック2」にドラッグ&ドロップします2。

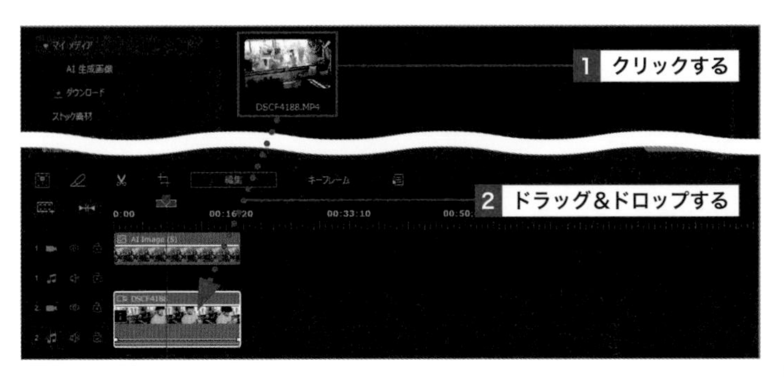

2 AI背景除去を設定する

129ページ手順1で配置した動画素材をクリックし1、［編集］をクリックして2、「ツール」タブの中にある［AI背景除去］をクリックします3。

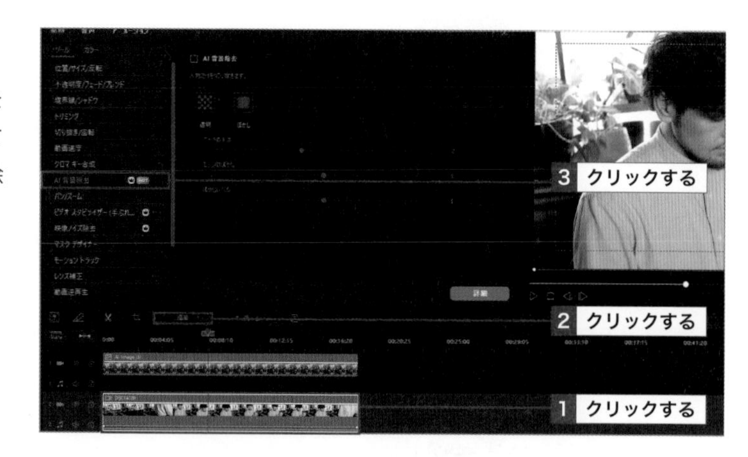

3 AI背景除去を行う

「AI背景除去」にチェックを付けると1、人物に背景が合成されます。

Step Up AI背景除去で背景をぼかす

AI背景除去では、背景を除去する以外にも「ぼかす」ことができるパラメータがあります。手順3のあとに［ぼかし］をクリックし、「ぼかしレベル」の値を変更して調整します。

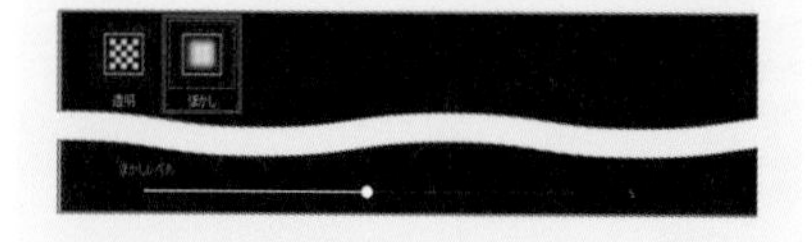

Step Up 背景シートを活用する

室内で撮影する際に、背景がおしゃれに見えない場合は、市販の「背景シート」と「背景スタンド」を使用するとよいでしょう。背景シートには無地のブラックやコンクリート柄といった背景に最適な柄があり、それを背景スタンドで吊るし背景にして撮影します。撮影の際に被写体を照らす照明はあったほうがよいですが、室内をおしゃれにするよりもコストを安く抑えられる可能性があります。最低限必要なものは、背景シートと背景スタンドです。そこからさらに被写体を正面から照らす撮影用ビデオライトやLEDリングライト、被写体のうしろから光を当てるバックライト用のLED照明などがあると、とてもエモーショナルになります。背景と照明に意識をすることで映像の見栄えがよくなりますので、工夫をしたりライティングの勉強をしたりすることがおすすめです。

●**バックライトあり**

●**バックライトなし**

第6章

BGMやナレーションを加えよう

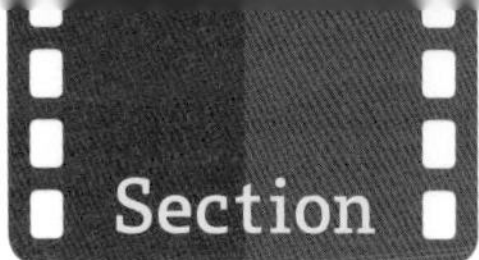

46 オーディオクリップについて確認しよう

覚えておきたいキーワード
- オーディオクリップ
- オーディオトラック
- トリミング／分割

動画に適切なBGMを追加することで、シーンの雰囲気を変えたり大きく盛り上げたりすることができます。音声素材はBGMのほかにも、ビデオクリップの音声部分やナレーション、効果音などがあります。

1 オーディオクリップとは

編集で使用するオーディオクリップには、「音楽CDやダウンロードして取り込んだ音楽ファイル」「マイクを使って録音した音声ファイル」「動画に収録されている音声部分」の3種類があります。 タイムライン（55ページ参照）には音声ファイルを入れて編集するオーディオトラックが用意されています。BGM、効果音やナレーション、動画に収録されている音声部分を編集する際にオーディオトラックを使用します。

タイムラインにあるオーディオトラック使用例

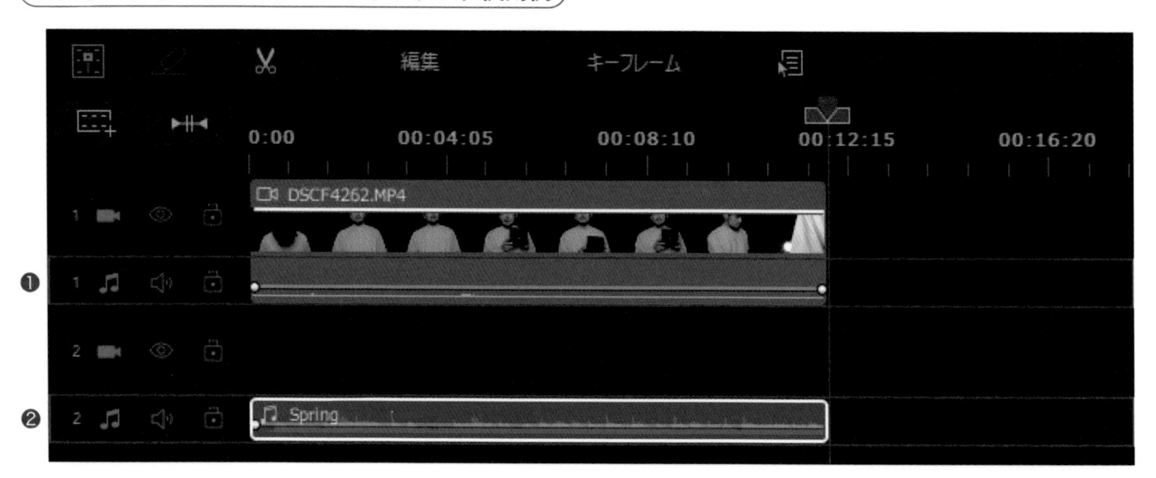

❶	オーディオトラック（動画）	ビデオトラックとリンクしており、動画に収録されている音声部分の編集が可能です。
❷	オーディオトラック	単一のオーディオトラックを使用し、BGMや効果音、ナレーションなどの編集が可能です。

Key Word オーディオクリップ

BGM（音楽）やナレーション（音声）などの音声データを扱うファイル素材のことを「オーディオクリップ」といいます。すべてのオーディオクリップは、オーディオトラックに入れて編集を行います。

2 オーディオクリップを編集する

「メディア」ルーム内に読み込んだオーディオクリップは、タイムライン上のオーディオトラックに配置したあとに編集することができます。

BGMが始まるタイミングを調整する

オーディオトラックにBGM（オーディオクリップ）を配置したあと、左右にドラッグして移動させることで、BGMが始まるタイミングを自由に調整することができます（135ページ参照）。

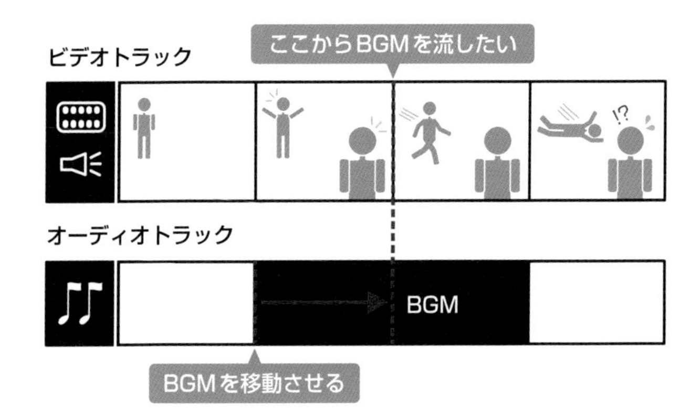

BGMの長さを調整する

BGMは、1曲をそのままフルコーラスで使用する必要はありません。不要な部分をカットすることで使いたい部分だけを追加できます。オーディオトラックにオーディオクリップを配置したあと、オーディオクリップの不要な部分をトリミングしましょう（135ページ下のStepUp参照）。また、トリミング以外にもタイムライン上でオーディオクリップを分割し、不要な部分をカット（削除）するという編集手法もあります。

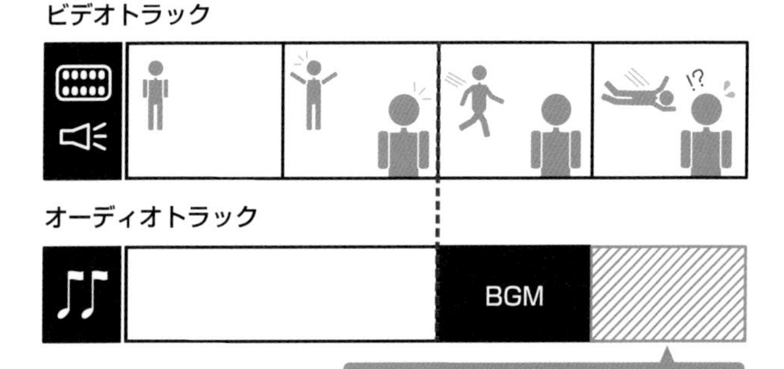

Memo 著作権フリーのBGM

動画編集でBGMを使用する際は、著作権のルールに気を付けましょう。有名なアーティストの楽曲があったとして、YouTubeでは「歌ってみた」などの演奏した動画を公開することは許可されていても、CD音源の利用は許可されていないものが大半です。著作物によってどこまでの使用が許可されているかが異なるため、よくわからない場合はYouTubeでの使用が許可されている著作権フリー、およびロイヤリティフリーのBGMを探すのがおすすめです。なおYouTubeでは、アカウントを作成後にアクセスできるYouTube Studioの「オーディオライブラリ」から無料の音楽素材をダウンロードすることができます。これらは、YouTubeでのみ利用が許可されている素材ですが、収益化においても使用できる音楽素材です。

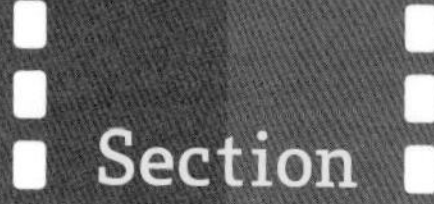

47 BGMを追加しよう

覚えておきたいキーワード
- クリップ
- トラック
- 配置／移動

BGMはオーディオクリップを移動させるだけで設定が可能で、好きなタイミングや長さに調節することができます。シーンに合った適切なタイミングでオーディオクリップを追加し、動画のクオリティを上げていきましょう。

1 オーディオトラックにオーディオクリップを配置する

1 音楽ファイルを取り込む

46ページを参考に、「メディア」ルームの「マイメディア」に音楽ファイルを取り込みます1。

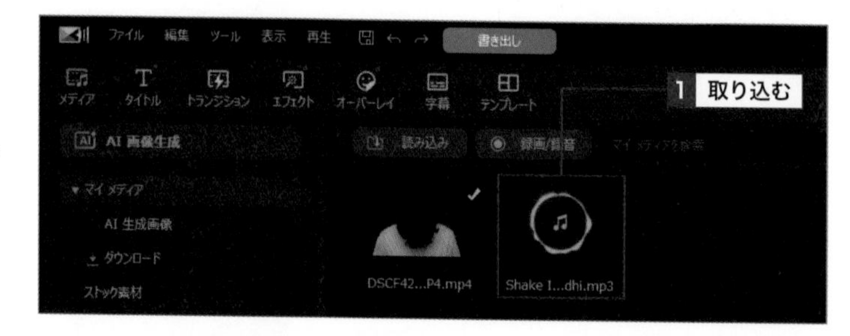

2 オーディオクリップを追加する

取り込んだ音楽ファイルを任意のオーディオトラックにドラッグ&ドロップします1。

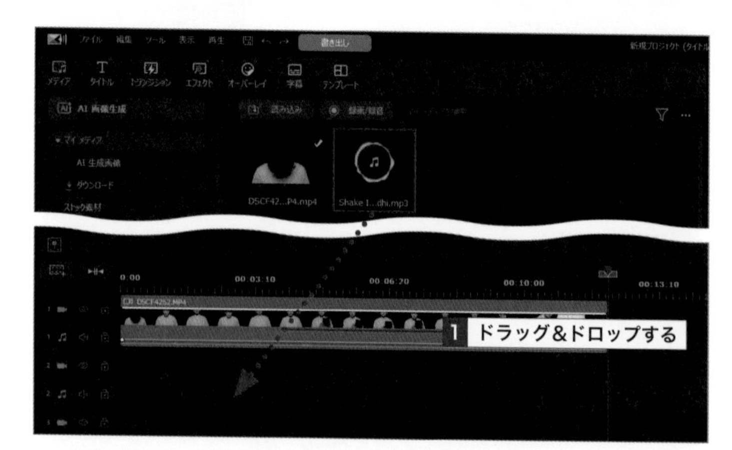

3 オーディオクリップが配置される

オーディオトラックにオーディオクリップが配置されます1。各オーディオクリップの音量調節方法は、144ページで解説します。

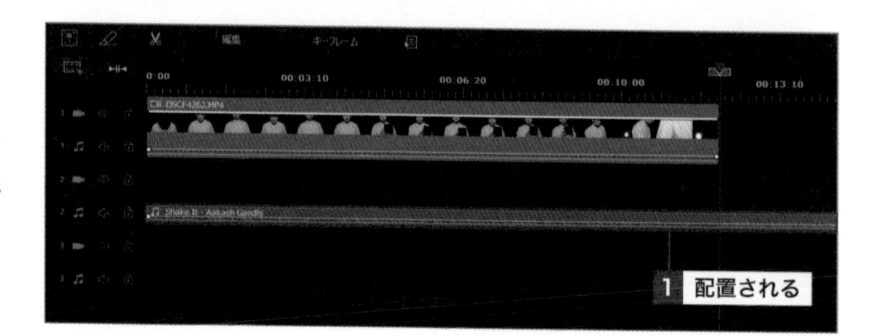

2 オーディオクリップを移動する

1 オーディオクリップをドラッグする

BGMを開始したい位置までオーディオクリップをドラッグします❶。

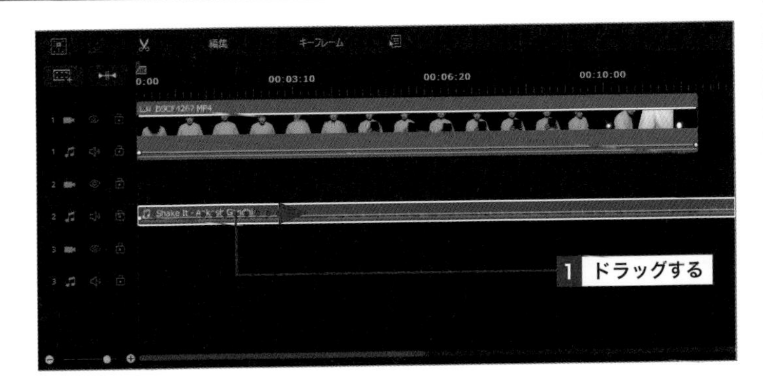

2 オーディオクリップが移動する

オーディオクリップが移動します❶。

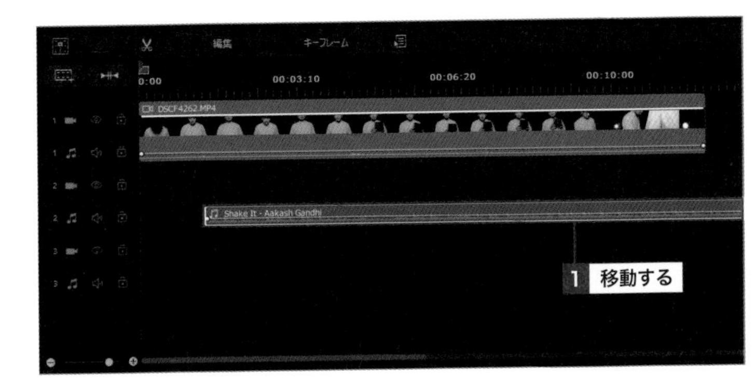

Step Up 動画の映像と音声を切り離して個別に編集する

ビデオクリップを右クリックし、[動画と音声をリンク/リンク解除]をクリックすると、映像と音声を分離して編集することができます。音声をずらしたいときや、動画の音声部分だけを削除したいときに有効です。

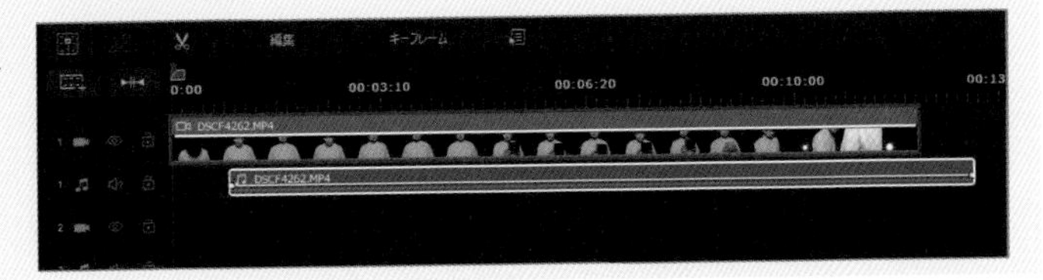

Step Up 「音声のトリミング」画面でオーディオクリップをトリミングする

オーディオクリップを右クリックし、[トリミング]をクリックすると、「音声のトリミング」画面が表示されます。この画面では、動画のトリミング(60ページ参照)と同じ要領で必要な部分だけをトリミングすることができます。トリミングしたいBGMの開始位置に▼をドラッグし、■(開始位置)をクリックします。続けてトリミングしたいBGMの終了位置に▼をドラッグし、■(終了位置)をクリックします。[トリミング]をクリックすると、開始位置と終了位置で設定した範囲がトリミングされます。

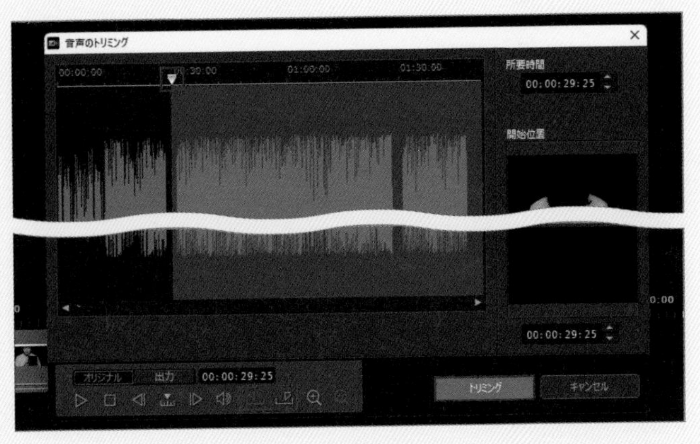

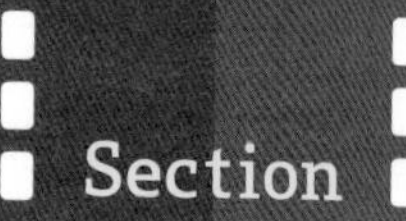

48 効果音を追加しよう

覚えておきたいキーワード
- 効果音
- 音量
- タイミング

人物のしゃべるセリフやアクション（行動）に合わせた効果音を付けて、シーンを盛り上げましょう。適切な効果音を追加することで、そのシーンをおもしろく見せたり、感情をよりわかりやすく表現したりできます。

1 効果音を追加するときのポイント

YouTubeのような動画では、盛り上げる際に適切な効果音を追加するのが1つのセオリーです。セリフやアクション（行動）に合う適切な効果音を使うことで、成功や失敗、楽しさや悲しみなどの感情を表現することができます。たとえば、冗談なのか本気でいっているのかがわかりにくい場面では、「ここは冗談でいっていますよ」と伝わるようにバラエティ系の効果音を使用するなど、視聴者に状況が伝わるような表現方法として効果音が有効です。効果音を追加するときは、「効果音選び」「音量」「タイミング」の3つのポイントを意識しましょう。

効果音選び

効果音は、シーンに合った自然な効果音を選べているかが何より重要です。明るいシーンには明るい効果音、ショックなシーンには暗さを表現する効果音など、そのシーンに合った違和感のない効果音を選びましょう。

音量

動画やセリフの音量に対して効果音が大きすぎると聞く人に不快感を与えてしまうため、必ず適切な音量で設定してください。とくに迫力のある効果音はより注意が必要です。効果音の音量は大きすぎず小さすぎず、ちょうどよいバランスを取るようにしましょう。

タイミング

効果音は、セリフやアクションに対して早すぎず遅すぎず自然になじむタイミングで入れると、違和感なく仕上がります。プレビューウィンドウでこまめに確認しながら編集しましょう。

Memo 効果音の音量バランスを取るときは一般的なイヤフォンがおすすめ

高機能なイヤフォンやヘッドフォンと標準のイヤフォンでは、高音の聞こえ方がまるで異なります。標準機能のイヤフォンを使うと不快になりにくい音量バランスにしやすいため、効果音の音量バランスを取るときは視聴者の環境に合わせて標準の一般的なイヤフォンを使うのがおすすめです。

2 効果音を追加する

1 効果音を付けたいシーンを決める

ここでは、PowerDirectorに入っている効果音をシーンに追加します。あらかじめ動画にテロップなどを付けた「効果音を追加したいシーン」を作成しておきます。シーンを作成したら、効果音を追加したい位置に■を移動し1、オーディオトラック2をクリックします2。

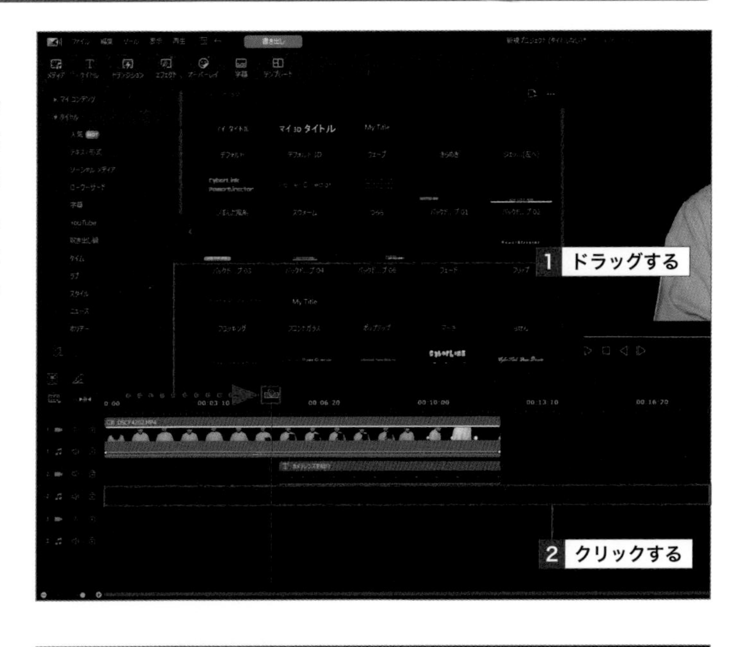

2 マイメディアの効果音を選ぶ

「メディア」ルームの「マイメディア」を表示し、[効果音]をクリックします1。この中からシーンに合った効果音（ここでは「クリック」に入っている「Button Small Generic」）を選択し、■をクリックします2。

3 ダウンロードした効果音をトラックに挿入する

ダウンロードが完了すると、■が消えます。■（選択したトラックに挿入）をクリックします1。

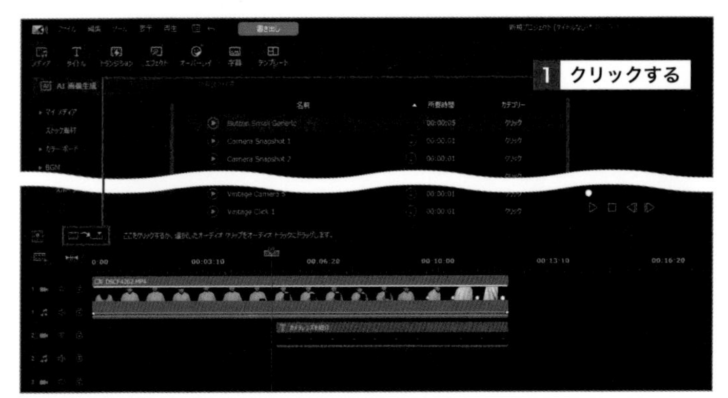

4 挿入が完了する

手順1で指定した位置のオーディオトラックに効果音が追加されます1。

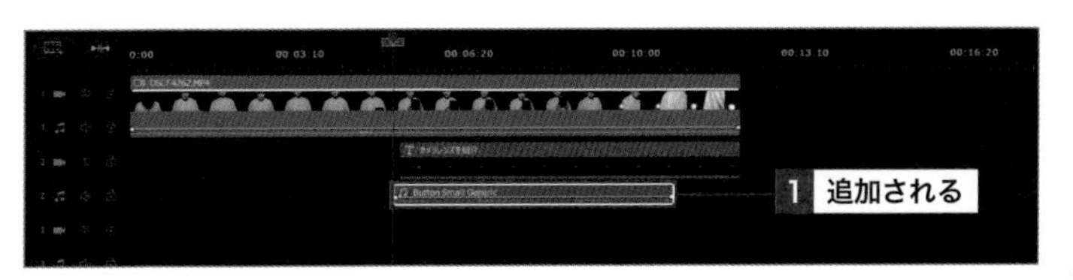

49 オーディオクリップの長さを変えよう

覚えておきたいキーワード
- オーディオクリップ
- トリミング
- 長さの変更

オーディオクリップは、任意の時間に調整したり不必要な部分を削除したりする「トリミング」を行うことができます。動画の尺に合わせて、適切な長さのBGMに調節しましょう。

1 オーディオクリップをトリミングする

1 動画をプレビューする

ビデオクリップをクリックし1、プレビューウィンドウの▷(再生)をクリックして再生したら、BGMを挿入したいタイミングで⏸(一時停止)をクリックして一時停止します2。

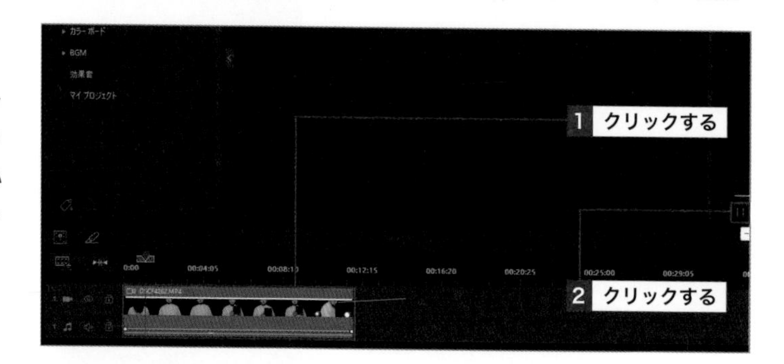

2 タイムラインマーカーを追加する

■を右クリックし1、[タイムラインマーカーの追加]をクリックします2(タイムラインマーカーは、今回の行程で必須の作業ではありませんが、ここではわかりやすくするために使用しています)。

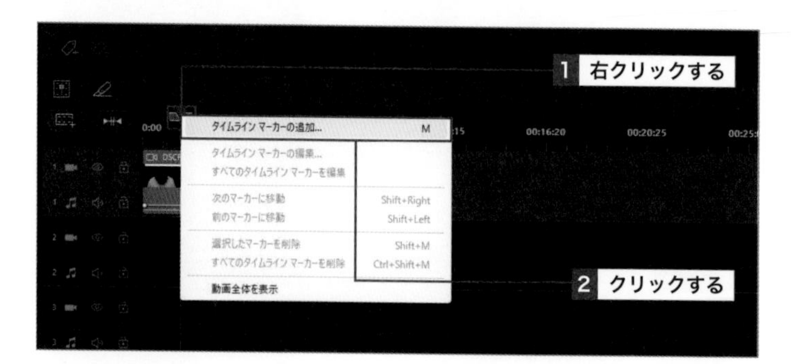

3 タイムラインマーカー名を設定する

手順2で追加したマーカーをダブルクリックし1、タイムラインマーカーに任意の名前を入力して2、[OK]をクリックします3。

4 オーディオクリップをドラッグする

オーディオクリップを手順 2 で追加したタイムラインマーカーの位置にドラッグします 1。

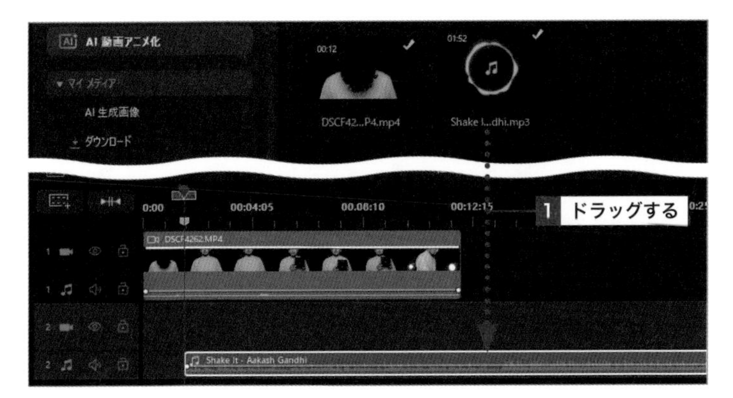

5 タイムラインマーカーを追加する

再度ビデオクリップの再生と一時停止を行い、BGMを終わらせる位置で手順 2 と同様にを右クリックして、[タイムラインマーカーの追加] をクリックします。手順 2 で追加したマーカーをダブルクリックし 1、任意の名前を入力して 2、[OK] をクリックします 3。

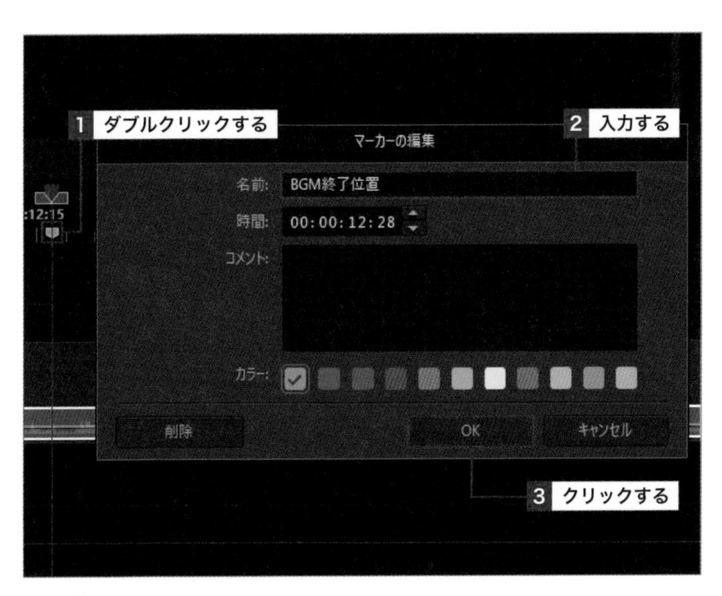

Memo タイムラインマーカーを削除する

タイムラインマーカーを削除するには、削除したいタイムラインマーカーを右クリックし、[選択したタイムラインマーカーを削除] をクリックします。

6 オーディオクリップをドラッグする

オーディオクリップをクリックし、終点位置（右端）を手順 5 で追加したタイムラインマーカーの位置までドラッグします 1。

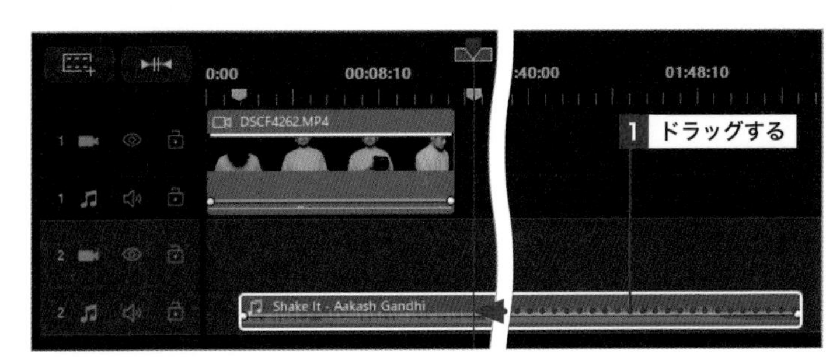

7 オーディオクリップが調節される

オーディオクリップの長さが調節され、手順 5 のタイムラインマーカーより右の部分はトリミングされます。各オーディオクリップの音量調節は144ページ、BGMのフェードアウトを設定する場合は148ページを参照してください。

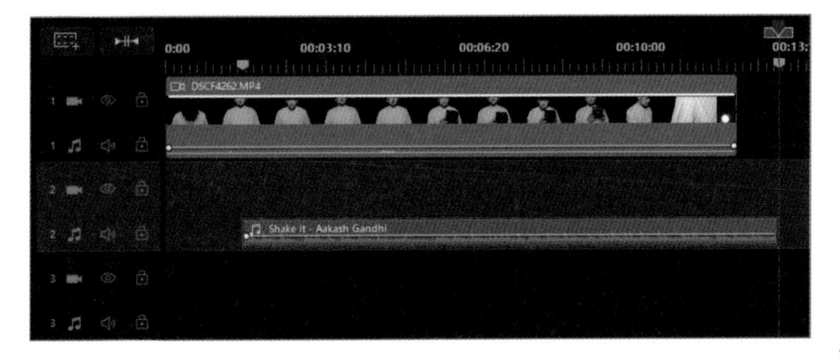

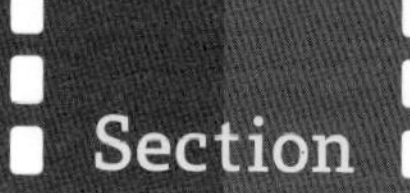

50 ナレーションを録音しよう

覚えておきたいキーワード
- ナレーション
- マイク録音
- 音質の設定

PowerDirectorにはマイク録音の機能が搭載されており、マイクさえあればかんたんに動画にナレーションを入れることができます。編集中のタイムラインの映像を見ながら、各シーンにナレーションを追加してみましょう。

1 ナレーションを録音してタイムラインに配置する

1 録画／録音を立ち上げる

パソコンにマイクが接続されているのを確認し、「メディア」ルームの「マイメディア」で［録画／録音］をクリックして1、［ナレーションを録音］をクリックします2。

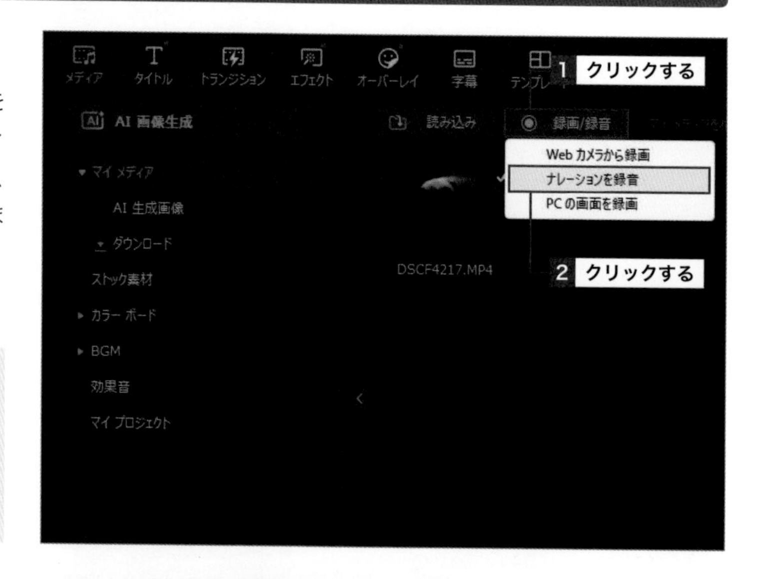

Memo マイクはあらかじめ接続しておく

「ナレーションを収録」機能は、マイクなどの入力機器が接続されているときだけ使用することができます。あらかじめパソコンにマイクを接続し、Windows上でマイクが認識されていることを確認してからナレーション録音を行いましょう。

2 音量を決める

マイクに声を入れて音声入力レベルを確認しながら1、▭をドラッグして音量を決定します2。

Memo 音質の設定

ナレーションを録音する前に音質の設定を行いましょう。YouTubeにアップロードする動画で推奨されている音質は次の通りです。設定を変更するには、手順2の画面で［プロファイル］をクリックし、「属性」のプルダウンメニューから任意の設定を選択します。
- サンプリング周波数：96kHzまたは48kHz（48kHzが一般的）
- ステレオまたはステレオ+5.1

3 録音画面を開く

手順2の画面で●をクリックすると、録音先のトラックを選択する「ナレーション録音」画面が表示されます。任意のトラックを選択し1、[OK]をクリックします。

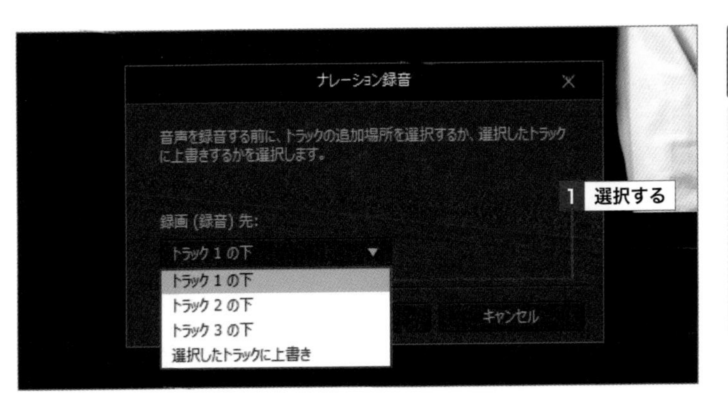

4 ナレーションを録音する

プレビューウィンドウで映像シーンを見ながら、マイクにナレーションを入れていきます。ナレーションを終えたら●をクリックし1、録音を停止します。

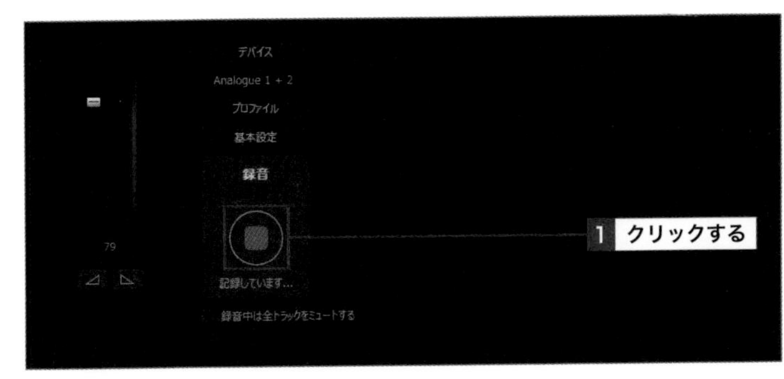

5 オーディオクリップが作成される

録音が終了し、手順3で指定したトラックにナレーションのオーディオクリップが作成されます1。作成後は自由にタイミングを調整したりトリミングすることが可能です。

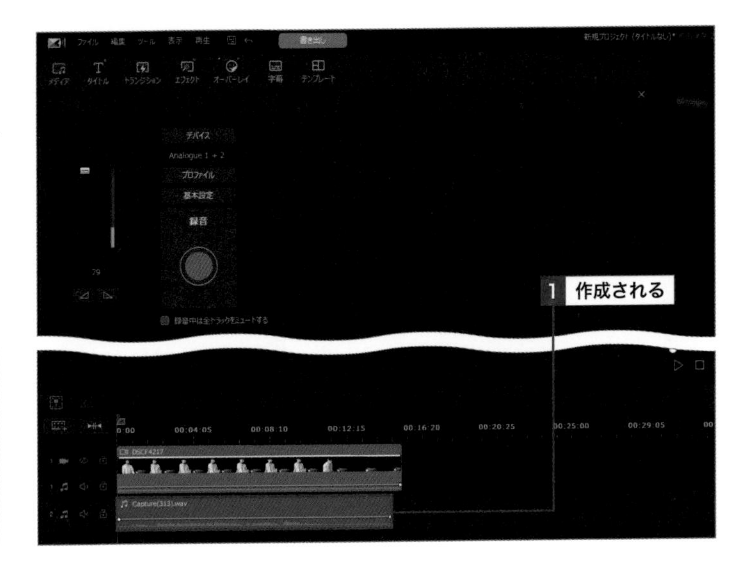

Step Up ナレーションのフェードイン／フェードアウト

[基本設定]をクリックし、[開始時にフェードイン]と[終了時にフェードアウト]にチェックを付けてから録音すると、自動でナレーションにフェードイン／フェードアウト（148ページのKeyWord参照）が適用されます。

Memo ファイル名を変更する

録音されたナレーションの音声ファイルは、「メディア」ルームの「マイメディア」に「Capture」の名前で登録されます。録音したナレーション（音声ファイル）の名前を「Capture」から変更したい場合は、ファイルを右クリックして、[別名を編集]をクリックすると、任意の名前に変更することができます。

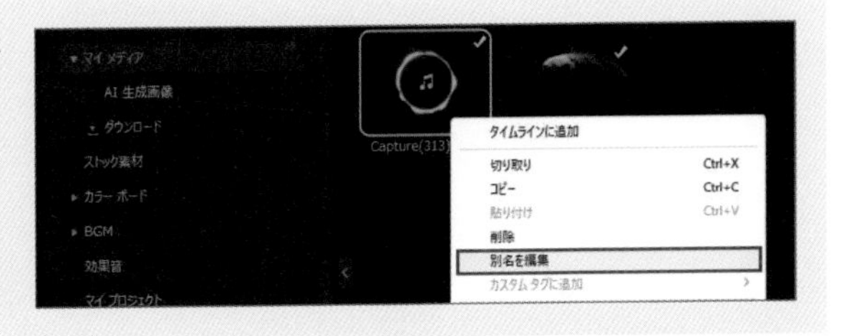

Section

51 場面に合わせて音量を変更しよう

覚えておきたいキーワード
- 音量
- 波形
- オーディオダッキング

タイムライン上で複数の音声を同時に扱う場合は、各音声ごとに音量バランスを調整します。音量の調整は、オーディオミキサーを使う方法とキーフレームを使う方法があります。

1 オーディオミキサーで全体の音量を調整する

1 オーディオミキサーを開く

■(オーディオミキサー)をクリックし1、「オーディオミキサー」を表示します。

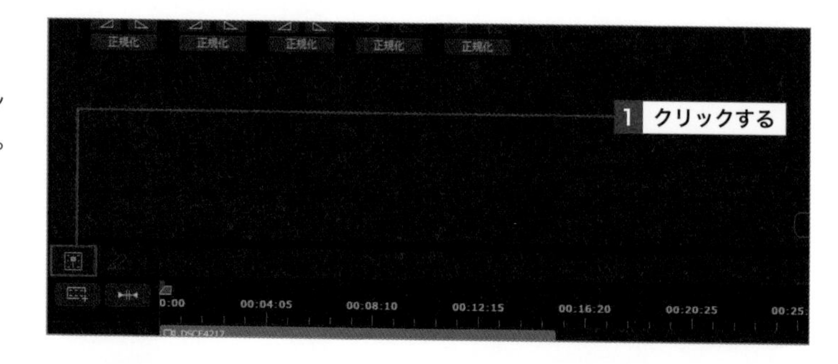

2 動画をプレビューする

プレビューウィンドウの▷(再生)をクリックし1、再生される音声を確認します。音量を調節したいシーンで‖(一時停止)をクリックし、一時停止します。

Memo オーディオトラックの高さを広げる

オーディオクリップの音量をタイムライン上で直接調整する場合、オーディオトラックの上下間隔を広げておくと音量調節の操作がしやすくなります。トラックの高さは、左側のトラックが並ぶエリアの境界線をドラッグして変更することができます。

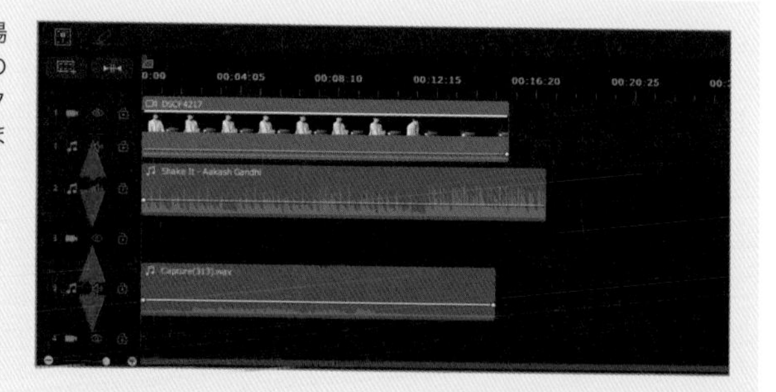

3 音量レベルを調整する

音量を変えたいトラックの▭を上下にドラッグすると1、そのトラック全体の音量レベルを設定することができます。

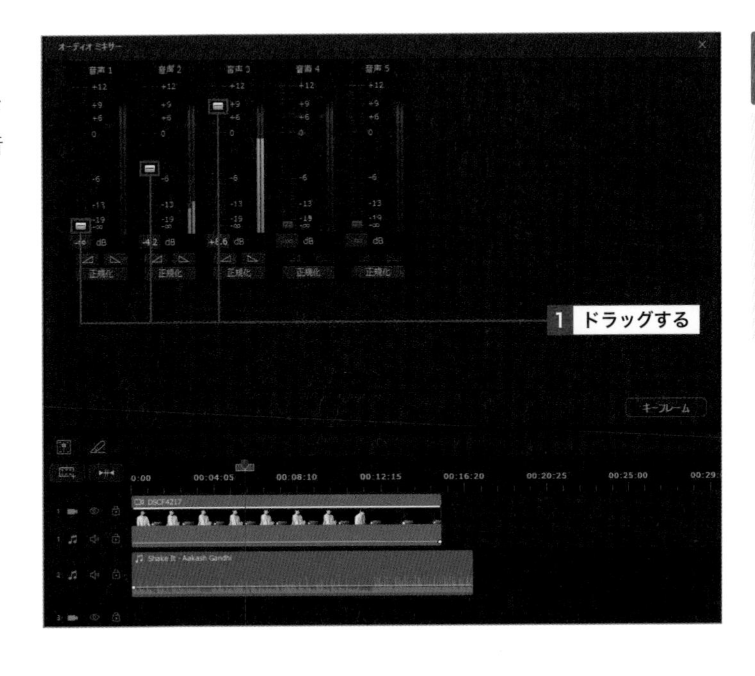

Memo 音の波形が出ない場合

オーディオトラックがミュートになっていないのにオーディオクリップに音の波形が表示されていない場合は、画面右上の⚙(基本設定)をクリックし、「全般」から「タイムラインに音の波形を表示する」にチェックを付けて[OK]をクリックすると、音の波形が表示されるようになります。

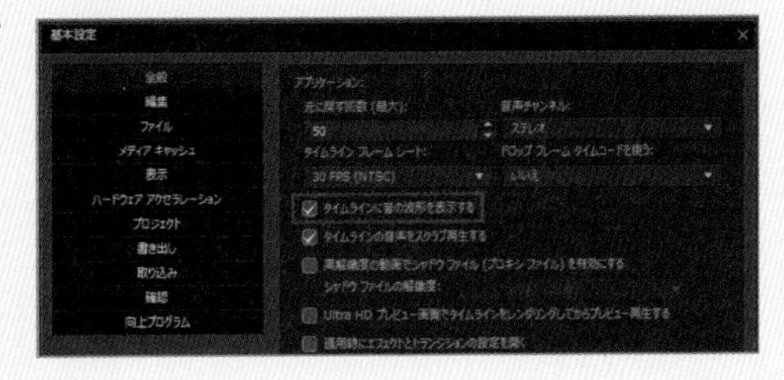

Memo 波形の大きさ

手順3の画面でオーディオクリップの細い線を上下にドラッグすると、波形の大きさが変化し、波形の大きさが音量の大きさとして調整されます。また、波形が黄色く表示されている部分は、音量が大きすぎることがどが原因でクリッピングしている(歪んでいる)ことを示しています。ナレーションや動画のメインとなる音量の波形は小さくなりすぎず、かつギリギリ黄色にならないくらいの大きさに調整するのがおすすめです。

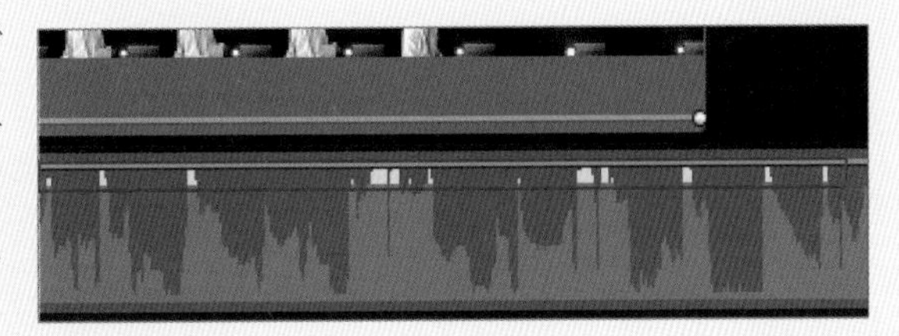

Step Up フェードイン／フェードアウトを設定する

オーディオミキサーでは、◿(フェードイン)や◺(フェードアウト)をクリックすることで、任意の位置にフェードイン／フェードアウトを設定することができます。詳しくは148ページを参照してください。

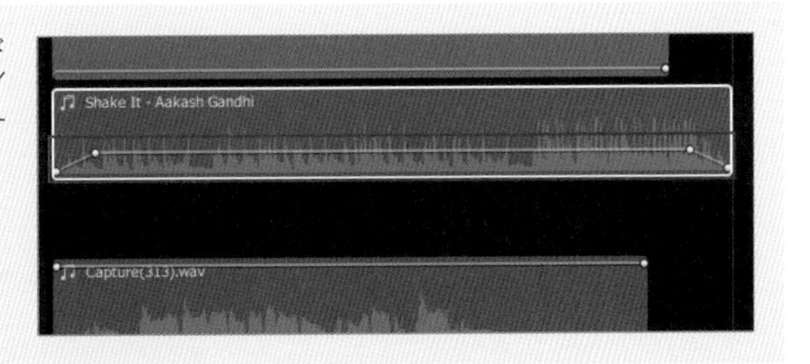

2 各オーディオクリップで細かく音量を調整する

1 オーディオクリップを選択する

場面によって細かく音量を調節したいオーディオクリップがある場合は、任意のオーディオクリップをクリックして選択し1、[キーフレーム]をクリックします2。

2 音量レベルのキーフレームを作成する

プレビューを確認しながら音量を変えたいシーンの直前にを移動し1、「キーフレームの設定」画面の[音量]をクリックして2、をクリックします3。

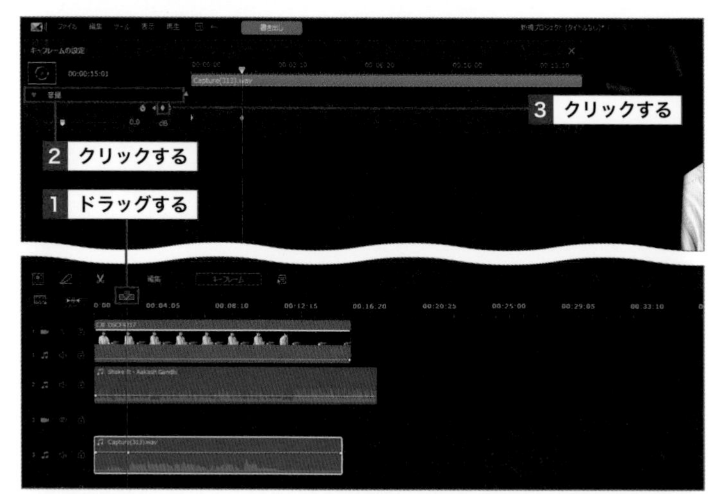

3 音量レベルを調節する

音量レベルを変えたいタイミングにを移動し1、「キーフレームの設定」画面の音量スライダーをドラッグして音量を調節します(スライダーを左に動かすと音量が小さくなり、右に動かすと音量が大きくなります)2。

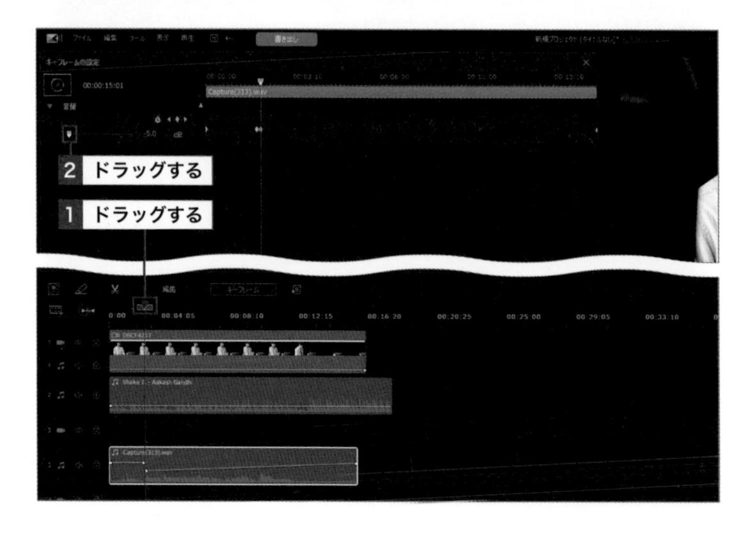

3 ナレーションや会話を聞き取りやすくする

1 オーディオダッキングツールを開く

音量を調整したいオーディオクリップ（ここではオーディオトラック3のオーディオクリップ）をクリックして選択し**1**、［編集］をクリックして**2**、［オーディオダッキング］をクリックします**3**。

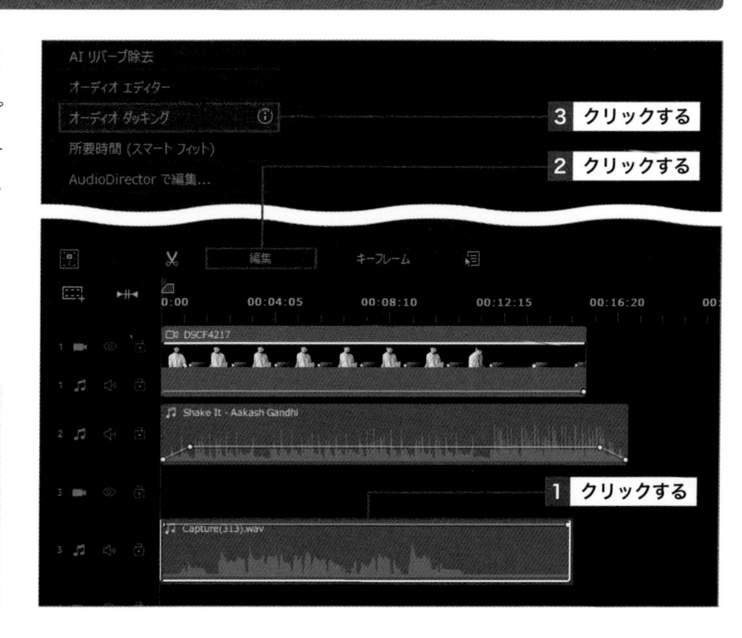

Key Word オーディオダッキング

オーディオダッキングは、音量バランスの調整を自動的に行うツールです。トラックごとの音量を検出して選択したオーディオクリップの音量を自動で上げ下げし、ほかの音声とのバランスを調整することができます。これにより動画に含まれる会話やナレーションが聞き取りやすくなります。

2 各項目を調整する

「オーディオダッキング」画面が開いたら、下のMemoを参考に「感度」や「ダッキングレベル」などの数値を調整します**1**。調整が完了したら、［適用］をクリックします**2**。

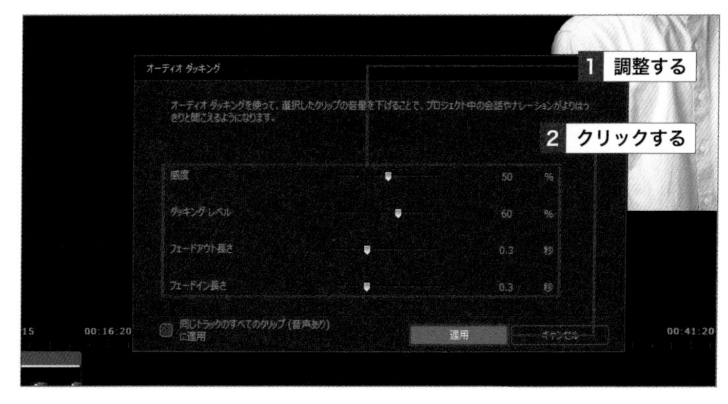

3 音量が修正される

ほかのオーディオトラック（ここではオーディオトラック1と2）の音量に合わせて音量が適切に修正されます。

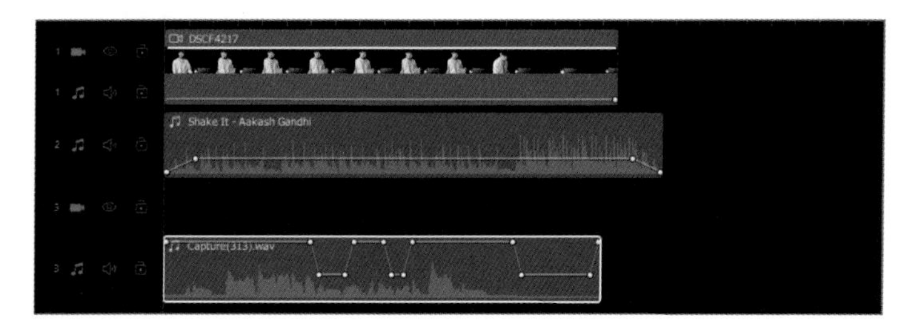

Memo 「オーディオダッキング」ツールの調整項目

手順**2**では、下記の項目を使ってオーディオダッキングの強度を調整します。
・感度　：会話やナレーションを含んだ部分を検出する感度を設定します。
・ダッキングレベル　：音量レベルの下げ幅を設定します。
・フェードアウト長さ：音量レベルを下げる時間（フェードアウト）を設定します。
・フェードイン長さ　：音量を下げてからもとの音量に戻す（フェードイン）までの時間を設定します。

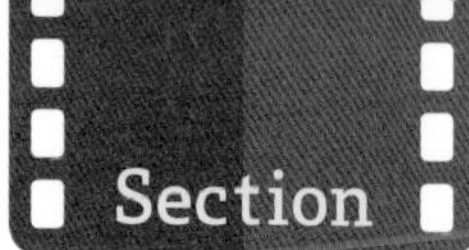

52 ノイズや風の音をカットしよう

覚えておきたいキーワード
- AI音声ノイズ除去
- AIウィンドノイズ除去
- 音声編集

PowerDirectorには、音声ノイズを除去する機能がいくつかあります。ここでは、AI機能を使って音声を修復する「AI音声ノイズ除去」、風による低周波ノイズを除去する「AIウィンドノイズ除去」を紹介します。

1 AI 音声ノイズ除去を使用する

1 音声の編集メニューを表示する

音声ノイズを除去したいビデオクリップをクリックし❶、[編集]をクリックして❷、[音声]をクリックします❸。

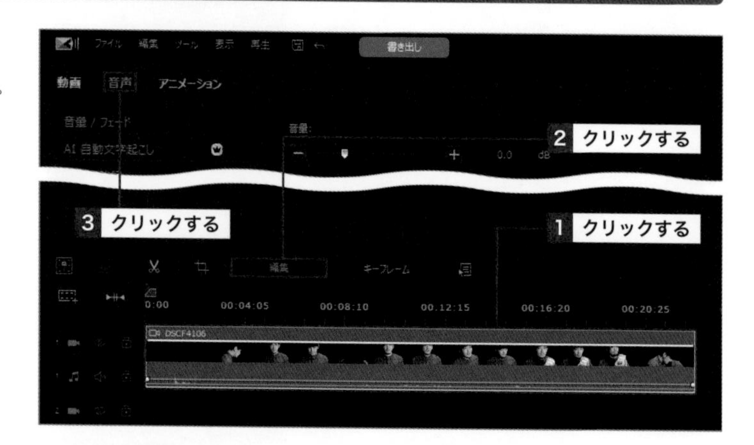

2 音声の種類を選択する

[AI音声ノイズ除去]をクリックし❶、[AI音声ノイズ除去]をクリックして❷、音声の種類を[会話]もしくは[音楽]から選択してクリックします❸。

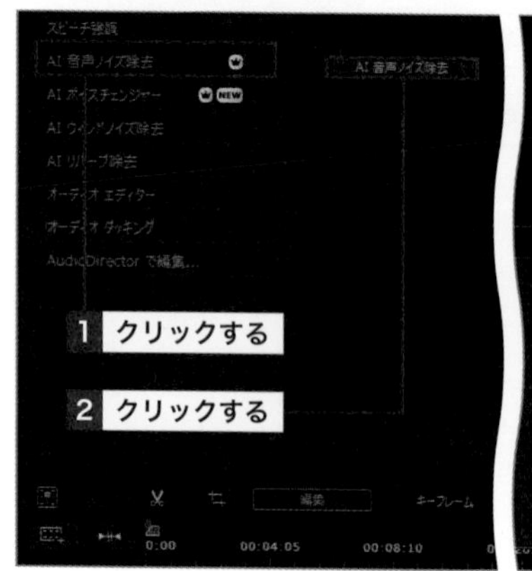

Memo AI音声ノイズ除去とAIウィンドノイズ除去

AI音声ノイズ除去とAI ウィンドノイズ除去機能は、Windows 10／11、およびAVX2 命令セットに対応するCPUスペックが必要です。また、PowerDirector 365もしくは2024 Ultimate以上のパッケージでのみ利用できます。

3 AI音声ノイズ除去を適用する

「補正」と「オリジナル」の音声を聞き比べながら1、下のMemoを参考に各種値を調整し2、[適用]をクリックします3。

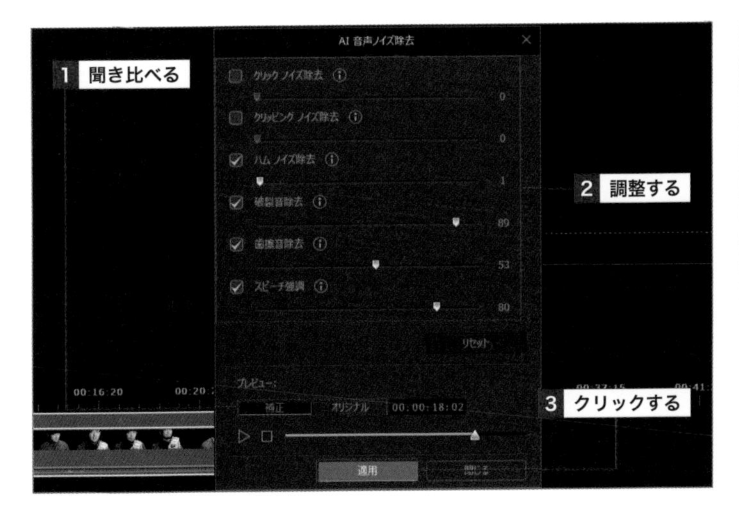

Memo AI音声ノイズ除去の調整項目

「AI音声ノイズ除去」では下記の項目を調整して、ノイズの除去を行います。
- クリックノイズ除去：瞬間的に発生するクリック音を除去するパラメータです。
- クリッピングノイズ除去：大きい音などで発生するクリッピングノイズを除去するパラメータです。
- ハムノイズ除去：電気的干渉によって発生する低周波ノイズを除去するパラメータです。
- 破裂音除去：特定の発声（「b、k、p、t」など）で発生する破裂音を除去するパラメータです。
- 歯擦音除去：特定の発声（「サ・シ・ス・セ・ソ」など）で発生する歯擦音を除去するパラメータです。
- スピーチ強調：会話部分ではない背景音声やノイズを除去するパラメータです。

2 AIウィンドノイズ除去を使用する

1 AIウィンドノイズ除去を適用する

風の音を除去したいビデオクリップを選択した状態で、146ページ手順1の画面から[AIウィンドノイズ除去]→[AIウィンドノイズ除去]の順にクリックし1、「補正」と「オリジナル」の音声を聞き比べながら2、下のMemoを参考に「上限周波数」「除去レベル」「補償」を調整して3、[適用]をクリックします4。

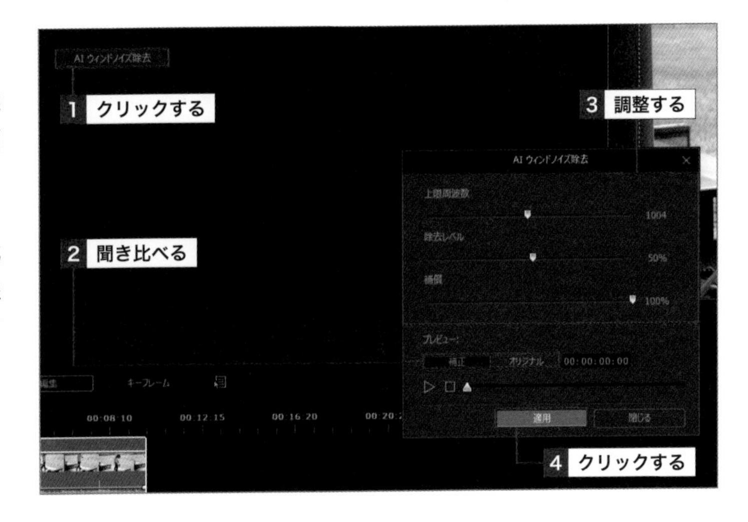

Memo AIウィンドノイズ除去の調整項目

「AIウィンドノイズ除去」では下記の項目を調整して、ウィンドノイズの除去を行います。
- 上限周波数：除去するウィンドノイズの最高周波数を設定するパラメータです。
- 除去レベル：ウィンドノイズ除去の強度レベルを設定するパラメータです。
- 補償：背景の音声ノイズを再合成し、自然に聞こえるように調整するパラメータです。

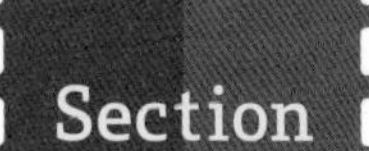

53 フェードイン／フェードアウトを設定しよう

覚えておきたいキーワード
- フェードイン
- フェードアウト
- クロスフェード

動画の音声部分やBGMなどのオーディオクリップには、フェードインやフェードアウトの効果を設定することができます。この設定にすることで、動画や音楽の音を途中からでも自然に流し始めたり終わらせたりできます。

1 フェードイン／フェードアウトを設定する

1 オーディオクリップを選択する

フェードイン／フェードアウトを設定したいオーディオクリップをクリックし**1**、［編集］をクリックします**2**。

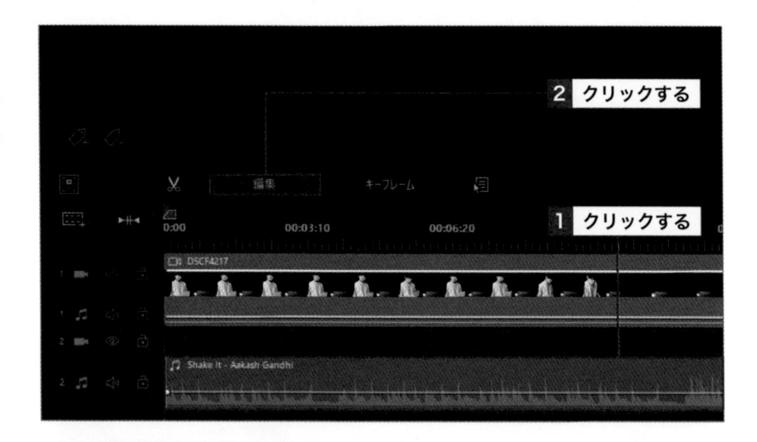

2 フェードインを設定する

［音量／フェード］をクリックし**1**、「フェードイン」のスライダーを右方向にドラッグします**2**。右にドラッグするほど、フェードインにかかる時間が長くなります。

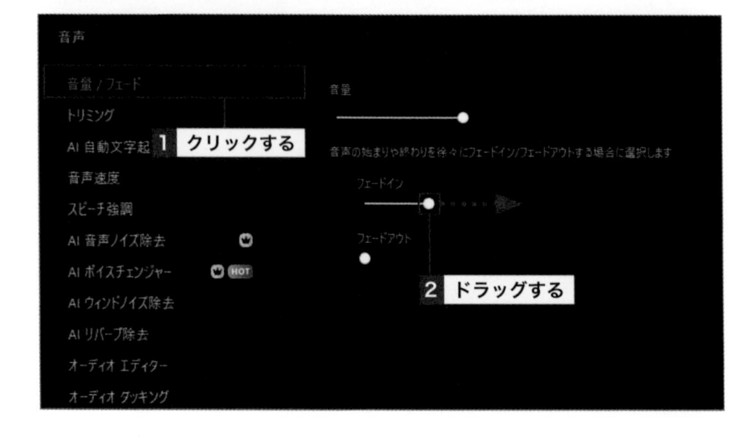

Key Word フェードイン／フェードアウト

BGMなどのオーディオクリップを無音から徐々に通常の音量に上げていくことを「フェードイン」といい、通常の音量から徐々に音量を下げて最後に無音にすることを「フェードアウト」といいます。

3 フェードアウトを設定する

「フェードアウト」のスライダーを右方向にドラッグします■。右にドラッグするほど、フェードアウトにかかる時間が長くなります。

4 フェードイン/フェードアウトが適用される

フェードインとフェードアウトが設定されます■。

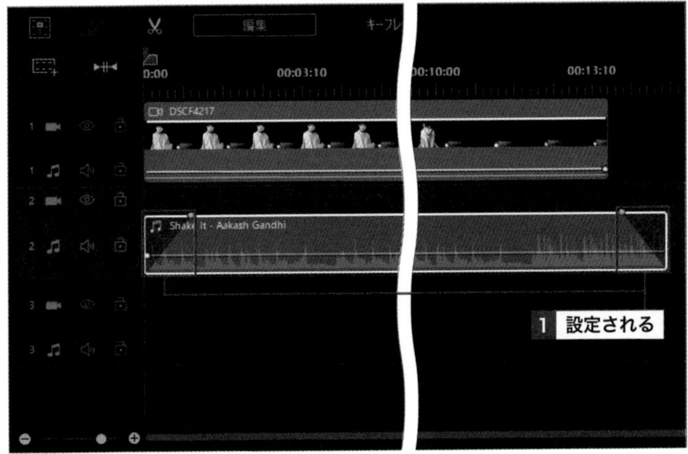

Step Up フェードイン／フェードアウトの時間をタイムラインから適用する

フェードの時間は、タイムラインに配置しているオーディオクリップから直接適用したり調整したりすることもできます。オーディオクリップにマウスポインターを合わせると■が表示されるので、フェードインを設定したい場合は左側の■を右方向にドラッグします。フェードアウトを設定したい場合は、右側の■を左方向にドラッグします。

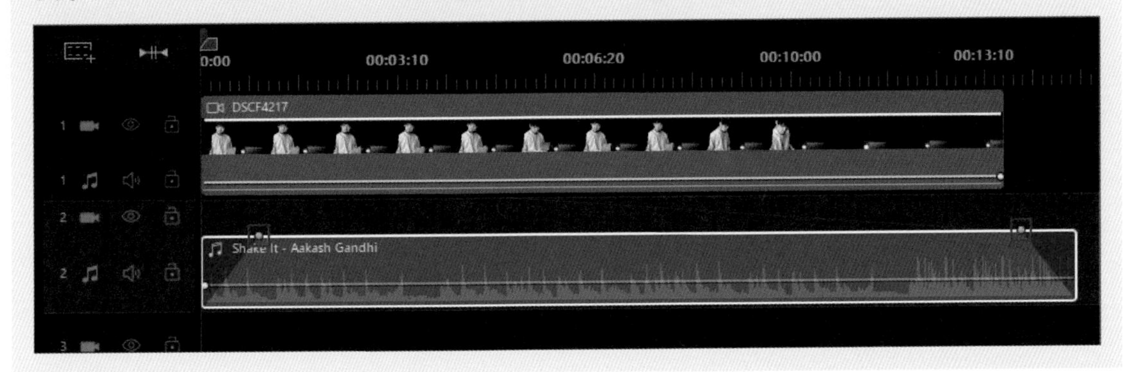

2 クロスフェードを設定する

1 オーディオクリップを配置する

「メディア」ルームの「マイメディア」にあるオーディオクリップを、現在のオーディオトラックに配置されているオーディオクリップに重ねるようにドラッグします1。

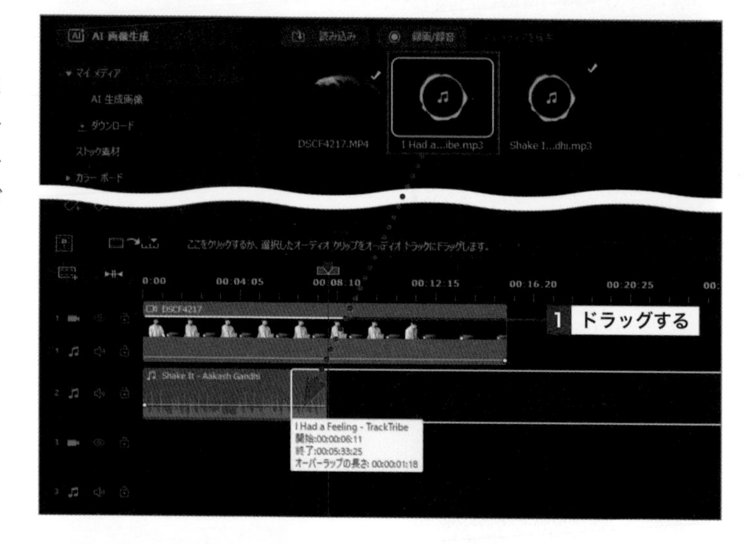

2 クロスフェードを設定する

メニューが表示されるので、[クロスフェード]をクリックします1。

3 クロスフェードが適用される

手順1でオーディオクリップを重ねた部分にクロスフェードが設定されます。

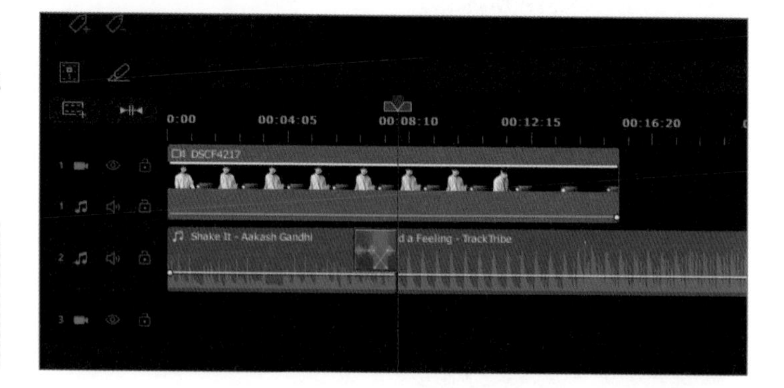

Memo オーディオのクロスフェード

オーディオのクロスフェードとは、先に流れている音声をフェードアウトさせながら、次に流す音声をフェードインさせて、自然に音声を切り替えることです。

Memo オーバーラップとクロス

トランジションには「オーバーラップ」と「クロス」があり、手順3で設定したクロスフェードをダブルクリックすることで表示される「トランジションの設定」画面から切り替えることができます。オーバーラップは2つのクリップが重なった状態でクロスフェードするので、重なっている分の再生時間が短くなります。クロスはクリップを重ねずにクロスフェードするので、再生時間はクロスフェード前と変わりません。

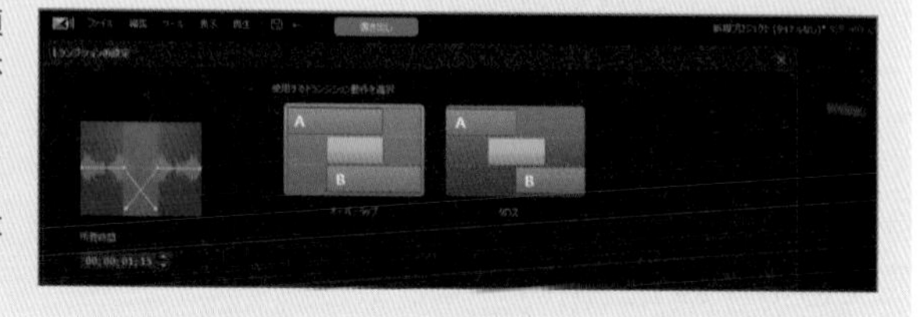

第7章

YouTubeに投稿しよう

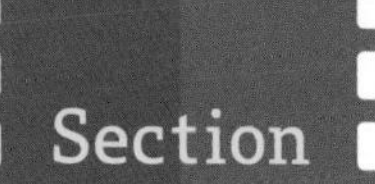

Section 54 YouTube用の動画を出力しよう

覚えておきたいキーワード
- 出力
- ファイル形式
- ビットレート

PowerDirectorで編集したプロジェクトファイル(.pds)は、そのままでは再生することができません。動画再生ソフトで再生したりYouTubeに動画を投稿したりするために、1つの動画ファイルとして出力を行いましょう。

1 動画ファイルを出力する

1 [書き出し]をクリックする

メニューバーから[書き出し]をクリックします**1**。体験版のまま書き出す場合は、[透かしロゴ付きで書き出す]をクリックします。

2 「名前」と「フォルダー」を設定する

出力後のファイル名を「名前」に入力し、出力先のフォルダーを設定します。

3 「形式」と「コーデック」を設定する

「動画の設定」で「推奨」にチェックを付け、「形式」を「MP4」、「コーデック」を「H.264」に設定します。

Memo 出力方法

出力方法は「動画」のほかに、オンライン動画サービスに直接アップロードする「YouTube」や「Vimeo」なども選択できます。ここでは、一般的な動画ファイルとして出力するために「動画」による「H.264」コーデックの「MP4」ファイル形式で保存します。

4 「解像度」「フレームレート」「ビットレート」を設定する

「解像度」を一般的なフルHD画質の「1920×1080」に、「フレームレート」を一般的なフレームレートの値である「30」に設定します❶。「ビットレート」の値は、フルHD画質の場合はフレームレートの値が30までの値であれば「推奨」を設定します❷。30以上の値である60などにする場合は、「ビットレート」を「高」に設定します。

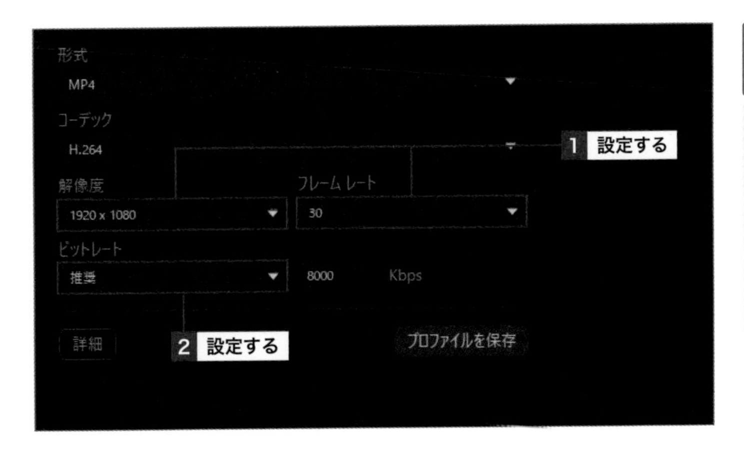

5 出力を開始する

[書き出し]をクリックすると❶、出力が開始され、出力処理中は進捗状況が表示されます。

6 出力が完了する

出力が完了すると、体験版の場合は「書き出し完了」画面が表示されるので、☒をクリックして閉じます。[ファイルの場所を開く]をクリックすると❶、保存先が表示されます。

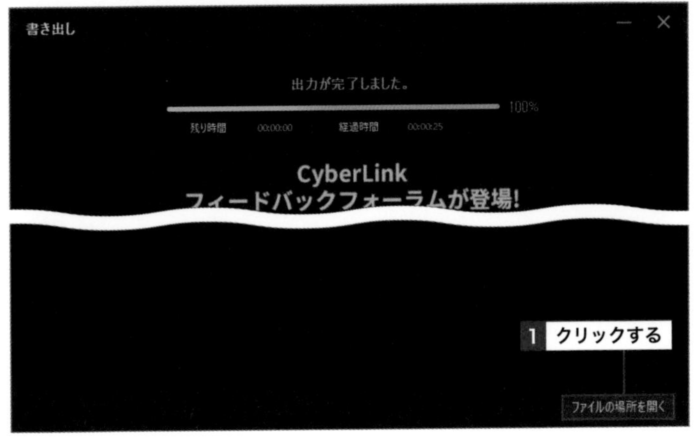

Memo ビットレートの値

ビットレートは画質に影響する値で、「解像度」(画質の細かさ)と「フレームレート＝p」(1秒あたりのフレーム数)から設定します(フレームレートの値は23ページ参照)。YouTubeでは解像度とフレームレートにおける推奨ビットレートの値が公開されており、フルHD画質で30fpsの場合に推奨されるビットレートの値は8000程度、フルHD画質で60fpsの場合は、12000程度とされています。ビットレートの値は「カスタム」を選択することで任意の値に設定することができますが、推奨ビットレートよりも大きい値にしたとしても、YouTubeにアップロードした段階で推奨の値程度のビットレート値に再エンコードされてしまう点に注意が必要です。

Memo 音声のサンプリング周波数はファイル形式で固定

PowerDirectorでは、出力時の設定で音声のサンプリング周波数を手動で変更することはできません。「H.264AVC」などの一般的なファイル出力形式ではサンプリング周波数は48.000Hzで出力されますが、手順3で「形式」を「WMV」に設定して出力した場合のみ44.100Hzで出力されます。編集に使用している音声素材の周波数と出力時の周波数の値が異なると、編集時と出力時で時間経過による音ズレを引き起こす可能性があります。そのため、「歌ってみた」などの動画を作成する際は、音声素材の周波数(44.100Hz／48.000Hz)に合わせて適切な出力形式を選びましょう。

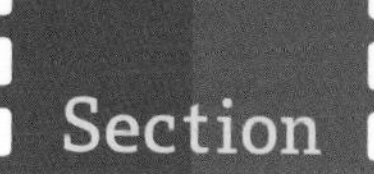

Section 55 YouTubeのアカウントを取得しよう

覚えておきたいキーワード
- Googleアカウント
- YouTubeのアカウント
- ログイン／ログアウト

YouTubeに動画を投稿するために、YouTubeのアカウントを取得しましょう。Googleアカウントを作成することで、YouTubeのアカウントも取得することができます。

1 Googleアカウントを作成する

1 ［アカウント］をクリックする

Webブラウザで Googleのサイト（https://www.google.co.jp/）にアクセスし、画面右上の ⠿ をクリックして**1**、［アカウント］→［アカウントを作成する］の順にクリックします**2**。すでにアカウントがある場合は、155ページ手順1を参考にYouTubeにログインします。

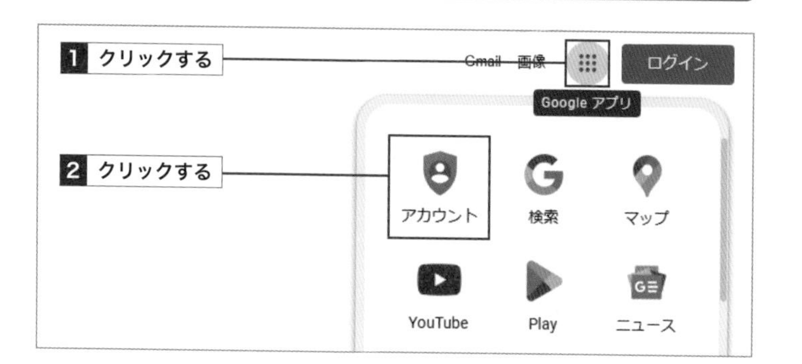

2 ユーザー情報を入力する

「Googleアカウントを作成」画面で「姓」「名」を入力し、［次へ］をクリックします。「基本情報」画面が表示されたら、「生年月日」や「性別」を入力して**1**、［次へ］をクリックします**2**。

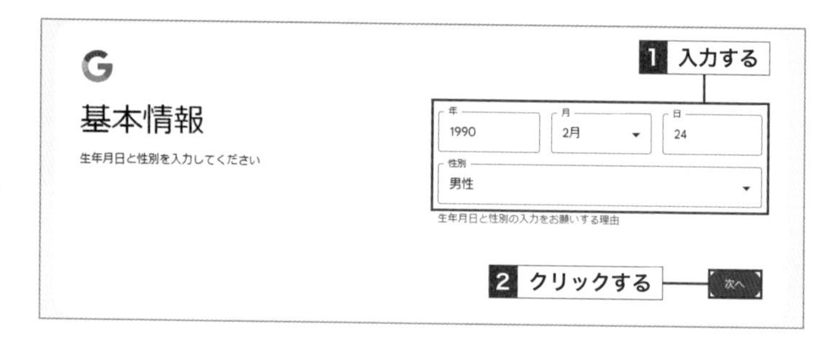

3 アカウント情報を入力する

「Gmailアドレスの選択」画面で「ユーザー名（メールアドレス）」を入力して［次へ］をクリックし、「安全なパスワードの作成」画面が表示されたら、「パスワード」を入力して**1**、［次へ］をクリックします**2**。

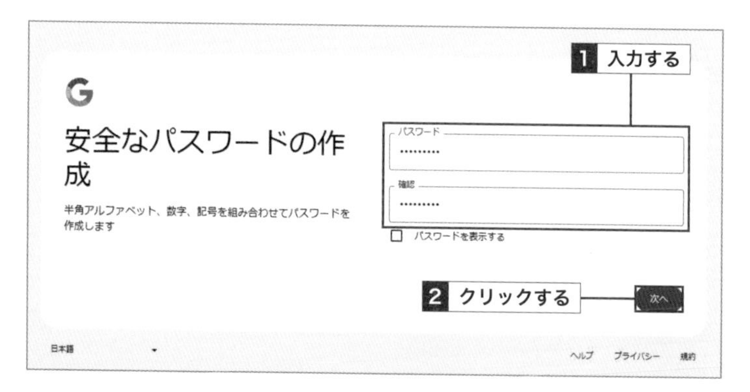

4 SMS認証を行う

電話番号を入力して1、[次へ]をクリックし2、スマートフォンを使ってSMS認証を行います。「コードを入力」画面が表示されたら6桁のコード番号を入力して、[次へ]をクリックします。再設定用のメールアドレスを追加するには次の画面で画面メールアドレスを入力して[次へ]をクリックし、追加しない場合は[スキップ]をクリックします。「アカウント情報の確認」画面で[次へ]をクリックします。

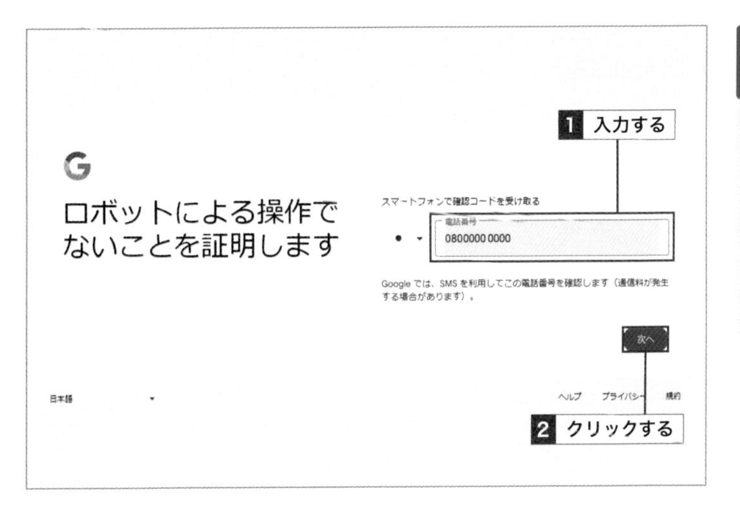

5 利用規約に同意する

「プライバシーと利用規約」画面が表示されます。ページの最下部までスクロールし、[同意する]をクリックすると1、「ようこそ」画面が表示され、アカウントの作成が完了します。

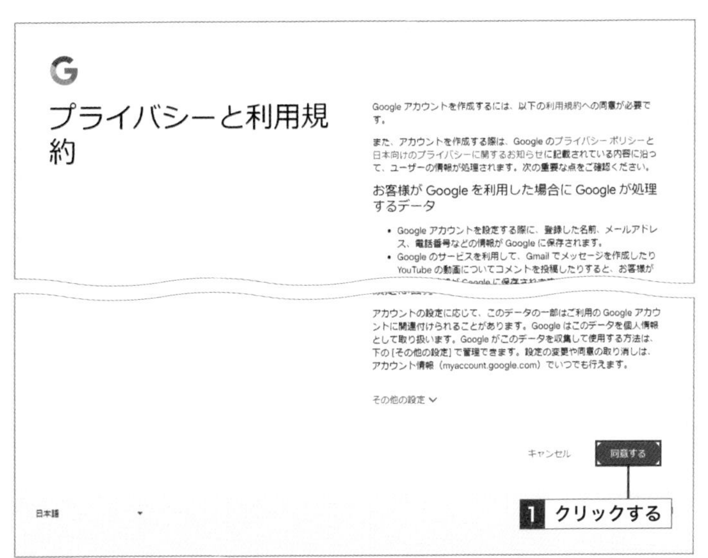

2 YouTubeにログインする

1 [YouTube]をクリックする

Googleアカウントにログインし、画面右上の⠿をクリックして1、[YouTube]をクリックします2。

Hint YouTubeからログアウトする

右上のアカウントのアイコン→[ログアウト]を順にクリックすることで、YouTubeからログアウトすることができます。自分以外の人と同じパソコンを共有している場合には、使い終わったら必ずログアウトしておきましょう。

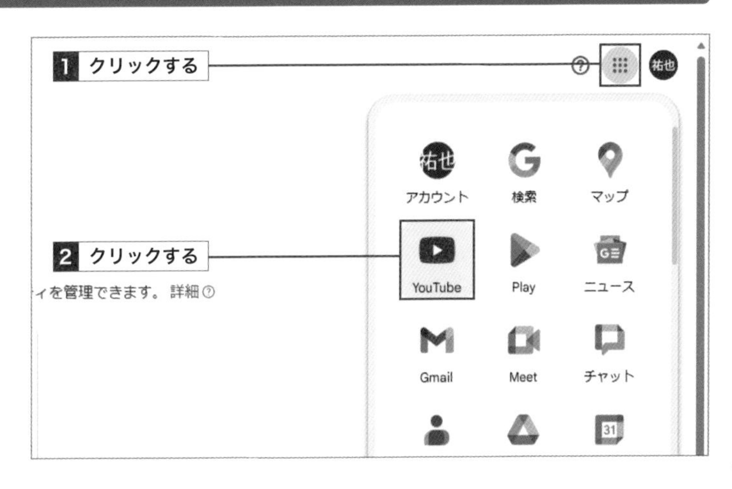

56 YouTubeの画面を確認しよう

覚えておきたいキーワード
- YouTube
- トップページ
- 再生ページ

YouTubeに動画を投稿する前に、YouTubeの画面構成を確認しておきましょう。トップページでは旬の動画や履歴に関連した動画などが表示され、再生ページでは動画再生に関する操作などを行うことができます。

1 YouTubeトップページの画面構成

155ページの操作でYouTube（https://www.youtube.com/）にアクセスすると、トップページが表示されます。ここから動画の検索や投稿などのさまざまな操作を行うことができます。YouTubeが英語で表示されている場合は、画面右上のアカウント名をクリックし、[Language:English]をクリックして[日本語]をクリックします。

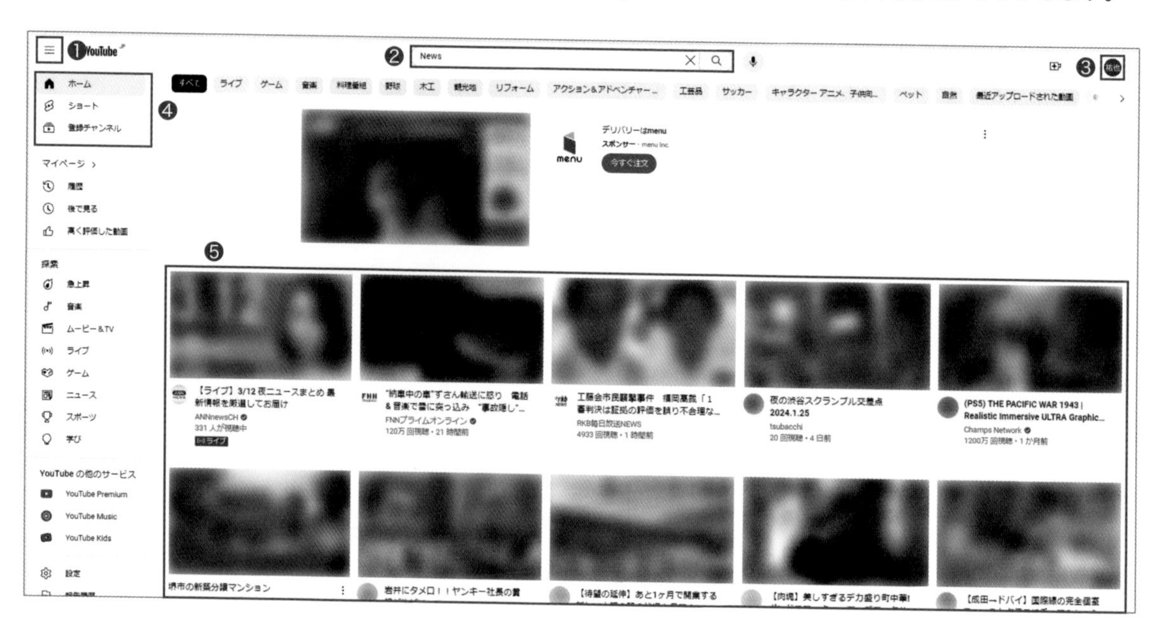

❶	トップページ左上の≡をクリックすると、メニューをアイコン表示／詳細表示に切り替えることができます。
❷	探したい動画に関するキーワードを入力して検索することで、それに関するYouTubeの動画を探すことができます。
❸	YouTubeの設定やさまざまなサービスに関する機能がまとめられています。
❹	「ホーム」「ショート」「登録チャンネル」の各種アイコンからそれぞれのリストに切り替えることができます。
❺	視聴履歴をもとに、関連する動画など、ユーザーにおすすめの動画が表示されます。

2 YouTube再生ページの画面構成

YouTubeの再生画面は、「動画再生エリア」「動画情報エリア」「関連動画エリア」の3つに分かれています。動画の画面サイズや使用しているWebブラウザの画面サイズなどにより、各エリアの位置が変わる場合があります。

❶	動画再生エリアです。動画再生エリアの下にある操作アイコンで再生や停止などの操作が行えるほか、動画の画面サイズを大きくしたり、再生速度を変更したり、自動再生のオン／オフを切り替えたりできます。
❷	動画のタイトルが表示されます。
❸	動画を評価したり、ほかのサービスに共有したりできる機能がまとめられています。
❹	動画を配信しているチャンネル名や動画の説明概要が表示されています。[チャンネル登録]をクリックすると、このチャンネルを登録できます。
❺	再生している動画や視聴履歴などの関連動画がリスト表示されています。動画再生エリアの「自動再生」がオンになっていると、ここに表示されている動画が順に自動再生されます。

Memo スマートフォン版（アプリ版）YouTubeの画面構成

YouTubeは、スマートフォンに専用のアプリをインストールして楽しむこともできます。広告の種類などはパソコン版（Webブラウザ版）と異なる部分もありますが（194ページ参照）、基本的には画面内に表示される要素や利用できる機能は変わりません。ただし、説明概要を確認したい場合は、タイトルをタップする必要があります。

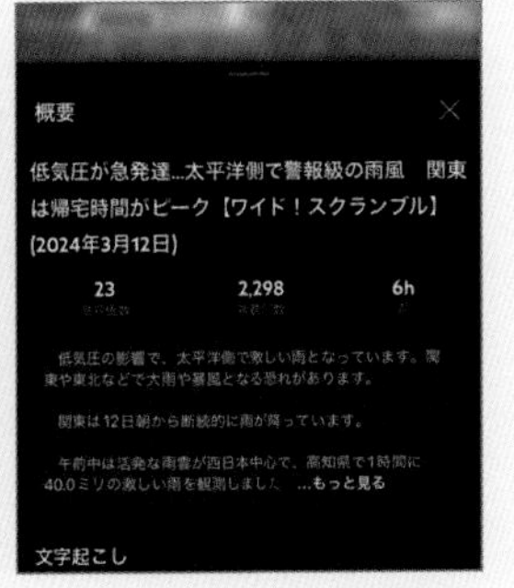

57 マイチャンネルを作成しよう

覚えておきたいキーワード
- マイチャンネル
- ブランドアカウント
- アカウントの切り替え

編集した動画をYouTubeに投稿するためのチャンネル「マイチャンネル」を作成しましょう。マイチャンネルを1つ作っておけば、複数のブランドアカウントを作成・管理することができるようになります。

1 マイチャンネルとは

編集した動画をYouTubeにアップロードするマイチャンネルを作成しましょう。Googleアカウントで作成できるマイチャンネルを1つ作っておけば、複数のブランドアカウントを作成・管理することができるようになります。

❶	チャンネルのイメージを表す背景画像を設定します。
❷	どのようなチャンネルなのかを紹介する動画を指定できます。

Memo ブランドアカウントとの違い

YouTubeのチャンネルは、Googleアカウントの個人名として表示されるチャンネルと「ブランドアカウント」として自分好みに決めた名前で表示されるチャンネルの2種類があります。Googleアカウントに紐付けて作成できる「ブランドアカウント」では、好きな名前を付けることができ、ブランドアカウントの名前がそのままYouTubeのチャンネル名になります。1つのGoogleアカウントで複数のブランドアカウントを持つことができるため、チャンネルの名前をGoogleアカウントとは別の名前にしたいときや、カテゴリーを分けて複数のチャンネルを管理したい場合に役立ちます。

2 マイチャンネルを作成する

1 [チャンネルを作成]をクリックする

YouTubeにログインし、右上のアカウントのアイコンをクリックして1、[チャンネルを作成]をクリックします2。

2 [チャンネルを作成]をクリックする

YouTube上で表示する名前を確認し、[チャンネルを作成]をクリックします1。

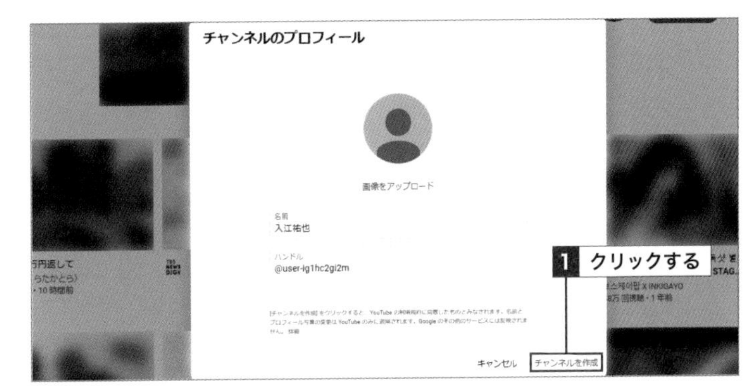

3 チャンネルの作成が完了する

チャンネルの作成が完了し、設定画面に移動します。

Memo アカウントを切り替える

Googleアカウント(=Gmailアドレス)と紐付いているYouTubeのマイチャンネルは1つだけですが、マイチャンネルとリンクして作成できる「ブランドアカウント」は複数作成することができます(161ページ参照)。ブランドアカウントの作成後は、YouTubeトップページ画面右上のアイコン→[アカウントを切り替える]を順にクリックすることで、Googleアカウントとブランドアカウントを切り替えられます。動画にコメントを付けたり、動画をアップロードしたりする際には、適切なアカウントに切り替えているかを確認するくせを付けておきましょう。

3 マイチャンネルを表示する

1 [ログイン]をクリックする

YouTubeのトップページ画面右上の[ログイン]をクリックします1。

2 Googleアカウントをクリックする

自分のアカウントをクリックし1、パスワードを入力します。アカウントが表示されない場合は、Googleアカウント(Gmailアドレス)とパスワードを入力します。

Memo Googleアカウントにログインしている場合

すでにGoogleアカウントにログインしている場合、手順1～2の操作は必要ありません。

3 [チャンネル]をクリックする

右上のアカウントのアイコンをクリックし1、[チャンネルを表示]をクリックします2。

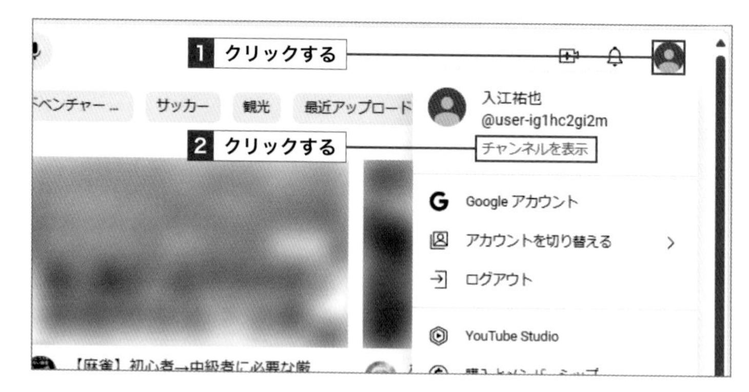

4 マイチャンネルが表示される

マイチャンネルのページが表示されます。

4 複数のチャンネル（ブランドアカウント）を作成する

1 ［設定］をクリックする

YouTubeトップページ左のメニューの下にある［設定］をクリックします**1**。

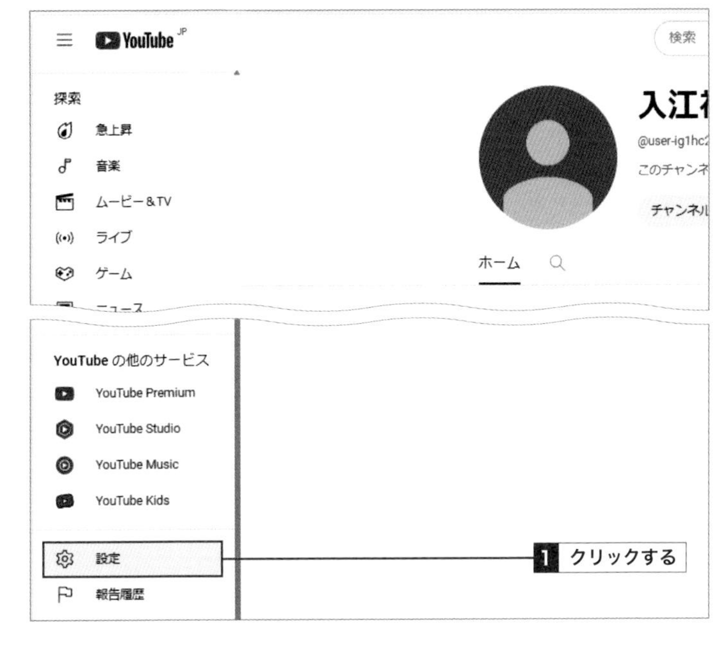

2 ［新しいチャンネルを作成する］をクリックする

アカウント画面で［新しいチャンネルを作成する］をクリックします**1**。

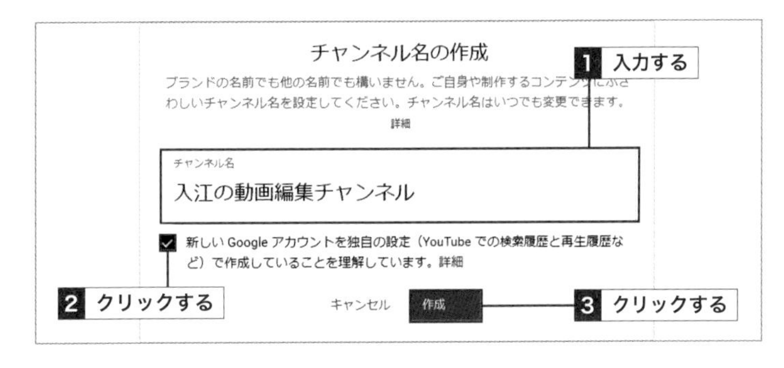

3 チャンネル名を決める

任意のチャンネル名を入力し**1**、確認項目にチェックを付けて**2**、［作成］をクリックします**3**。

4 ブランドアカウントが作成される

手順3で入力したチャンネル名で、ブランドアカウントが作成されます。

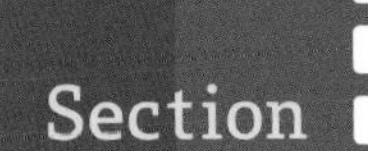

58 アカウントを認証しよう

覚えておきたいキーワード
- アカウント認証
- アカウント保護
- 確認コード

マイチャンネルを作成したあとは、スマートフォンなどの電話番号を使ってアカウントの認証を行います。アカウントの認証を行うことでアカウントが保護されるだけでなく、15分以上の動画が投稿できるようになります。

1 アカウントを認証する

アカウントの認証とは

「アカウントの認証」とは、電話番号を使用して身元を確認することです。これはYouTubeのアカウントを保護し、不正行為を防止する対策の一環として行われています。アカウントの認証は、YouTubeにログイン後、メニューの「設定」から電話番号に確認コードを送信することで完了できます。これは、同じ電話番号が多数のアカウントで使われていないかどうかを確認するためのものですが、スマートフォンによる認証を行うことで、「15分を超える動画のアップロード」「動画のサムネイル画像の自由なカスタマイズ」「YouTube上でのライブ配信」といった機能が利用可能になります。

1 [チャンネルのステータスと機能]をクリックする

161ページ手順1を参考にアカウント画面を表示し、[チャンネルのステータスと機能]をクリックします1。

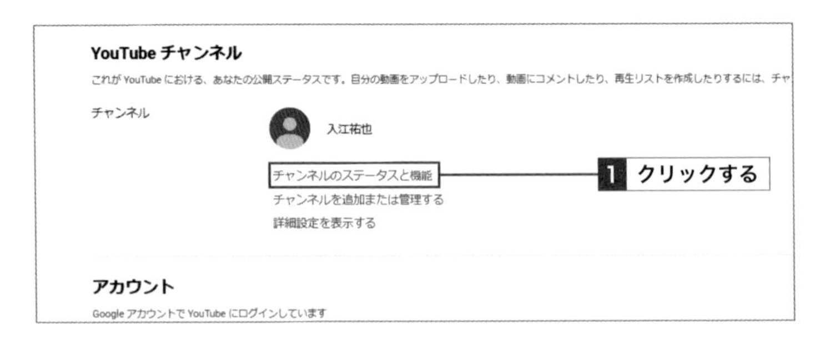

2 [電話番号を確認]をクリックする

「2.中級者向け機能」欄の「利用資格あり」の右側にある⌄をクリックし1、[電話番号を確認]をクリックします2。

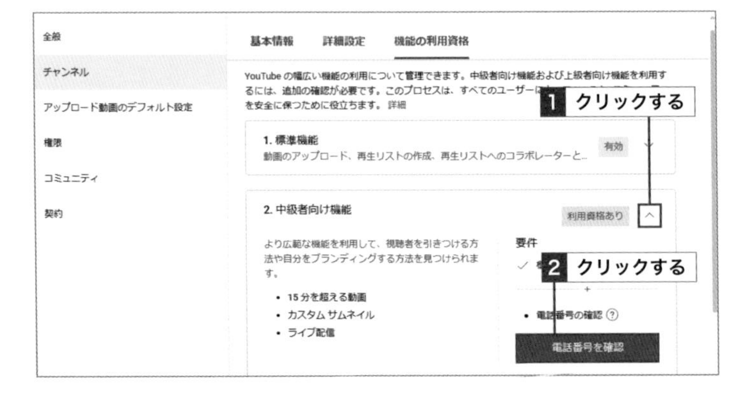

3 コードの受け取り方を選択する

任意の確認コードの受け取り方（ここでは「SMSで受け取る」）にチェックを付けます1。

YouTube
電話による確認（ステップ 1/2）
電話番号を確認すると、YouTube で追加機能を利用できるようになります。また YouTube 側も、お客様が実在の YouTube クリエイター
確認コードの受け取り方法を指定してください。
SMS で受け取る
電話の自動音声メッセージで受け取る
国を選択してください
日本
電話番号
(201) 555-5555
1 クリックする

Memo 自動音声メッセージで受け取る

「電話の自動音声メッセージで受け取る」にチェックを付けると、手順4で入力した電話番号に確認コードを知らせる電話がかかってきます。

4 コードを取得する

確認コードを受け取る電話番号を入力し1、[コードを取得]をクリックします2。

YouTube
電話による確認（ステップ 1/2）
確認コードの受け取り方法を指定してください。
SMS で受け取る
電話の自動音声メッセージで受け取る
国を選択してください
日本
電話番号
08000000000
コードを取得
1 入力する
2 クリックする

5 コードを送信する

手順4で入力した電話番号にSMSが届きます。受信した確認コードを入力し1、[送信]をクリックします2。

YouTube
電話による確認（ステップ 2/2）
確認コードを記載したテキスト メッセージを 08000000000 に送信しました。お知らせした 6 桁の確認コードを下記に入力してください
テキスト メッセージが届かない場合は、前に戻って [電話の自動音声メッセージで受け取る] を選択してください。
6 桁の確認コードを入力してください
326308
戻る
送信
1 入力する
2 クリックする

6 認証が完了する

「電話番号を確認しました」と表示されれば、アカウントの認証が完了します。162ページ手順2の画面を開くと、「2.中級者向け機能」欄に「有効」と表示されます1。

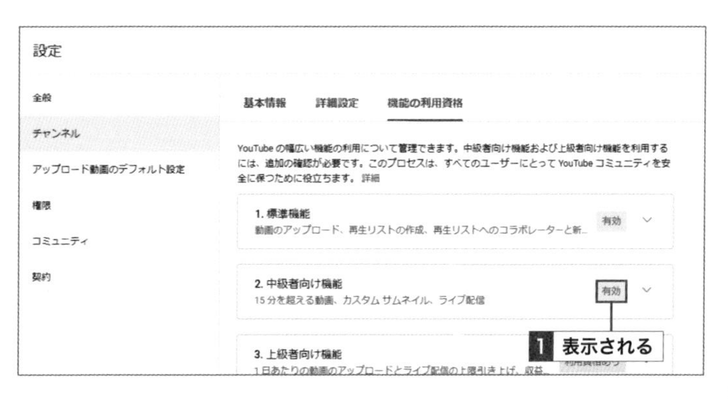

59 YouTube Studioとは

覚えておきたいキーワード
- YouTube Studio
- 動画の詳細
- 動画エディタ

YouTube Studioは、YouTubeが提供するチャンネルを管理するための機能です。投稿した動画の詳細（サムネイル、タイトル、説明文）の編集や、「動画エディタ」画面でかんたんなカット編集、ぼかしなどの追加が行えます。

1 YouTube Studioとは

「YouTube Studio」は、マイチャンネルを作成後にYouTube上で使用できるようになるクリエイター向けのツールです。投稿した動画やYouTubeチャンネルの管理、データ解析などが行えます。ほかにもライブ配信の確認や再生リストの作成、字幕の追加などが行えるほか、YouTubeアナリティクスを用いることで、チャンネルや各動画のパフォーマンスを調べることもできます。自分の動画の改善点などを見つけるためのマーケティングツールとしても活用したいサービスです。

1 [YouTube Studio]をクリックする

160ページを参考にマイチャンネルのページを表示し、画面右上のアカウントのアイコンをクリックして❶、[YouTube Studio]をクリックします❷。

2 YouTube Studioが表示される

YouTube Studioのダッシュボード画面が表示されます。

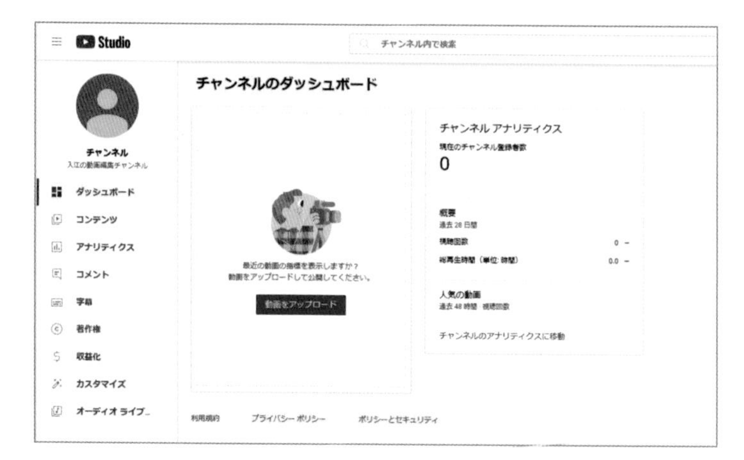

2 YouTube Studioでできること

YouTube Studioでは、投稿した動画を管理したり、データを解析したりすることができます。また、動画エディタを使ってかんたんな編集作業を行うこともできます。

動画エディタの開き方

1 [詳細]をクリックする

YouTube Studio画面で左のメニューの[コンテンツ]をクリックし1、投稿した動画の✎(詳細)をクリックします2。

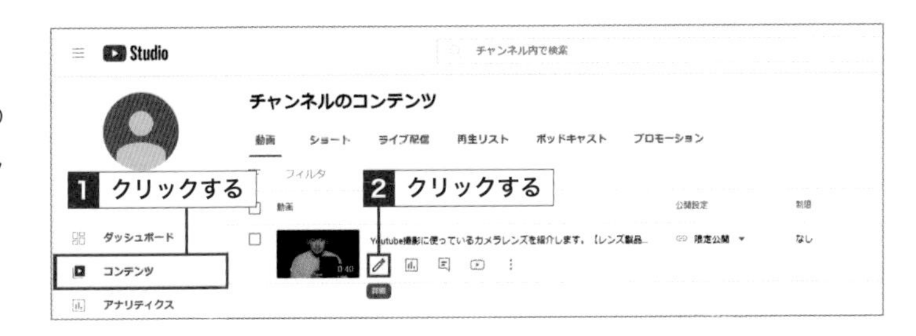

2 [エディタ]をクリックする

詳細画面が開いたら、左のメニューの[エディタ]をクリックします。

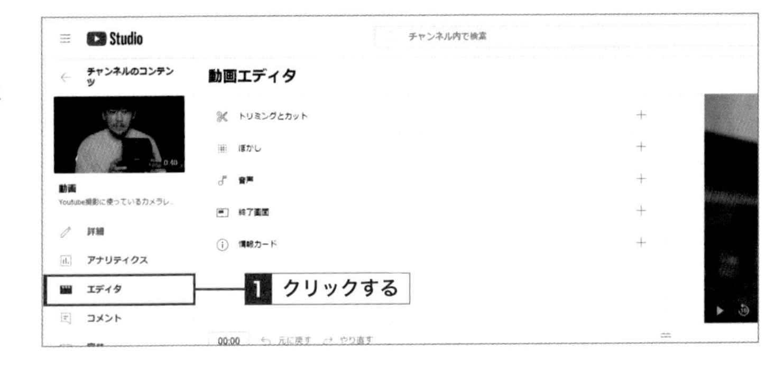

●トリミングとカット

動画エディタの「トリミングとカット」では、投稿したあとから不要なシーンを削除することができます。

手順2の「トリミングとカット」列の右にある＋をクリックし、青い枠でトリミング範囲を指定して、[新しい切り抜き]をクリックしたあと、赤い枠でカットする部分を指定します。

●ぼかし

動画エディタの「ぼかし」では、投稿したあとから映像内にぼかしを追加することができます。

手順2の「ぼかし」の列の＋をクリックすることで追加でき、顔部分を検出して追加する「顔のぼかし」と、任意の場所を指定して追加する「カスタムぼかし」の2種類を利用できます。

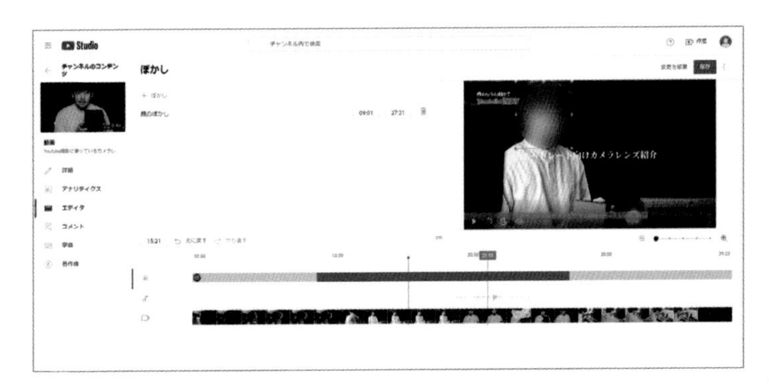

60 動画を投稿しよう

覚えておきたいキーワード
- YouTube Studio
- タイトル／サムネイル
- 公開設定

アカウント認証後は、YouTubeの「YouTube Studio」というツールから動画を投稿してみましょう。投稿の際には、動画の内容がひと目でわかるようなタイトル、説明、サムネイルなどを設定することが大事です。

1 動画を投稿する

1 ［動画をアップロード］をクリックする

164ページを参考にYouTube Studioを表示し、［作成］をクリックして1、［動画をアップロード］をクリックします2。

2 ［ファイルを選択］をクリックする

「動画のアップロード」画面が表示されます。［ファイルを選択］をクリックします1。

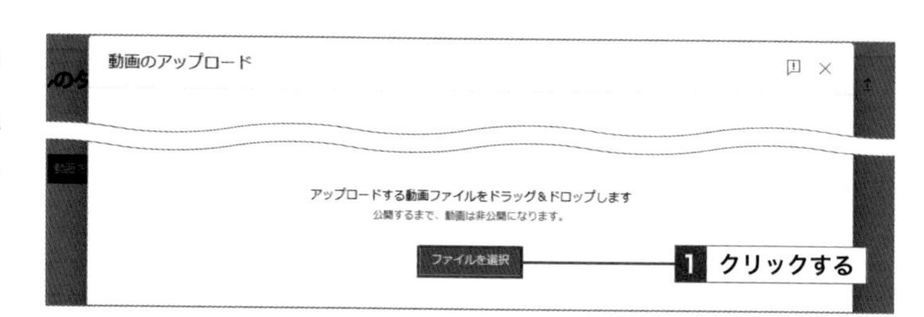

3 動画ファイルを選択する

投稿したい動画ファイルをクリックして選択し1、［開く］をクリックします2。

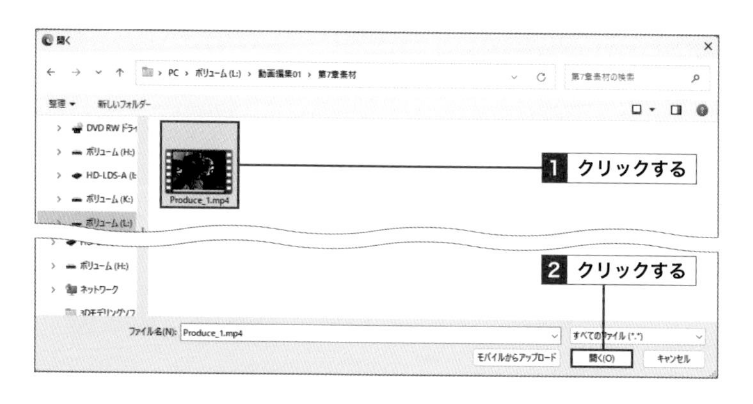

Memo 投稿できる動画のファイル形式

YouTubeはさまざまなファイル形式に対応していますが、推奨されている形式は「mp4(H.264)」です。

Memo 動画のファイル容量の制限

YouTubeにアップロードできるファイルには容量制限があります。アカウントの認証が済んでいれば最大サイズは128GB、または12時間の、いずれか小さいほうの数値です。ファイルサイズか再生時間のどちらかが上限を超えてしまうとアップロードはできません。20GBを超えるサイズの動画ファイルをアップロードする際は、Webブラウザが最新バージョンであることが推奨されています。

2 タイトルやサムネイルを設定する

1 タイトルと説明を入力する

166ページ手順3のあとの画面で、動画のタイトルや説明（概要欄）を入力します1。

Memo 各項目の変更

動画のタイトルや説明、サムネイルなどはあとからでも変更が可能です（174～177ページ参照）。

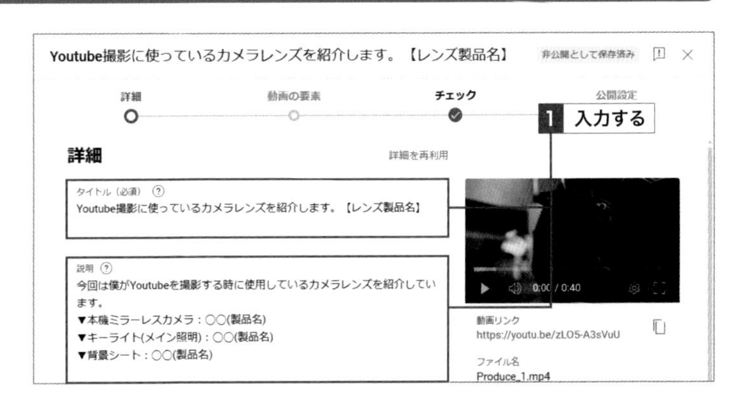

2 サムネイルを選択する

サムネイルの項目からサムネイルに設定したいシーンの画像をクリックします1。自分で作成したサムネイルを使用する場合は、176ページを参照してください。

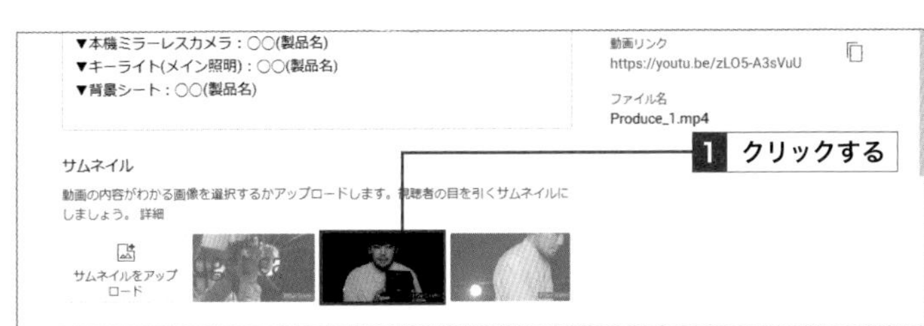

3 視聴者を確認する

画面をスクロールし、アップロードする動画が子ども向けの内容の場合は「はい、子ども向けです」、そうでない場合は「いいえ、子ども向けではありません」にチェックを付け1、[次へ]をクリックします2。

Memo 子ども向けコンテンツの場合

ターゲットが明確に子ども向けの動画コンテンツである場合は、「はい～」にチェックを付けましょう。ただし、動画の広告の配信は停止されます。

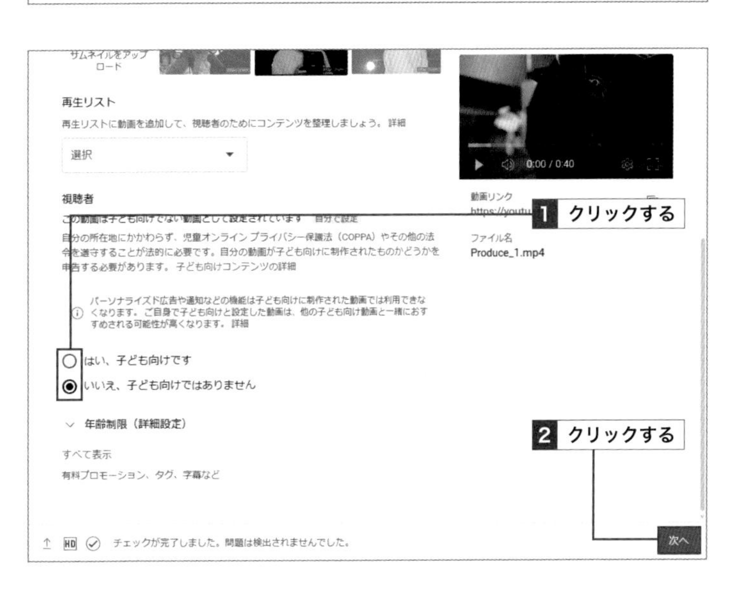

4 動画の要素を確認する

「動画の要素」画面が表示されます。ここでは、[次へ]をクリックします1。

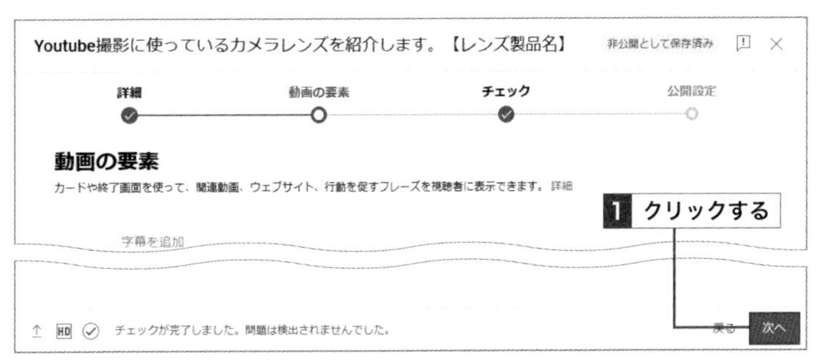

5 動画内容がチェックされる

次に表示される「チェック」画面でも同様に［次へ］をクリックします❶。

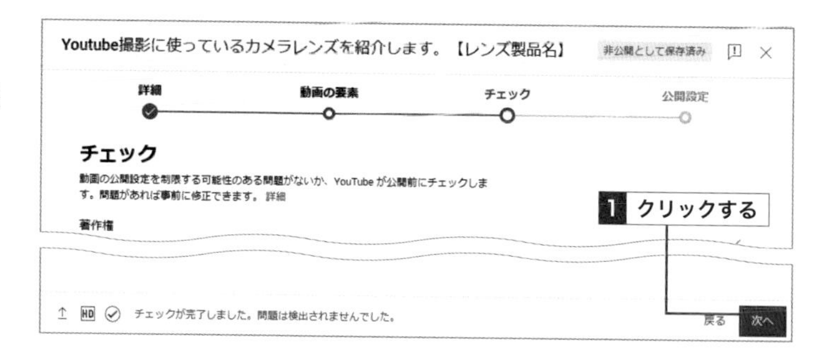

3 動画を公開する

1 公開範囲を選択する

上の手順5のあとの画面で、「公開設定」の「保存または公開」の右にある∨をクリックし、「非公開」「限定公開」「公開」のいずれかにチェックを付けます❶。

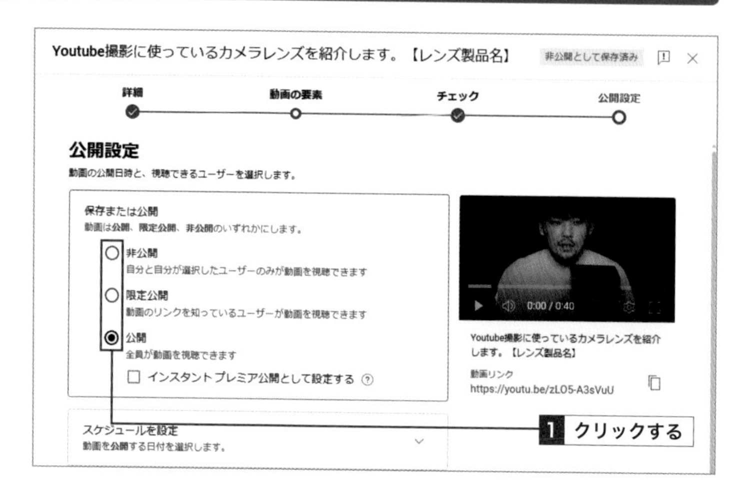

Hint 公開設定の変更

動画を投稿したあとでも、非公開から公開にしたり、公開から限定公開に変更したりすることができます（178ページ参照）。

2 動画を公開する

［公開］（「非公開」と「限定公開」の場合は［保存］）をクリックすると❶、設定した条件で動画が公開されます。

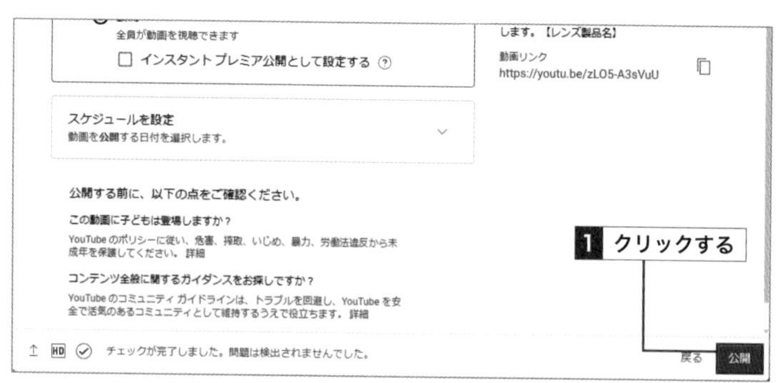

Memo スケジュールを設定する

手順1の画面で「スケジュールを設定」の右にある∨をクリックすると、動画の公開日時を5分単位で設定することができます。公開したい日付と時間を設定し、［スケジュールを設定］をクリックすると、動画は公開日まで非公開になります。

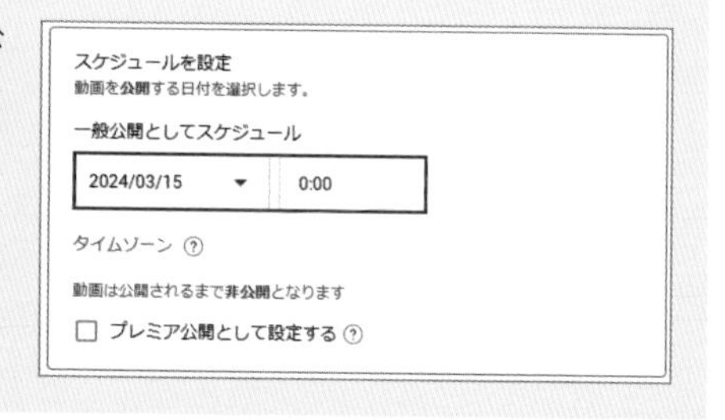

4 動画を確認する

1 確認する動画を選択する

YouTube Studioを表示し、[コンテンツ]をクリックします1。動画の一覧画面が表示されるので、確認したい動画付近にマウスポインターを移動し、□(YouTubeで見る)をクリックします2。

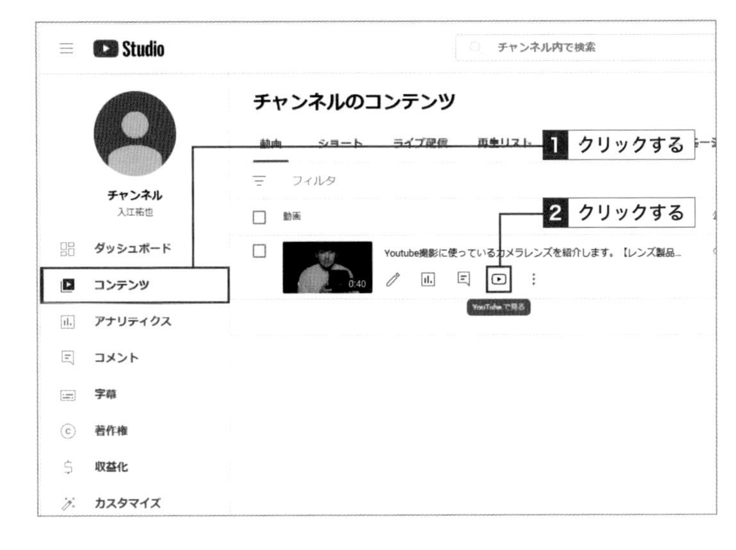

2 再生画面が表示される

新規タブでYouTubeの再生画面が表示されます。

Memo 動画のURLを確認する

手順1の画面で✎(詳細)をクリックして「動画の詳細」画面を表示すると、画面右側の「動画リンク」から動画のURLを確認できます。

Memo 画質を確認する

動画を再生したら、再生画面右下の⚙(設定)→[画質]の順にクリックし、152ページで出力した画質で正常に投稿されているかを確認しましょう。なお、HDやフルHDの画質の動画はアップロードしてから画質選択できるようになるまで時間がかかります。

Memo YouTubeショートを投稿する

1 PowerDirectorでショート動画を作成する

43ページや52ページを参考にPowerDirector編集時の縦横比を9:16の縦型にし、60秒以内の動画を作成します。

2 PowerDirectorでショート動画を出力する

152ページを参考に手順1で作成した動画を出力します。

3 YouTube Studioで動画をアップロードする

166ページを参考にYouTube Studioで動画をアップロードします。このとき、動画タイトルか説明文に「#Shorts」(「#」の前に半角スペースを入れる)を含めるようにします。

4 YouTube Studioでショート動画を確認する

YouTube Studioで左のメニューの[コンテンツ]をクリックし1、[ショート]をクリックして2、投稿した動画がYouTubeショートとして投稿されていることを確認します。

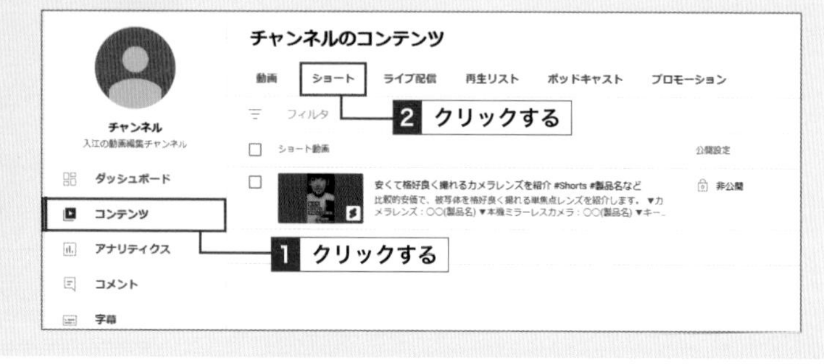

第8章

投稿した動画をもっと見てもらおう

61 マイチャンネルをカスタマイズしよう

覚えておきたいキーワード
- マイチャンネル
- カスタマイズ
- YouTube Studio

動画投稿に慣れてきたら、自分のチャンネルを視聴者向けにカスタマイズしてみましょう。プロフィールアイコンやバナー画像、概要でチャンネルの方向性を示せば、より魅力的なチャンネルに見せることができます。

1 プロフィールアイコンを変更する

1 「チャンネルのカスタマイズ」画面を表示する

164ページを参考にYouTube Studioを表示し、[カスタマイズ]をクリックします❶。

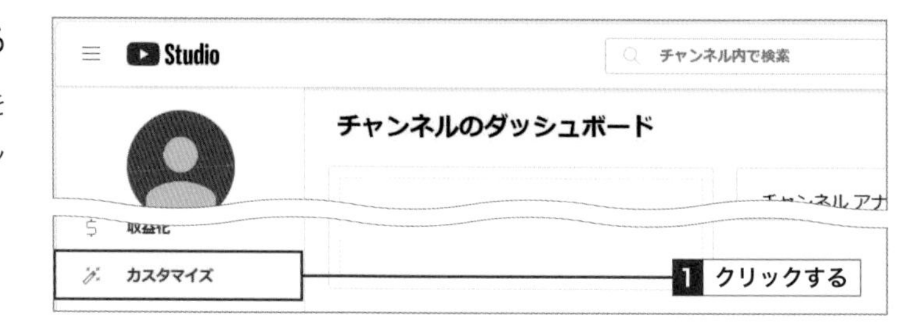

2 「ブランディング」画面を表示する

画面上部の[ブランディング]をクリックし❶、「写真」の[アップロード]をクリックします❷。

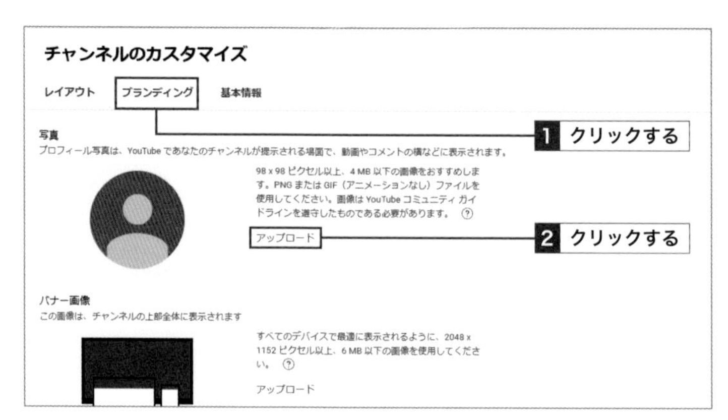

Memo バナー画像を変更する

チャンネルのバナー画像を変更する場合は「バナー画像」の[アップロード]をクリックし、プロフィールアイコンと同様に設定を行います。

3 画像を選択する

プロフィールアイコンに使用したい画像をクリックし❶、[開く]をクリックします❷。

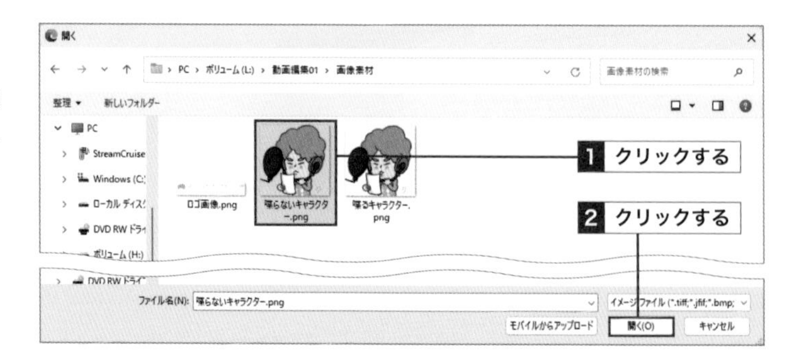

4 表示範囲を調整する

トリミングする範囲を調整し**1**、[完了]をクリックします**2**。画面右上の[公開]をクリックすると、プロフィールアイコンが変更されます。

2 チャンネルの説明文を追加する

1 チャンネルの概要を変更する

172ページ手順2の画面で[基本情報]をクリックし**1**、「説明」にチャンネルの説明文を入力します**2**。画面右上の[公開]をクリックします**3**。

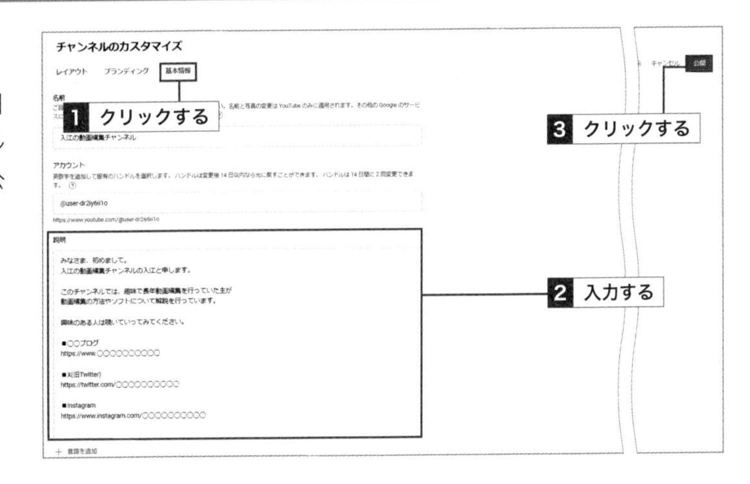

2 チャンネルの概要が変更される

チャンネルトップページのチャンネル名の下に概要が追加され、クリックすると手順1で追加した内容が表示されます。

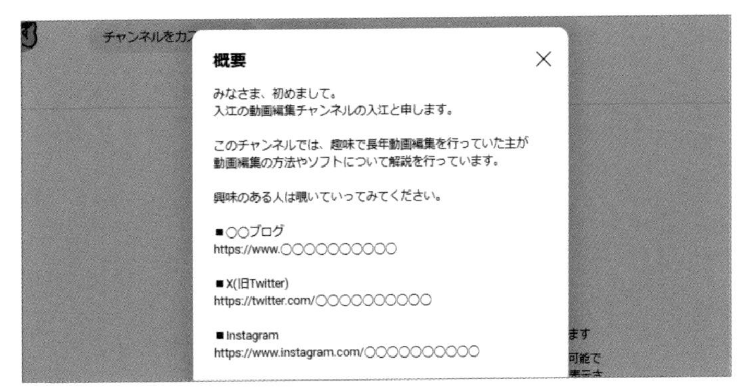

Memo トップページにチャンネル未登録者向けの動画を用意する

マイチャンネルのトップページに、チャンネル未登録者向けの動画を用意することができます。あらかじめ自分のチャンネルの紹介動画などをアップロードしておき、新しくチャンネルを訪問してくれたユーザーにアピールしましょう。172ページ手順1の画面で[カスタマイズ]をクリックし、[レイアウト]をクリックして、[チャンネル登録していないユーザー向けのチャンネル紹介動画]をクリックします。設定したい動画を選択し、[公開]をクリックすると、トップページに動画が配置され、未登録者が訪れた際に自動再生されるようになります。

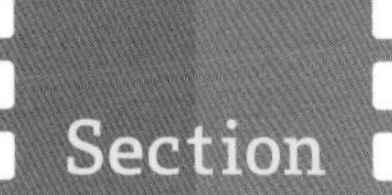

62 説明文やタグを編集して動画を見つけてもらいやすくしよう

覚えておきたいキーワード
- タイトル
- 説明文
- タグ／ハッシュタグ

動画を投稿したら、動画の内容を示すタイトルと説明文を設定しましょう。タイトルや説明文の中に適切なキーワードを盛り込んだり、適切なハッシュタグを設定したりすることによって人の目に留まりやすくなります。

1 動画のタイトルと説明文を編集する

タイトルは、投稿した動画がどのような動画なのかがひと目でわかるように設定しましょう。タイトルに書き切れない必要な情報は説明文に記載するのがおすすめです。「検索されやすいキーワード」が入った自然なタイトルを設定し、説明文には「検索されやすいキーワード」を含めつつ「視聴者の役に立つ情報」などを記載するのがポイントです。

1 「動画の詳細」画面を開く

YouTube Studioで［コンテンツ］をクリックし❶、タイトルと説明文を編集したい動画の✎（詳細）をクリックします❷。

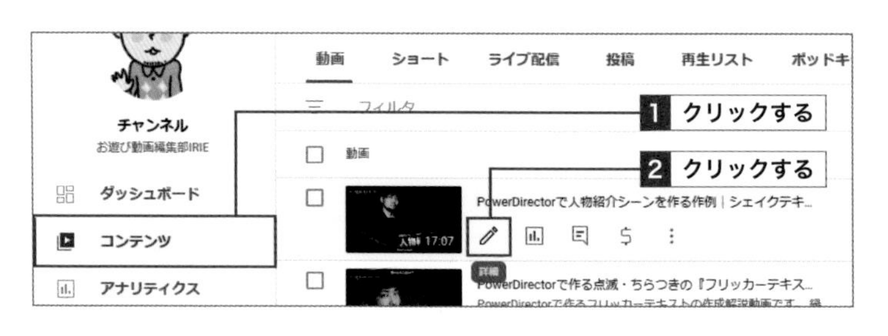

2 タイトルや説明文を編集する

タイトルまたは説明の文章を編集し❶、［保存］をクリックします❷。

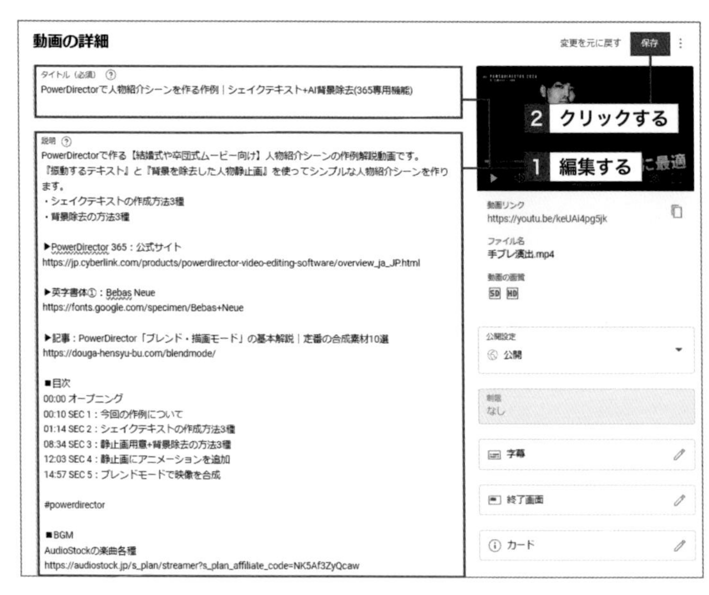

Memo タイトルと説明文のコツ

タイトルと説明文は、視聴者に動画の内容を伝えるだけでなく、検索ワードとしても機能します。動画の内容に関連していて、かつ検索されやすいキーワードをタイトルや説明文に自然に含めるのがポイントです。なお、検索されやすいキーワードを見つけるには、YouTubeの検索画面で表示される「サジェスト」を参考にするのがおすすめです。たとえば「大谷翔平」と入力したときに、候補として表示されているものがサジェストです。

2 詳細なメタデータを設定する

メタデータとは

メタデータというのは、「動画の内容」を説明するデータのことです。YouTubeでは、このメタデータをもとに検索結果や関連動画に反映します。詳細のメタ情報を加えたい場合は、各動画の「動画の詳細」画面下部の[すべて表示]をクリックし、オプション項目を表示します。詳細オプションでは、「タグ」「言語とキャプション」「撮影日と場所」「カテゴリ」といった詳細のメタ情報を追加できます。

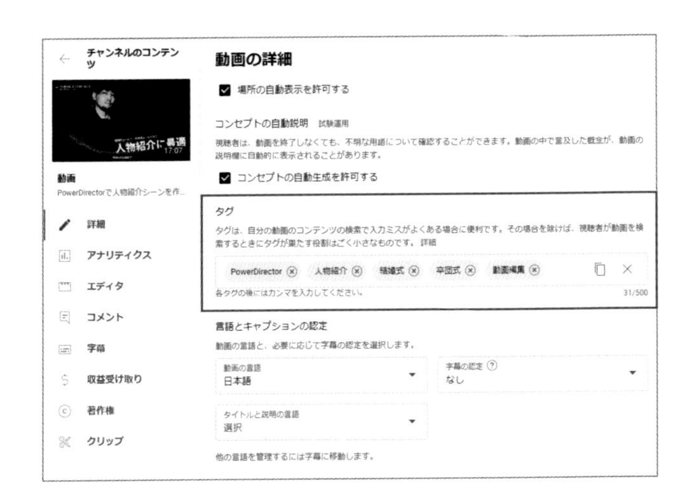

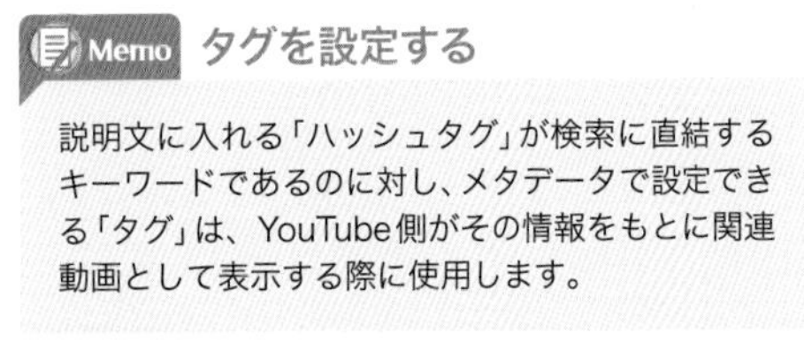

Memo タグを設定する

説明文に入れる「ハッシュタグ」が検索に直結するキーワードであるのに対し、メタデータで設定できる「タグ」は、YouTube側がその情報をもとに関連動画として表示する際に使用します。

Memo そのほかに設定できる情報

そのほかに、「有料プロモーション」や「コメントと評価」の設定を行うこともできます。有料プロモーションは、企業案件などで対価をもらって動画を作成・投稿している場合に設定します。コメントや評価は動画のエンゲージメント（視聴者の反応指数）につながるため、しっかり管理しておきましょう。

3 説明文にハッシュタグを設定する

ハッシュタグとは

説明文を記載する際には、「ハッシュタグ」を設定してみましょう。ハッシュタグというのは、#（半角のナンバーサイン）が付いたキーワードのことです。文字列の先頭に「#」を付けることで自動的にリンクを生成し、クリックすると同じハッシュタグが付いた動画が一覧として表示されます。なお、1つの動画に15個以上のハッシュタグを追加するとすべてのハッシュタグが無視されるため、多くても10個前後に抑えるようにしましょう。167ページ手順1や174ページ手順2の画面で「説明」欄に任意のハッシュタグを入力して保存すると、再生画面で確認したときに説明文の上に上位3つのハッシュタグが表示されます。

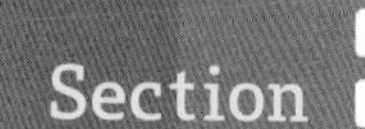

63 視聴者の目を惹く サムネイルを設定しよう

覚えておきたいキーワード
- サムネイル
- スナップショット
- 画像作成サービス

YouTubeでより多くの人に動画を見てもらうためには、「クリックしたくなるような目を惹くサムネイル」を用意できるかが重要です。サムネイルは専用のソフトだけでなく、ソフト不要のWebサービスなどでも作成可能です。

1 オリジナルのサムネイルを設定する

YouTubeでは、動画を投稿するとサムネイル画像が自動的に生成されます。この中から任意の画像をクリックすることでサムネイルを指定することができますが（167ページ手順2参照）、自分で用意した画像をサムネイルとして設定することも可能です。なお、サムネイルを自分で用意した画像で設定するには、電話番号によるアカウントの認証が必要です（162～163ページ参照）。

1 「動画の詳細」画面を開く

YouTube Studioで［コンテンツ］をクリックし1、サムネイルを設定したい動画の🖉（詳細）をクリックします2。

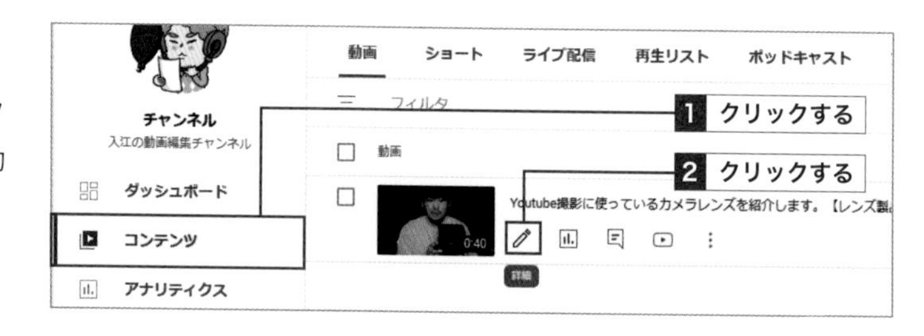

2 ［サムネイルをアップロード］をクリックする

「サムネイル」の［サムネイルをアップロード］をクリックします1。

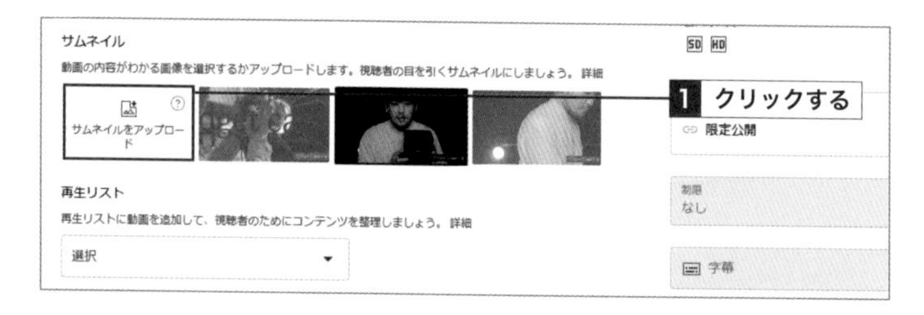

3 サムネイルの画像ファイルを選択する

パソコンに保存されているサムネイルの画像ファイルをクリックして選択し1、［開く］をクリックします2。

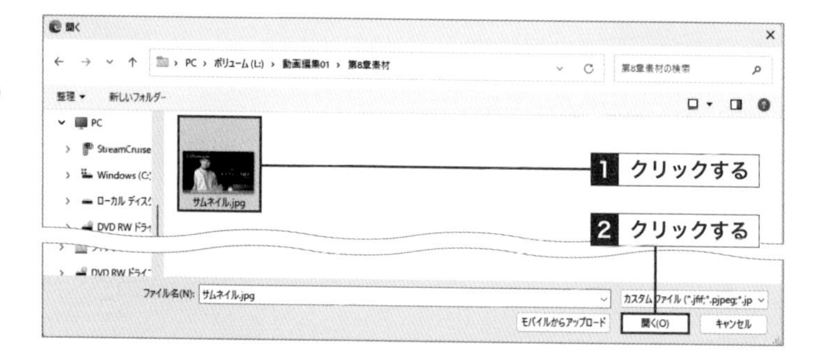

4 サムネイルを保存する

アップロードした画像が選択されていることを確認し❶、[保存]をクリックします❷。

2 PowerDirectorでサムネイル用の画像を作成する

画像編集ソフトがなくても、PowerDirectorでサムネイル画像を作成することが可能です。1シーンを作成する要領で画像やテロップを配置後、プレビューウィンドウを右クリックし❶、[スナップショット]をクリックすることで❷、1枚の静止画として保存できます。また、プレビューウィンドウの📷をクリックすることでも、静止画の保存が可能です。

> **Memo 外部サービスでサムネイル用の画像を作成する**
>
> 動画のサムネイル画像を自分で作成するには、スマートフォンの画像編集アプリ、「Photoshop」などの画像編集ソフト、「Canva」などのサムネイル画像を作成できるオンラインサービスを利用するのがおすすめです。利用するサービスによって加工の自由度が変わるので、自分の納得のいくサムネイルを作成できるものを選びましょう。なお、YouTubeで定められている画像の解像度やサイズは下記の通りです。
>
> ・解像度　　　　　：1280×720（最小幅 640px）
> ・画像ファイル形式：JPEG、GIF、PNGなど
> ・画像サイズ　　　：2 MB以下（2MB以下であれば解像度が1920×1080でもアップロード可能）
> ・アスペクト比　　：16:9（推奨）

> **Memo 目を惹くサムネイルを作るコツ**
>
> YouTubeで結果を出している人たちのほとんどは、ひと目で内容が想像できる魅力的なサムネイルを作成しています。なぜなら、サムネイルが魅力的なほど、再生回数が増える傾向にあるからです。そしてそのようなサムネイルを作るには、見せたい被写体（動画に関連する人物や動物、アイテムなど）と文字数を絞ることがポイントです。あれもこれもと足すのではなく不要な要素を引いていくことで、残った必要な情報が伝わりやすくなるためです。そのうえで、残った文字には太く見やすい色でデザインを施したり、被写体の背景を切り抜いて明るい背景に差し替えたりすれば、視認性とデザイン性を高めることができます。

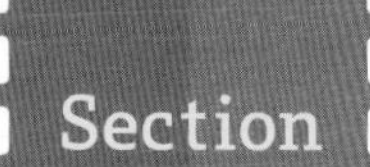

動画の公開設定を変更しよう

覚えておきたいキーワード
- 公開／非公開
- 限定公開
- スケジュール設定

動画の投稿後でも、公開設定を変更できます。自分だけが視聴可能にしたい場合は非公開、URLを知っている人どうしで共有したい場合は限定公開、誰でも見れる動画にしたい場合は公開、というように設定を使い分けましょう。

1 非公開動画を公開にする

動画を投稿する際に公開設定を「非公開」にすることで（168ページ手順1参照）、自分の動画がYouTubeでどのように再生されるかを確認できます。「非公開」の動画は自分だけが視聴可能なので、問題がないことを確認してから設定を「公開」に変更するとよいでしょう。

1 公開設定を選択する

YouTube Studioで［コンテンツ］をクリックし1、公開設定を変更したい動画サムネイルの右側にある「公開設定」の［非公開］をクリックします2。

2 「公開」に変更する

表示されたメニューから「公開」にチェックを付け1、［公開］をクリックします2。

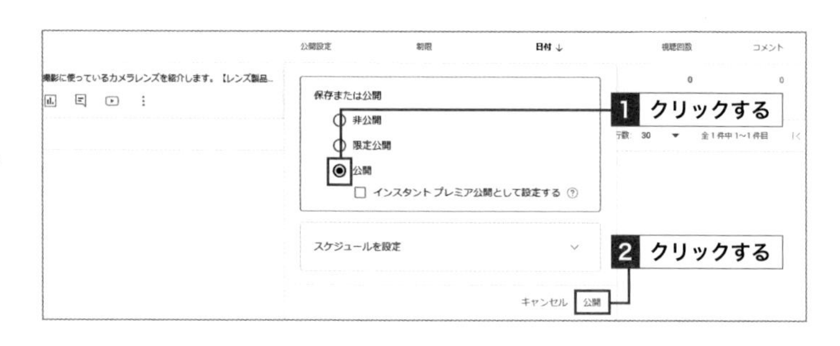

Memo 公開動画を非公開にする

一度公開した動画を非表示にしたい場合は、公開設定を「非公開」にします。検索や関連動画には引っかからず、URLで直接アクセスしても動画は再生されません。公開設定が非公開になっている動画は、動画投稿者のユーザーアカウントとGoogleのメールアドレスで許可されたユーザーのみが視聴可能になります。特定の人に見せたい場合は、「非公開」にチェックを付けて［動画を非公開で共有する］をクリックし、招待したいユーザーのGoogleメールアドレスを追加します。

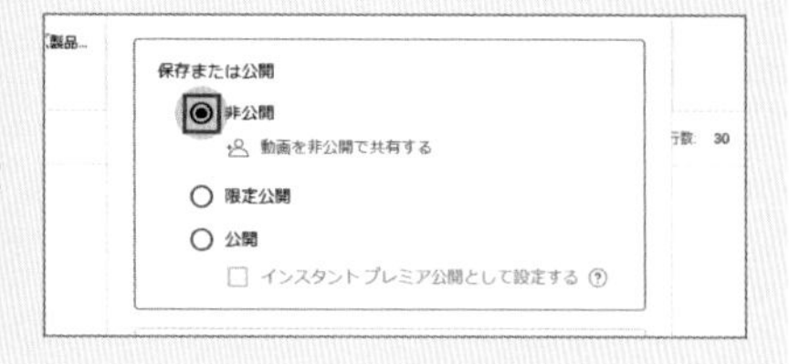

2 動画を限定公開にする

公開と非公開のほかにも、「限定公開」という設定があります。これは動画のURLを知っている人だけが視聴できる設定で、家族や知人など、特定の個人またはグループ間で動画を共有し楽しむのがおもな目的です。限定公開に設定した動画は、検索や関連動画に出てくることはありませんが、公開中の再生リストに追加していたり、URLをSNSやブログに掲載したりすると、知らない人であってもそのリンクから動画にアクセスできてしまうという点に注意が必要です。

1 「限定公開」に変更する

178ページ手順2の画面で「限定公開」にチェックを付け1、保存をクリックします2。

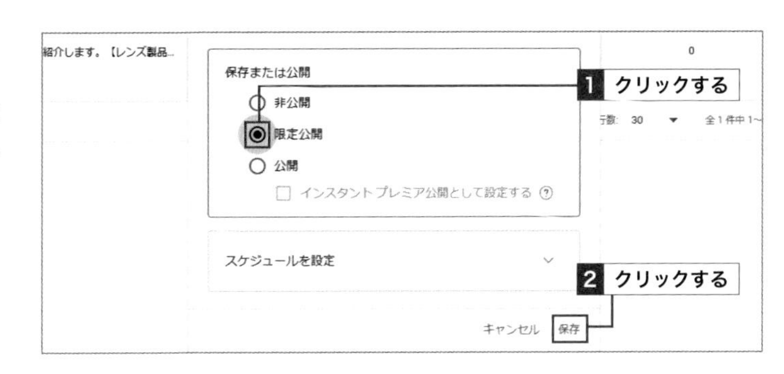

Memo 限定公開にした動画を共有する

限定公開として投稿した動画のURLは、YouTube Studioの「コンテンツ」から確認ができます。限定公開された動画の⋮（オプション）をクリックし、［共有可能なリンクを取得］をクリックするとクリップボードにURLがコピーされます。コピーしたURLをメールなどに貼り付けて送信すれば、限定公開の動画を共有できます。

3 動画を指定した日時に公開する

YouTubeでは投稿した動画を指定した日時に公開、配信することができるスケジュール設定を行うこともできます。スケジュール設定されている動画は、設定した日時まで「非公開」の扱いとなります。

1 「スケジュールを設定」に変更する

178ページ手順2の画面で［スケジュールを設定］をクリックし、公開日時を指定して1、［スケジュールを設定］をクリックします2。

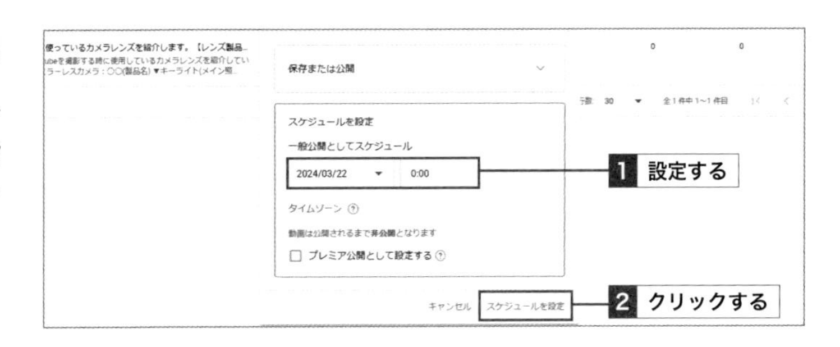

Memo プレミア公開として設定する

スケジュールを設定する際、「プレミア公開として設定する」にチェックを付けると、動画投稿者と視聴者が同時刻に同じ動画を見られる「プレミア公開」にすることができます。プレミア公開で動画が投稿されると、動画のタイトルや詳細などの概要のみが公開され、チャンネル登録者に通知が届くようになっています。これにより、投稿者と視聴者が同じ時間に同じ動画を共有することができ、チャットを通じて視聴者とのやり取りを楽しめるのが大きなメリットです。

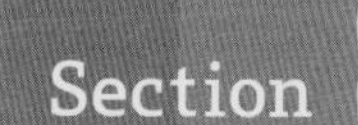

65 カードを設定して関連性の高い動画を見てもらおう

覚えておきたいキーワード
- 動画・再生リストカード
- チャンネルカード
- リンクカード

関連性の高いほかの動画や再生リストなどを動画内で紹介したいときは、カード機能がおすすめです。ほかの動画や再生リスト以外に、チャンネル、外部サイトもカードを使って紹介することができます。

1 カードとは

「カード」とは、動画の中に関連するURLを画面上に表示させる機能で、再生画面右上のカードをクリックすると、説明文の最下部にカードの内容が表示されます。カードはおもにほかの動画や再生リスト、チャンネル、Webサイトなどに誘導したいときに利用します。カードを表示するタイミングは自由に設定できるため、動画内で触れた内容に関連するように表示させるのが効果的です。YouTubeパートナープログラム（190～193ページ参照）に参加している場合、リンクカードを使ってYouTubeのポリシー（コミュニティガイドラインと利用規約を含む）に準拠しているどの外部Webサイトにもリンクさせることができます。また、動画にカードを追加していれば、YouTubeアナリティクスからカードに対するパフォーマンスを確認することも可能です。

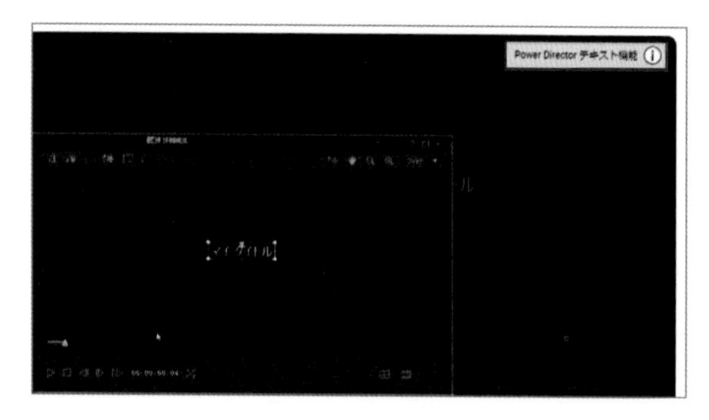

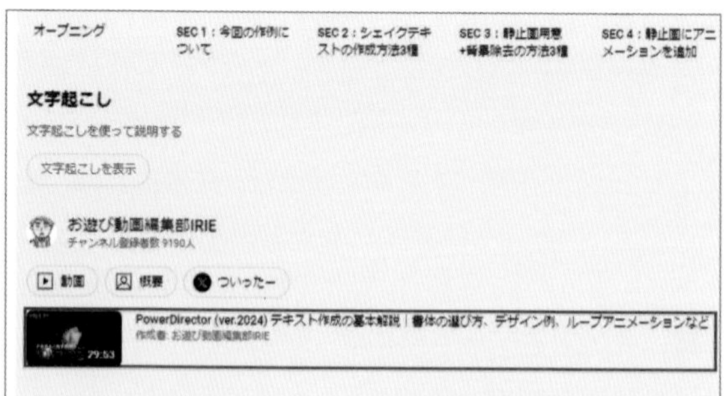

2 カードを設定する

1 「動画の詳細」画面を開く

YouTube Studioで［コンテンツ］をクリックし❶、カードを設定したい動画の✎（詳細）をクリックします❷。

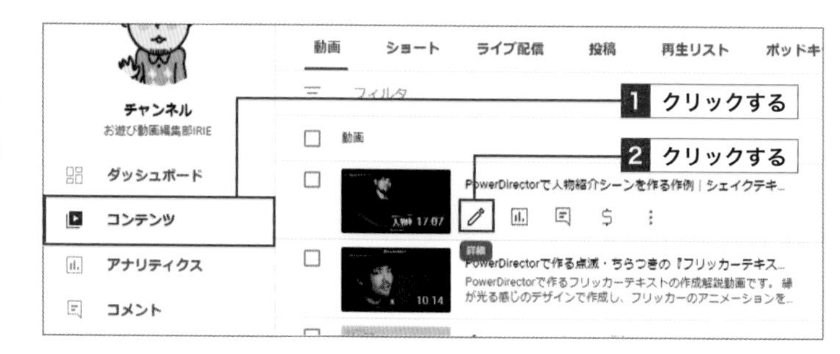

2 [カード]をクリックする

[カード]をクリックします❶。

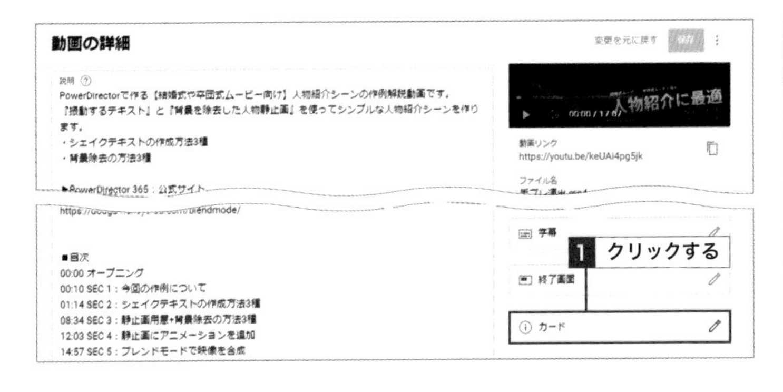

3 カードの種類を選択する

カードの種類(ここでは[動画])をクリックします❶。

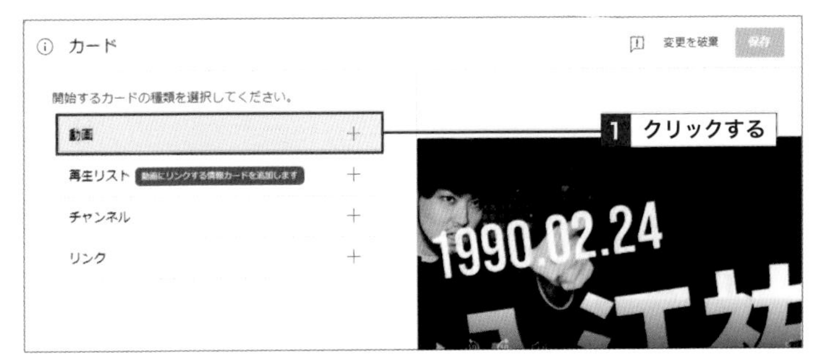

4 追加する動画を選択する

カードに追加したい動画をクリックして選択します❶。

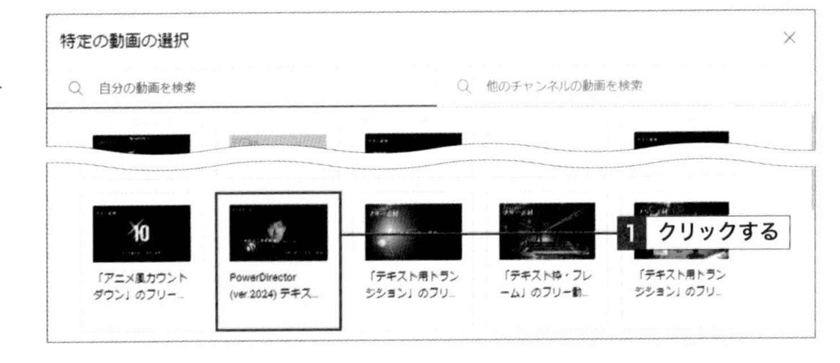

5 カードの詳細を設定する

「カスタムメッセージ」や「ティーザーテキスト」を入力し❶、タイムライン上の青いスライダーをドラッグしてカードを表示するタイミングを指定したら❷、[保存]をクリックします❸。

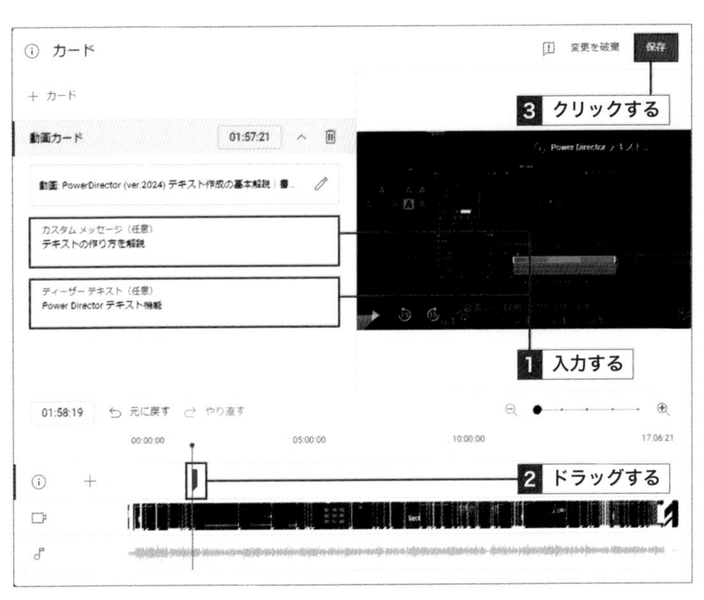

Key Word カスタムメッセージ/ティーザーテキスト

「カスタムメッセージ」はカード展開時に表示されるメッセージ、「ティーザーテキスト」はカード省略時に表示されるテキストです(180ページ左図参照)。なお、カスタムメッセージはスマートフォンやタブレットのYouTubeアプリのみで表示されます(2024年5月時点)。

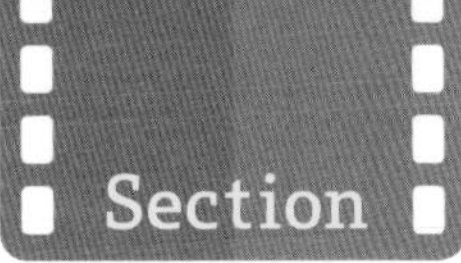

66 終了画面を設定してチャンネル登録を促そう

覚えておきたいキーワード
- 終了画面
- チャンネル登録
- 再生リスト

最後まで動画を見てくれた視聴者に対して、チャンネル登録などのアクションを促してみましょう。YouTubeでは、チャンネル登録ボタンや関連した動画へのリンクなどを動画の終了画面に設定するのが一般的です。

1 終了画面とは

「終了画面」とは、YouTube動画の最後に5〜20秒ほどの尺で表示される画面です。現在の動画と関連するほかの動画に誘導したり、チャンネル登録を促したりする目的で利用されます。終了画面には「動画」「再生リスト」「チャンネル登録」「チャンネル」「Webサイト」の中から最大4つの要素を入れることができますが、視聴者を迷わせないためにも必要な要素だけに絞るのがおすすめです。なお、カード（180ページ参照）と同様、外部Webサイトを追加する場合はYouTubeパートナープログラム（190〜193ページ参照）に参加している必要があります。

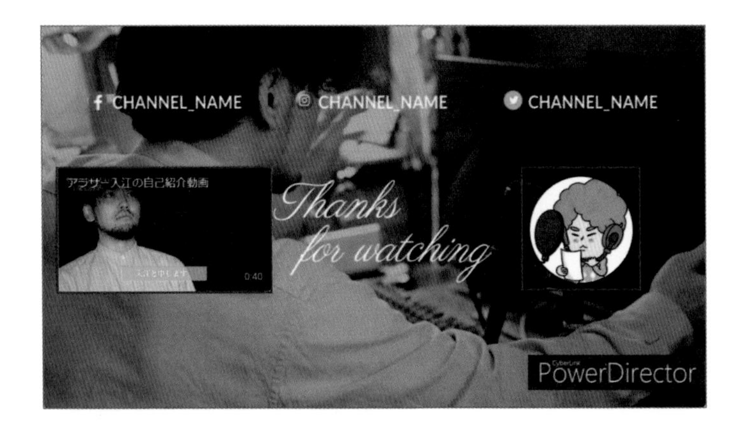

Memo 終了画面に追加できる要素

終了画面に追加できる要素は次の通りです。
- 動画（最新のアップロード動画、視聴者に適した動画の自動表示、特定の動画）
- 再生リスト
- 登録（自分のチャンネル）
- チャンネル（特定のチャンネル）
- Webサイト（YouTube のポリシーに準拠したサイト）

2 終了画面を設定する

1 「動画の詳細」画面を開く

YouTube Studioで［コンテンツ］をクリックし**1**、終了画面を設定したい動画の✎（詳細）をクリックします**2**。

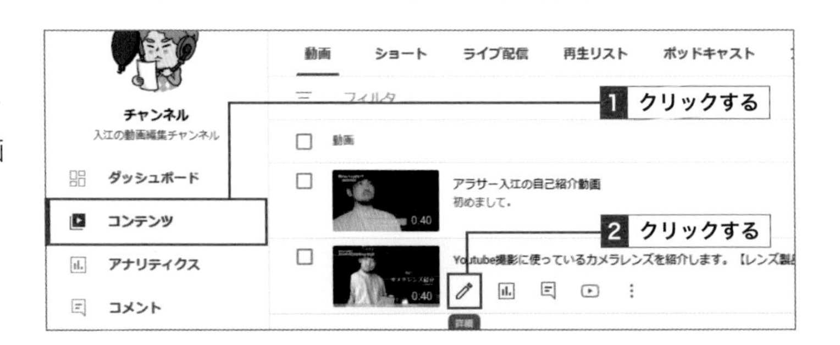

2 [終了画面]をクリックする

[終了画面]をクリックします**1**。

3 要素を選択する

[要素]をクリックし**1**、任意の要素(ここでは[再生リスト])をクリックします**2**。

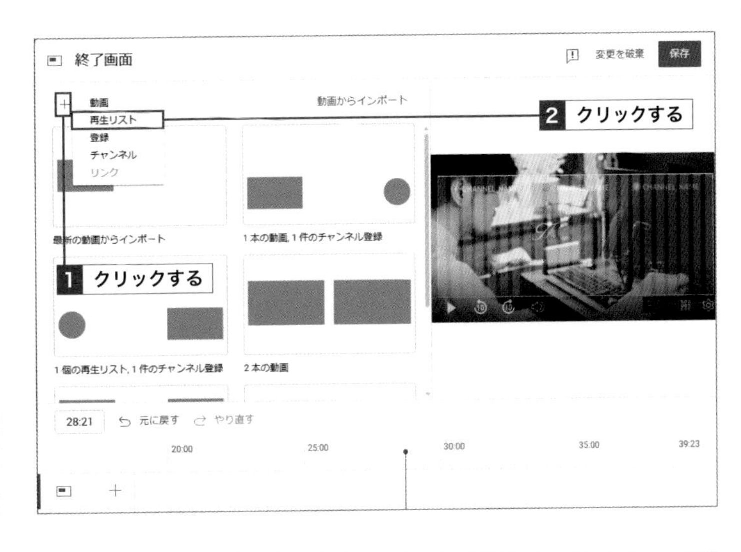

Hint テンプレートを利用する

画面左に表示されているレイアウトは、YouTubeが用意している終了画面のテンプレートです。好みのレイアウトをクリックして選択することで、手軽に終了画面を作成できます。複数の要素を表示させる場合、タイムラインのバーまたはプレビューウィンドウの要素を1つずつクリックして内容を設定しましょう。

4 再生リストを選択する

終了画面に追加したい再生リストをクリックして選択します**1**。再生リストの作成については186～187ページを参照してください。

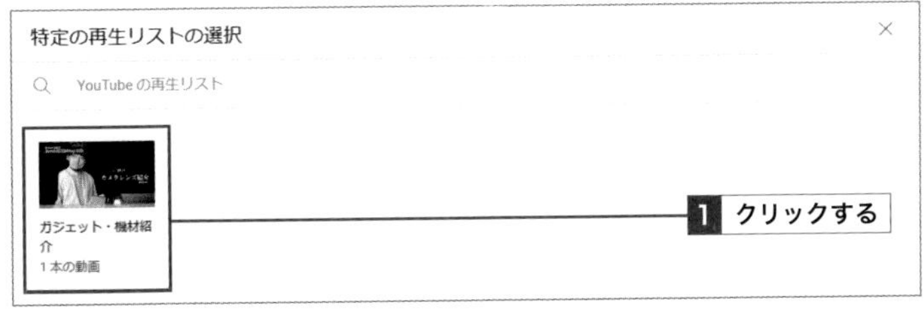

5 終了画面の詳細を設定する

タイムライン上の青いバーをドラッグして終了画面を表示するタイミングや表示時間を調整し**1**、[保存]をクリックします**2**。

Memo 表示要素を調整する

プレビューウィンドウに表示されている要素をドラッグして、大きさと位置を調整することができます。

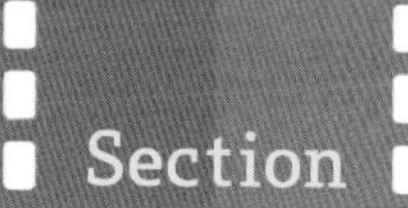

67 評価やコメントの設定をしよう

覚えておきたいキーワード
- 高評価
- コメント
- 表示／非表示

視聴者がYouTubeの動画に対して行う評価やコメントの設定をしましょう。デフォルトでは評価やコメントが表示される設定になっていますが、それらが不要な動画の場合は非表示にすることができます。

1 評価の表示／非表示を設定する

YouTube動画の最大の特徴は、視聴したユーザーが「高評価」「低評価」のボタンをクリックすることで、誰でも評価できるところです。デフォルトでは高評価数が公開されますが、非表示にすることも可能です。なお、評価数を非表示にしても評価ボタン自体は機能するため、チャンネル運営者のみ評価数を確認することが可能です。

1 「動画の詳細」画面を開く

YouTube Studioで［コンテンツ］をクリックし❶、設定を行いたい動画の✎(詳細) をクリックします❷。

2 評価を非表示にする

画面下部の［すべて表示］をクリックし、展開した画面最下部にある「コメントと評価」から「この動画を高く評価した視聴者の数を表示する」のチェックを外して❶、［保存］をクリックします❷。

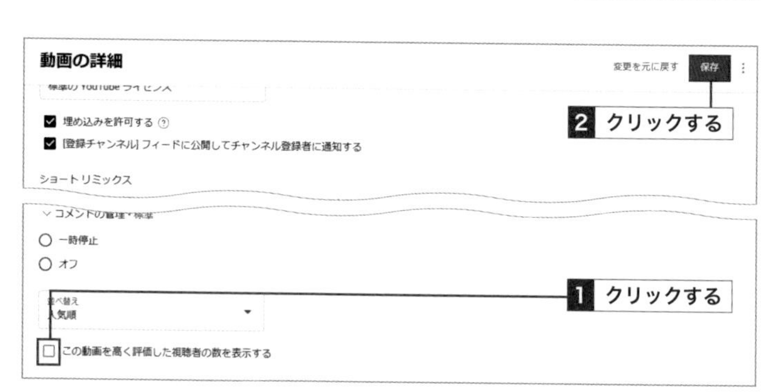

Memo 低評価が気になる人へ

YouTubeでは、高評価と低評価が匿名で手軽に行えるという特徴があります。視聴者から低評価の数は見えませんが、投稿者によっては低評価の数が気になることもあるかもしれません。一般的にクオリティの高い動画であっても、再生回数が増えるほど一定数の低評価は付くものなので、数に関していえばそこまで気にしなくても大丈夫です。ただし、高評価と低評価の割合が50／50やそれに近い数字になる場合には、注意が必要です。低評価の割合が1〜2割以下であればとくに問題ありませんが、5割に近い数字(またはそれ以上)になると世間との感覚がずれた動画になっている可能性が高いです。そういった場合、タイトルと動画内容が合っているか、発信内容が見る人に不快感を与えていないかなどを改めて見直してみてください。

2 コメントの投稿の許可を設定する

YouTubeの動画では、評価と同様に誰でも気軽にコメントができるコメント欄が表示されているのが一般的です。しかし、コメントが不要な動画である場合には、コメントを許可しない設定にすることもできます。コメントをオフに設定した動画では誰もコメントが残せなくなるため、コメントをチェックしたり返信したりする必要がなくなりますが、視聴者とのコミュニケーションが取れないということに注意が必要です。

1 「動画の詳細」画面を開く

YouTube Studioで[コンテンツ]をクリックし1、設定を行いたい動画の✎(詳細)をクリックします2。

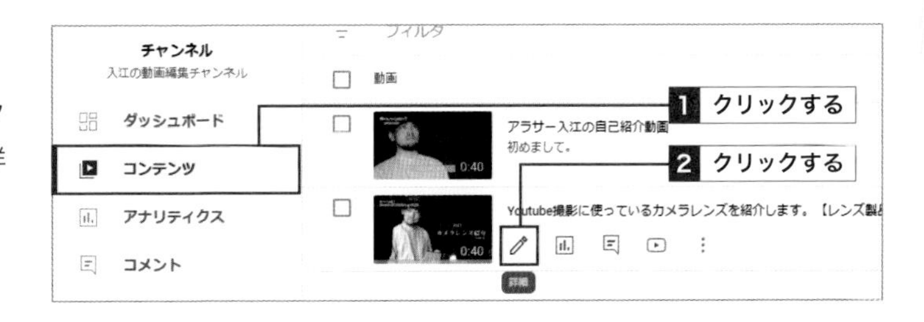

2 コメントを無効にする

画面下部の[すべて表示]をクリックし、展開した画面下部にある「コメントと評価」から任意のコメントの設定(ここでは[オフ])をクリックして1、[保存]をクリックします2。

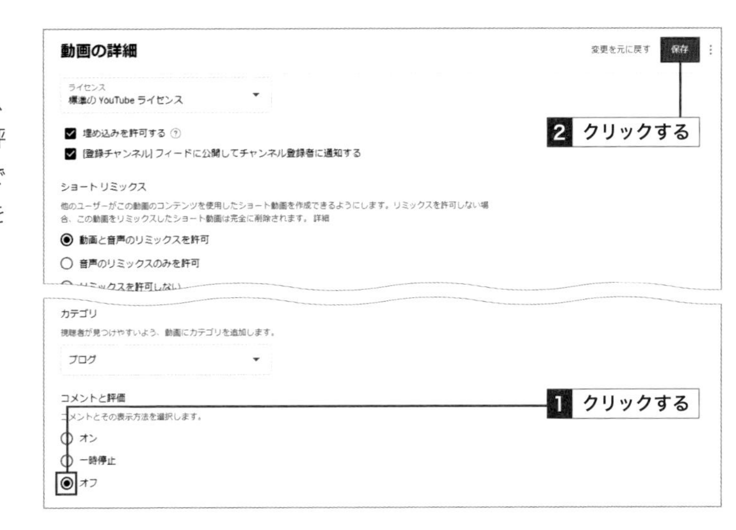

Memo 保留になったコメント

コメントがオンになっている状態で[コメントの管理・○○]をクリックし、コメントフィルターの設定が「標準」「強」「すべて保留」のいずれかになっている場合、保留になったコメントはデフォルトで非表示になります。保留になったコメントは、「動画の詳細」画面で左のメニューから[コメント]をクリックし、[確認のために保留中]をクリックすると内容を確認できます。確認したコメントは、個別に公開・非公開を指定しましょう。

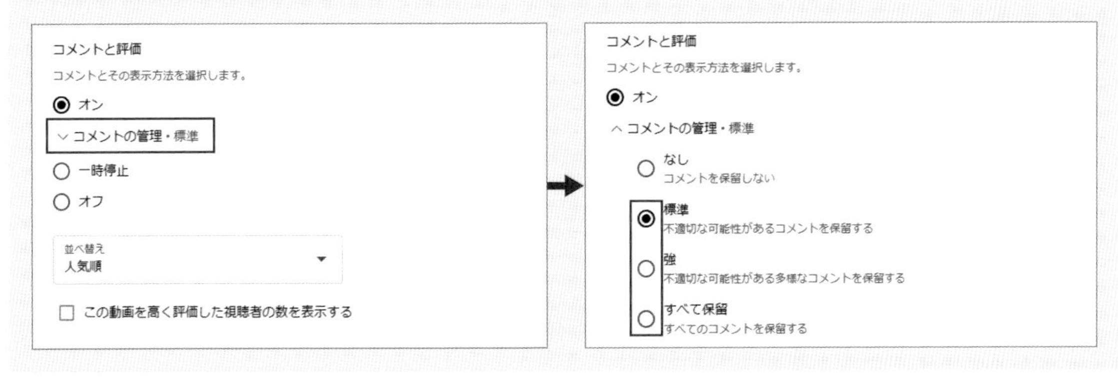

68 投稿した動画を再生リストにまとめて見やすくしよう

覚えておきたいキーワード
- 再生リスト
- シリーズ別
- カテゴリー別

投稿した動画をシリーズ別、カテゴリー別で順番に見てほしい場合は、再生リストを作成します。適切に再生リストを作っておくことで投稿した動画が快適に視聴できるようになり、視聴者のユーザビリティにつながります。

1 再生リストを作成する

1 [新しい再生リスト]をクリックする

YouTube Studioで画面右上の[作成]をクリックし1、[新しい再生リスト]をクリックします2。

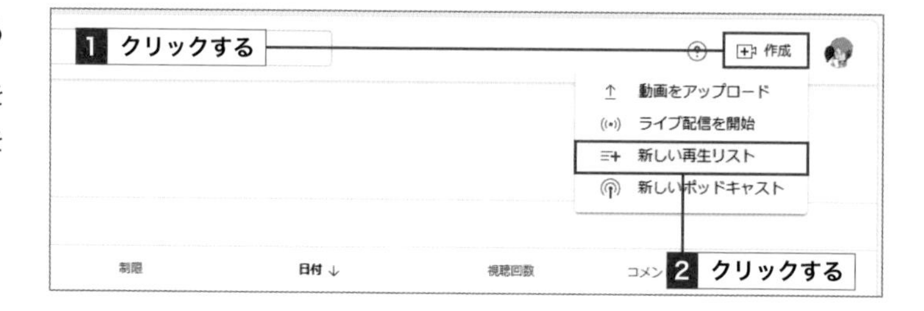

2 再生リストを作成する

「タイトル」と「説明」をわかりやすく簡潔に入力し1、「公開設定」を「公開」に設定したら2、[作成]をクリックします3。

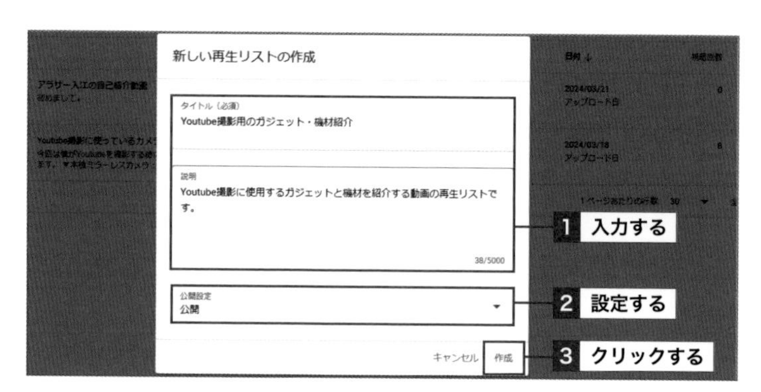

3 再生リストが作成される

[コンテンツ]をクリックし1、[再生リスト]をクリックすると2、作成した再生リストが確認できます。

2 複数の動画をまとめて再生リストに追加する

1 再生リストの編集画面を開く

186ページ手順3の画面で編集したい再生リストの✐(詳細)をクリックします1。

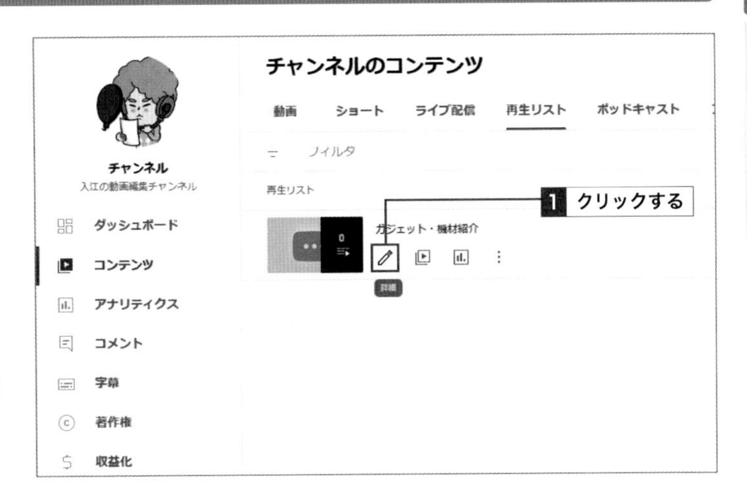

Memo 再生リストを削除する

⋮(オプション)→[削除]の順にクリックすると、再生リストを削除できます。再生リストに追加されていた動画そのものは削除されません。

2 [既存の動画を選択]をクリックする

左のメニューの[動画]をクリックし1、[動画を追加]をクリックして2、[既存の動画を選択]をクリックします3。

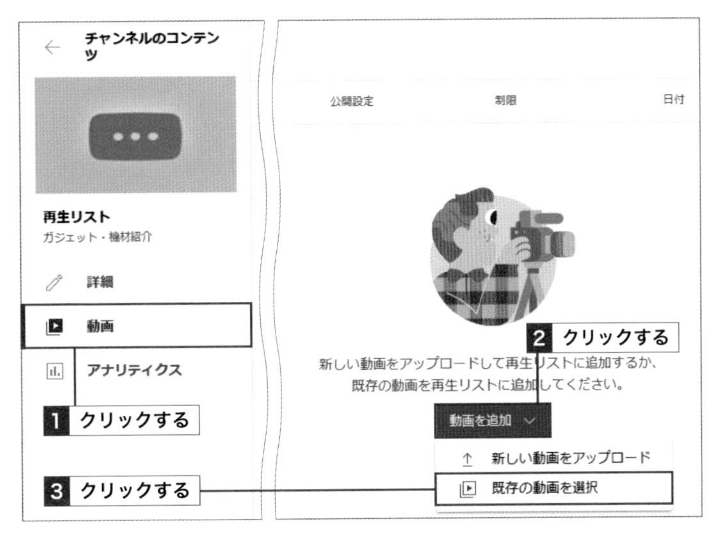

Memo 動画を個別に再生リストに追加する

動画を個別に再生リストに追加する場合は、167ページ手順3の画面で動画投稿時に「再生リスト」を選択するか、174ページ手順2の画面で「動画の詳細」画面から「再生リスト」を設定します。

3 動画を追加する

再生リストに追加したい動画にチェックを付けて1、[追加]をクリックします2。

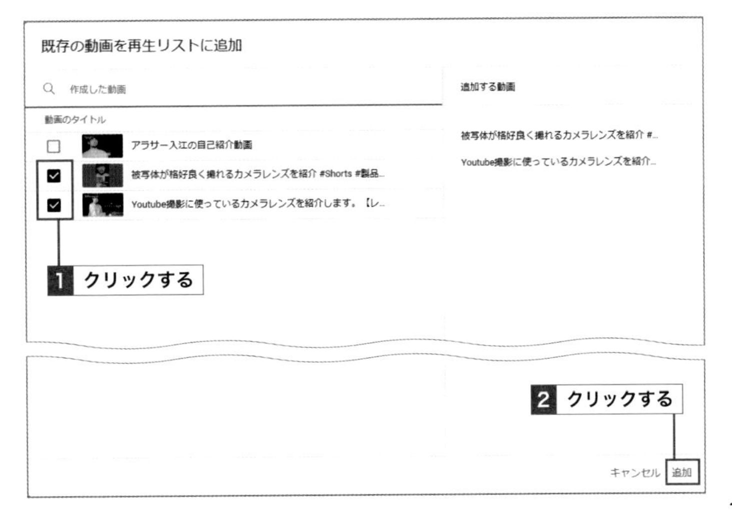

Memo 再生リストから動画を外す

手順2の画面で任意の動画の⋮をクリックし、[再生リストから削除する]をクリックすると、再生リストから外すことができます。

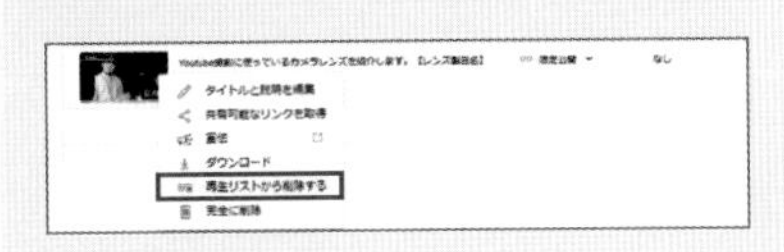

69 投稿した動画を削除しよう

覚えておきたいキーワード
- 削除
- 非表示
- 非公開

投稿した動画を削除したい場合は、YouTube Studioから完全に削除できます。一度削除したデータはもとには戻せません。動画を一時的に非公開にしたい場合は、公開設定を「非公開」に変更しましょう（178ページのMemo参照）。

1 動画を削除する

1 動画のオプションを開く

YouTube Studioで［コンテンツ］をクリックし1、削除したい動画の ⋮（オプション）をクリックします2。

2 ［完全に削除］をクリックする

表示されたメニューから［完全に削除］をクリックします1。

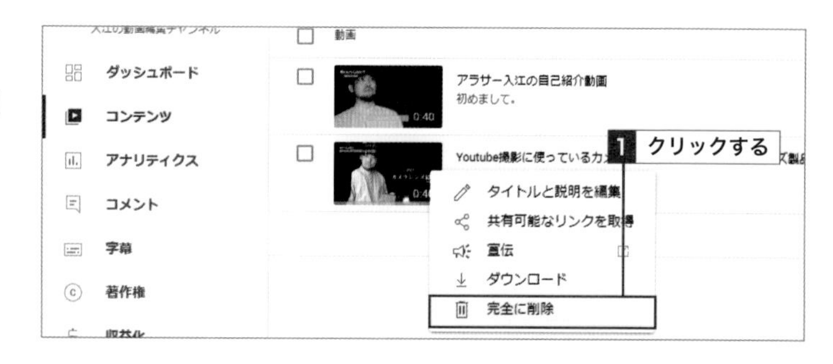

3 動画を削除する

「動画は完全に削除され、復元できなくなることを理解しています」にチェックを付け1、［完全に削除］をクリックすると2、動画が削除されます。

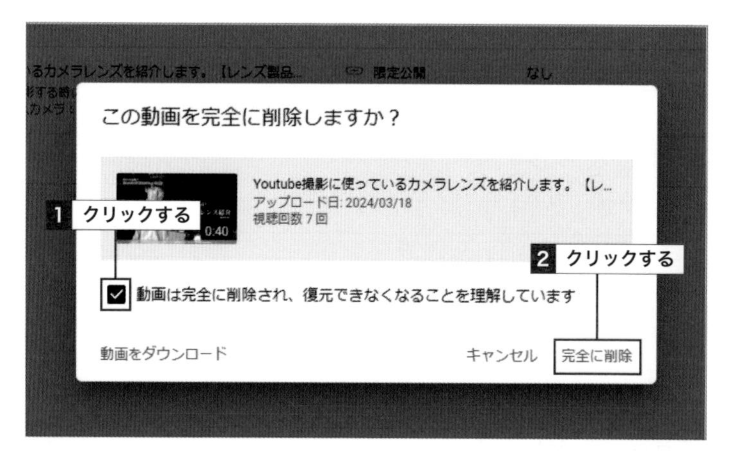

Step Up 動画をダウンロードする

［動画をダウンロード］をクリックすると、YouTube Studioで編集した内容が反映された動画データをダウンロードできます。

第 9 章

YouTubeに投稿した動画で稼ごう

70 収益化のしくみを知ろう

覚えておきたいキーワード
- YouTubeパートナープログラム
- 広告収入
- 収益化

YouTube上での収益化として代表的なものは、「YouTubeパートナープログラム」に参加することで得られる広告収入です。投稿した動画に広告を付けて収益化を行うしくみや条件について確認しておきましょう。

1 収益化とは

YouTubeでは、クリエイターが作成・用意したコンテンツを使って対価（収益）を得ることができます。「YouTubeパートナープログラム」に参加すればいくつかの方法で動画を収益化できますが、このプログラムに参加するには一定の条件を満たす必要があります。

広告収入（YouTube AdSense）

投稿した動画に広告を掲載することで支払われる収入です。広告形態にはいくつかの種類があります（194～195ページ参照）。

チャンネルメンバーシップ

視聴者が月額料金を支払うことで、限定動画の視聴、バッジや絵文字、そのほかのアイテムの利用などといった特典を得られる制度です。

スーパーチャット

ライブ配信動画やプレミア公開動画の配信中に、視聴者が配信者に対して一定の金額（100円～50,000円）を自由に送ることができる「投げ銭」機能です。

スーパーサンクス

視聴者が投稿者に対して一定の金額（200円～5,000円）を送って応援できる機能です。ライブ配信やプレミア公開ではない通常の動画で利用されます。

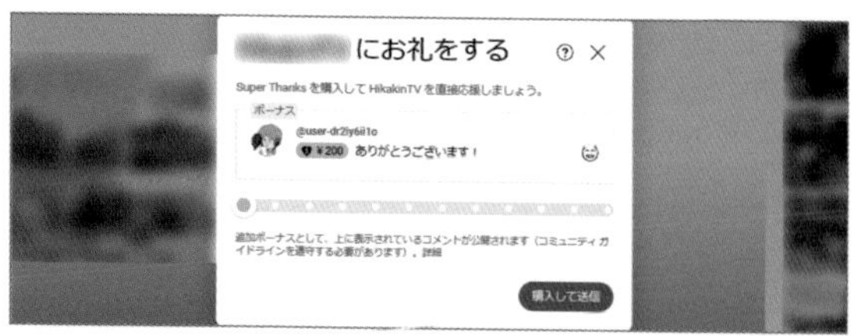

2 収益化の条件

YouTubeで収益を得るには、「YouTubeパートナープログラム」(https://support.google.com/youtube/answer/72851)への参加が条件となります。参加するには、6つの前提条件(❶～❻)に加えて2つの参加条件(❼～❽)のいずれかを満たしている必要があります。以下は、2024年5月時点の参加条件です。なお、18歳未満のユーザーは保護者による承認が必要です(https://support.google.com/adsense/answer/2533300)。

❶	YouTube収益化ポリシーの遵守	コミュニティガイドライン、利用規約、著作権、Google AdSenseプログラムポリシーなどのチャンネル収益化ポリシーを遵守している必要があります。
❷	パートナープログラム対象国・地域に在住	YouTubeパートナープログラムを利用可能な国や地域(日本は対象国)に居住している必要があります。日本以外の国や地域に居住している場合は確認が必要です。
❸	コミュニティガイドラインの違反警告がない	すべてのユーザーがYouTubeを楽しく利用できるように定められたコミュニティガイドラインの違反がないことが条件です。
❹	2段階認証プロセスのオン	154～155ページで作成したGoogle アカウントで、2段階認証プロセスを有効にする必要があります。
❺	YouTubeの上級者向け機能の利用資格	中級者向け機能(162～163ページ参照)+動画による確認、有効な身分証、チャンネル履歴のいずれかの方法で利用資格が得られます。
❻	Google AdSenseアカウント所持	広告収益の受け取りに必要なGoogle AdSenseアカウントとYouTubeアカウント(Googleアカウント)を紐付けている必要があります。なお、Google AdSenseアカウントの取得には審査があるため、収益化を見据えるなら早めに手続きしておきましょう。
❼	チャンネル登録者1,000人以上+総再生時間4,000時間以上	チャンネル登録者数1,000人以上、かつ有効な公開動画の総再生時間が直近の12ヶ月間で4,000時間以上である必要があります。
❽	チャンネル登録者1,000人以上+ショート動画の視聴回数1,000万回以上	チャンネル登録者1,000人以上+有効な公開ショート動画(YouTubeショート)の視聴回数が直近の90日間で1,000万回以上である必要があります。

3 収益化のしくみ

収益化を有効にすると、動画の広告掲載による収益分配を受けられるようになります。広告収益(収益分配)のしくみとしては、まず広告主(スポンサー)がYouTubeの運営元であるGoogleに広告出稿を依頼します。そしてGoogleがYouTubeに投稿された動画に広告を掲載し、その広告費の中から動画投稿者に掲載料が分配されます。広告の再生単価は公表されていませんが、基本的には購買意欲の高い視聴者層になるほど高くなるといわれています。また、YouTubeの広告形態には、広告のクリック数に応じて収益が発生するものと動画の再生数に応じて収益が発生するものがあります(194～195ページ参照)。

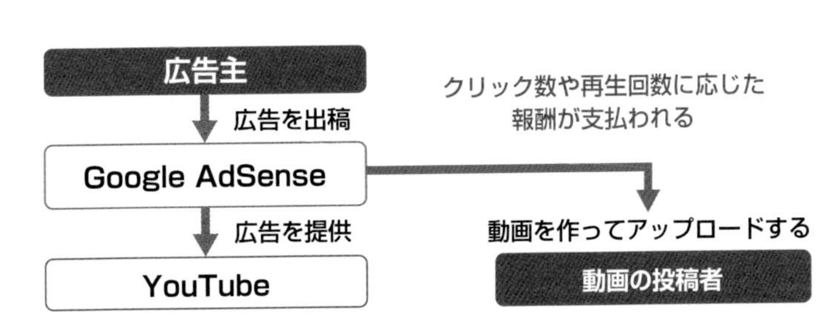

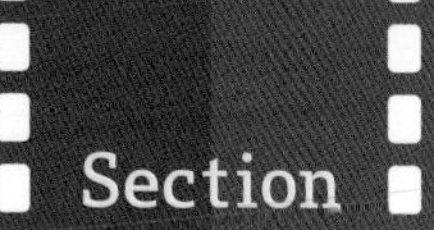

71 収益を得るまでの流れを知ろう

覚えておきたいキーワード
- YouTubeパートナープログラム
- Google AdSense
- 収益化

動画コンテンツを収益化するためにはYouTubeパートナープログラムへ参加する必要があります。ここからは、YouTubeパートナープログラムの参加条件を満たしたあとの収益化までの流れを確認しましょう。

1 収益を得るまでの流れ

収益化の条件（191ページ参照）を満たすことができたら、YouTubeパートナープログラムに参加して収益化を有効にしましょう。YouTubeは収益をGoogle AdSense経由で受け取るしくみになっているため、YouTubeアカウント（Googleアカウント）をGoogle AdSenseに紐付ける（YouTubeパートナープログラムに申し込む）必要があります。

Google AdSenseとは

「Google AdSense」は、Googleが提供している広告配信サービスです。運営しているWebサービスやYouTubeの動画コンテンツに掲載された広告をクリックされることで収益が得られるしくみになっています。表示される広告はユーザーによって異なり、そのユーザーがよく検索しているキーワードや閲覧しているWebサイトに合わせて最適な広告を表示してくれるため、クリックされる可能性が高い収益方法の1つです。Google AdSenseを利用するには、Googleによる厳正な審査があり、審査基準は厳しいといわれています。YouTubeでGoogle AdSenseを利用する場合は、プログラムポリシーを必ず順守する必要があります。

https://www.google.co.jp/adsense/start/

2 YouTubeパートナープログラムに申し込む

1 規約に同意する

164ページを参考にYouTube Studioを表示し、左のメニューの［収益化］→［申し込む］の順にクリックします。［開始］をクリックし、［規約に同意する］をクリックします**1**。なお、居住地の設定をしていない場合は、事前にYouTube Studioの［設定］→［チャンネル］の順にクリックし、「基本設定」から居住国を設定しておきます。

ステップ 1: YouTube パートナー プログラムの利用規約を確認する

規約を理解する

これらの規約はお住まいの国または地域（日本）固有のものです。 国または地域を変更する
以下の規約には、収益を得る方法、支払いを受け取る方法、コンテンツが支払いに与える影響が記載されています。

18 才未満のクリエイターの場合、親または法的に認められた保護者にこれらの利用規約を読んでもらい、同意を得る必要があります。

2. 支払アカウント要件　本規定に基づく収入の支払を獲得または受領するためには、お客様は、お客様のYouTubeユーザー アカウントに関連付けられた有効なAdSenseアカウント（またはYouTubeが要求するその他の支払方法）を常に維持していなければなりません。

3. 支払条件、制限および相殺　支払期日においてお客様の獲得残高が少なくとも100米ドル（または現地通貨による相当額）である限り、YouTubeは、暦月末から約60日以内に、支払われるべき収入についてお客様に支払を行います。

キャンセル　規約に同意する

1 クリックする

2 申し込みを開始する

「Google AdSenseに申し込む」の［開始］をクリックします**1**。

3 ［関連付けを承認］をクリックする

AdSenseアカウントとチャンネルを接続し、［関連付けを承認］をクリックすると**1**、チャンネルが審査待ちの状態になります。

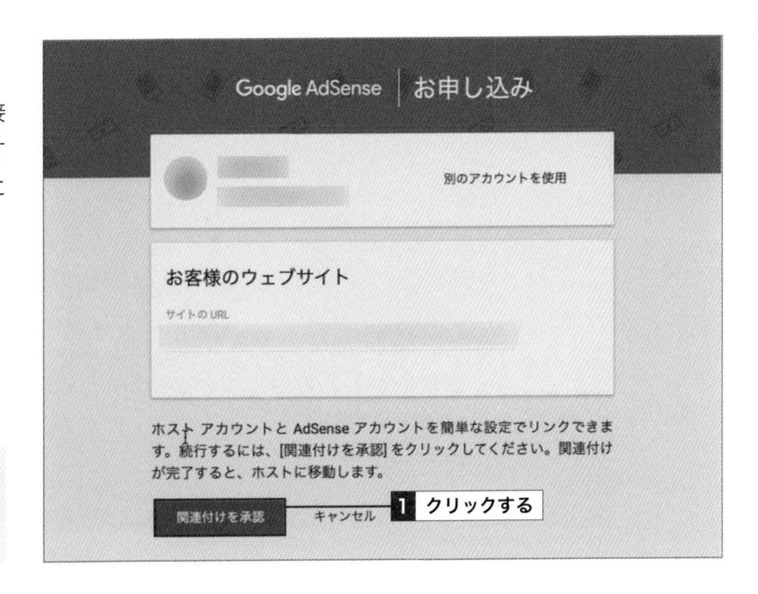

Memo チャンネルは複数紐付けできる

チャンネルは複数紐付けできるため、サブチャンネルなどがある場合はそちらもリンクしておきましょう。

Memo 条件を満たしたときに通知を受け取る

YouTube Studioには、YouTubeパートナープログラムの参加条件を満たしたらメールで知らせてくれる通知機能があります。左のメニューの［収益化］をクリックし、［メールで通知］をクリックしておくと、チャンネル登録者数と総再生時間が収益化の条件を満たした時点でメールで通知してくれるようになります。

さらに、次のいずれかを満たす必要があります
公開動画の総再生時間 0 時間　4,000
過去 365 日間
公開ショート動画の視聴回数: 0 回　1000万
過去 90 日間
これらの要件を満たした時点でメールでお知らせしますか？　メールで通知

72 設定できる広告の種類を知ろう

覚えておきたいキーワード
- 広告の種類
- メリットとデメリット
- 収益化

YouTubeで収益化の対象になったチャンネルでは、「ディスプレイ広告」「スキップ可能／不可なインストリーム広告」「バンパー広告」の4種類から動画に付ける広告を設定できるようになります。

1 YouTube広告の種類

ディスプレイ広告

ディスプレイ広告は、パソコンのYouTube画面右側（関連動画一覧）の上部に表示される広告です。パソコンのYouTube画面のみに表示され、スマートフォンのYouTube画面には表示されません。
ディスプレイ広告はクリックされることで収益が発生します。視聴者の検索結果や動画内容によって表示される広告が変わるため、投稿者がコントロールできる部分ではありません。ディスプレイ広告は、収益化を有効にするとデフォルトで有効になります。複数の広告と併用するのがおすすめです。

メリット	・動画視聴を邪魔しないので視聴者の反感が少ない ・関連動画を連続視聴する際に目に触れやすい
デメリット	・スマートフォンのYouTube画面には表示されない ・広告ブロックのアドオンで排除される可能性がある ・ユーザーが興味／関心のない広告はクリックされにくい ・広告の内容が選べない

インストリーム広告／バンパー広告

インストリーム広告は、動画の最初や最後、もしくは動画の途中で挿入される動画広告です。動画広告には、5秒間待つとスキップが可能な「スキップ可能な動画広告」、スキップができない「スキップ不可の動画広告」、最長6秒間のスキップ不可の「バンパー広告」の3種類があります。広告挿入のタイミングは、投稿者が任意で設定できます。スキップ可能な動画広告であれば、30秒以上再生された場合、30秒以下の動画広告の場合は最後まで視聴された場合、もしくは動画がクリックされた場合に収入が発生します。
8分を超える動画では、動画の途中で流れる「ミッドロール広告」の設定も可能です。ミッドロール広告は動画内の自然な切れ目に自動で挿入されますが、視聴者の動画視聴を中断させるため、離脱されない工夫が必要です。動画の収益化設定からミッドロール挿入点の位置を手動で変更できるので、場面が大きく切り替わるタイミングで表示されるようになっているかを確認して調整しましょう。また、ライブ放送のアーカイブなどの場合でも、配信者が広告の配信回数やタイミングなどを設定・管理を行うことができます。

メリット	・強制的に動画広告が表示されるため、もっとも視聴されやすい ・スキップ不可の動画広告では確実に広告収入が発生する ・すべてのデバイスで表示される ・表示するタイミングを任意で設定できる
デメリット	・頻繁に挿入すると途中で離脱されやすく、反感を持たれやすい

Memo YouTubeショートの収益化

2023年2月1日から、YouTubeショートも収益の対象になっています。YouTubeパートナープログラム（191ページ参照）に参加している状態で、YouTube Studioの左のメニューで［収益化］をクリックし、「ショートフィード広告」を有効にすることで、YouTubeショートの収益化が可能になります。

73 収益化の設定をしよう

覚えておきたいキーワード
- YouTube Studio
- 収益化
- デフォルト設定

YouTubeパートナープログラムに参加できたら、動画の収益化を設定しましょう。YouTube Studioの「収益化」から、今までに投稿したすべての動画と以降に投稿する動画に対して一律にデフォルト設定できます。

1 すべての動画に収益化を設定する

1 [設定]をクリックする

YouTube Studioを表示し、[設定]をクリックします❶。

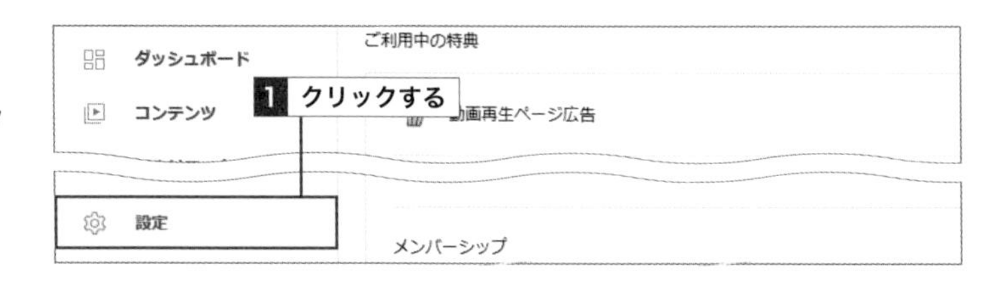

2 [アップロード動画のデフォルト設定]をクリックする

[アップロード動画のデフォルト設定]をクリックし❶、[収益化]をクリックします❷。

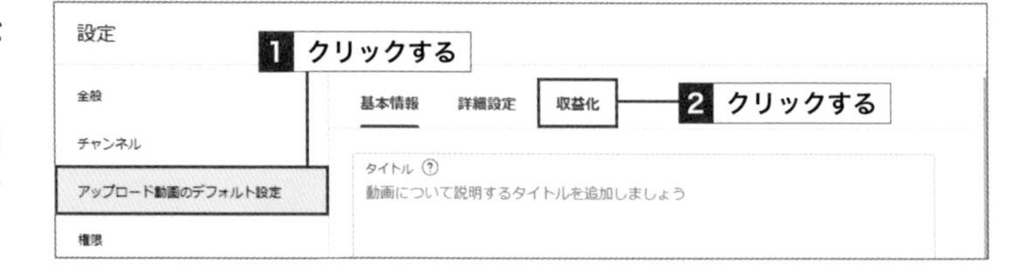

3 広告表示設定を確認する

収益化がオンになっている動画では、オプションの広告が自動的に設定されます。そのオプションに加えて動画の途中に広告を付けたい場合は、「動画の途中（ミッドロール）に広告を配置」にチェックを付け❶、[保存]をクリックします❷。

Memo 収益化を個別に設定する

この手順では、収益化対象のすべての動画に広告が付けられます。動画ごとに広告のフォーマットの種類などを個別に設定する場合は、197ページを参照してください。

74 動画ごとに広告を設定しよう

覚えておきたいキーワード
- YouTube Studio
- 個別設定
- 収益受け取り

広告を手動で個別設定したい場合は、YouTube Studioの各動画の「収益受け取り」から変更できます。一律で設定したあと、ユーザビリティが損なわれそうな動画に対しては個別設定するのがおすすめです。

1 動画ごとに収益化を設定する

1 [収益受け取り]をクリックする

YouTube Studioを表示し、[コンテンツ]をクリックして**1**、広告を設定したい動画の$(収益受け取り)をクリックします**2**。

2 広告表示設定を確認する

収益化がオンになっている動画では、オプションの広告が自動的に設定されます。そのオプションに加えて動画の途中に広告を付けたい場合は、「動画の途中(ミッドロール)に広告を配置」にチェックを付け**1**、[保存]をクリックします**2**。

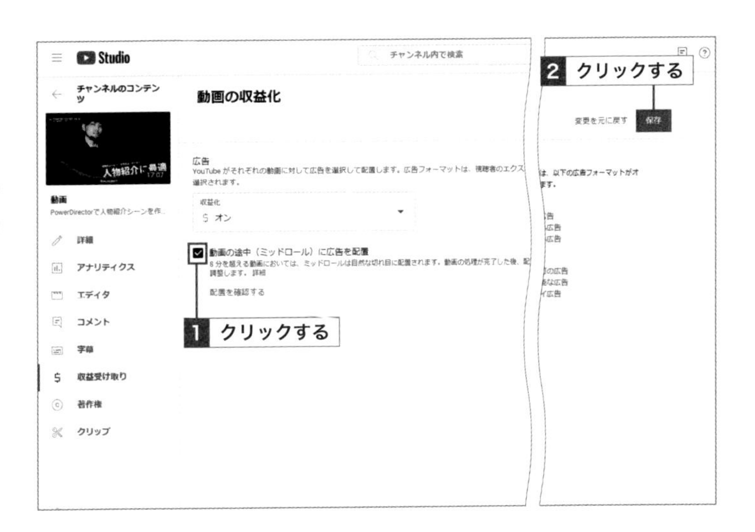

Memo 動画ごとに収益化をオフにする

動画ごとに収益化をオフにするには、手順**2**の画面で「収益化」を「オフ」に変更します。

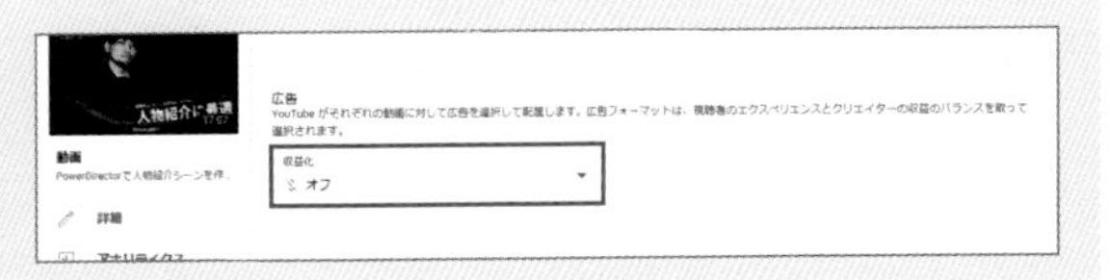

75 チャンネルのパフォーマンスを把握しよう

覚えておきたいキーワード
- チャンネルアナリティクス
- 動画の分析情報
- 分析ツール

投稿した動画のパフォーマンスを確認するには、動画分析ツールの「YouTubeアナリティクス」を使用します。視聴者の反応をデータとして確認することで、今後の動画制作やチャンネル運営を改善するヒントを得られます。

1 チャンネルや動画のパフォーマンスを確認する

チャンネルや動画のパフォーマンスを分析するには、「YouTubeアナリティクス」という動画解析ツールを使用します。どの動画がよく見られているかなどのリアルタイムで更新される情報を把握しておくことで、動画制作の改善やチャンネル運営に役立たせることができます。このツールは、YouTubeアカウント（Googleアカウント）を持っていれば無料で利用可能です。定期的にチェックするようにしましょう。

チャンネルアナリティクス

どの動画がいちばん見られているかなどの主要な指針を、グラフや数値のデータで把握できます。

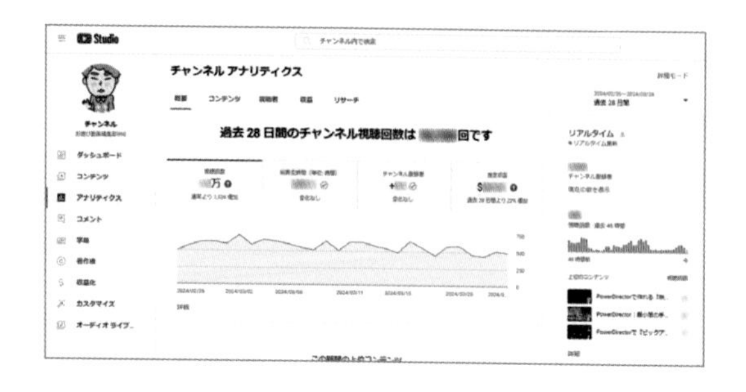

動画の分析情報

個別の動画における詳細なデータを参照できます。よく見られている動画やそうではない動画などのデータを参照し、視聴者がどのような動画を求めているのかを分析するのに使用します。

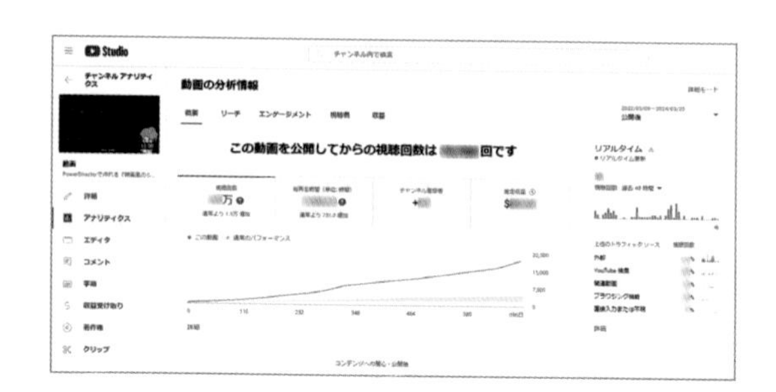

Memo YouTubeアナリティクスを表示する

YouTubeアナリティクスは、YouTube Studioで［アナリティクス］をクリックすると表示されます。アナリティクス画面上部の「概要」「コンテンツ」「視聴者」「収益」「リサーチ」のタブや、「詳細モード」画面の「コンテンツ」「トラフィックソース」「地域」「都市」「視聴者の年齢」「視聴者の性別」「日付」「コンテンツタイプ」「再生リスト」「その他（「デバイスのタイプ」「YouTubeサービス」「再生場所」「OS」など）」のタブからデータを確認できます。

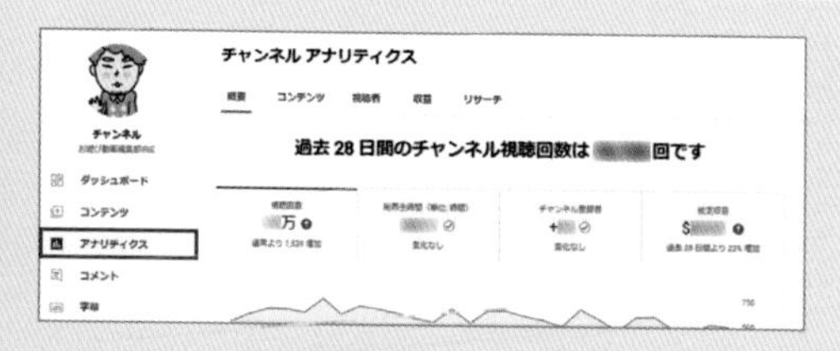

2 チャンネルアナリティクスの項目

YouTubeアナリティクスで確認できる項目は、「概要」「コンテンツ」「視聴者」「収益」「リサーチ」の5つに分類されています。各項目をクリックすることで、該当の項目が表示されます。各項目の内容について確認しましょう。

概要

「視聴回数」「総再生時間」「チャンネル登録者」「推定収益」など、チャンネル全体のパフォーマンスが表示されます。また、「人気動画」「リアルタイム統計」「最新動画」などのパフォーマンスも確認できます。

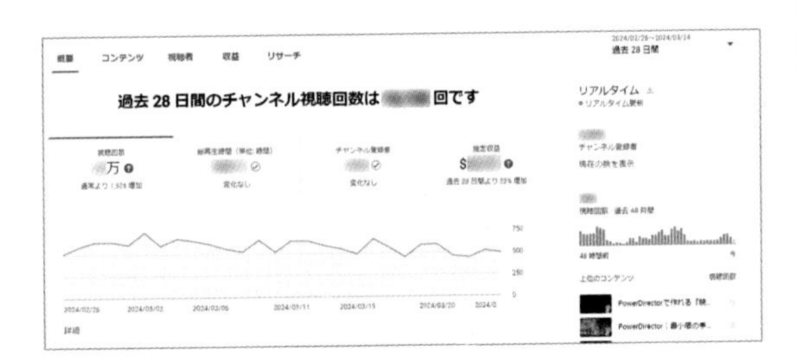

コンテンツ

「視聴回数」や「インプレッション数（動画サムネイルの表示回数）」および「インプレッションのクリック率」「平均視聴時間」などのコンテンツに関するデータが表示されます。また、「トラフィックソース（視聴者がどのように動画を見つけたか）の種類」「上位の外部ソース（どのWebページから来たか）」「インプレッションと総再生時間の関係」などのデータも確認できます。

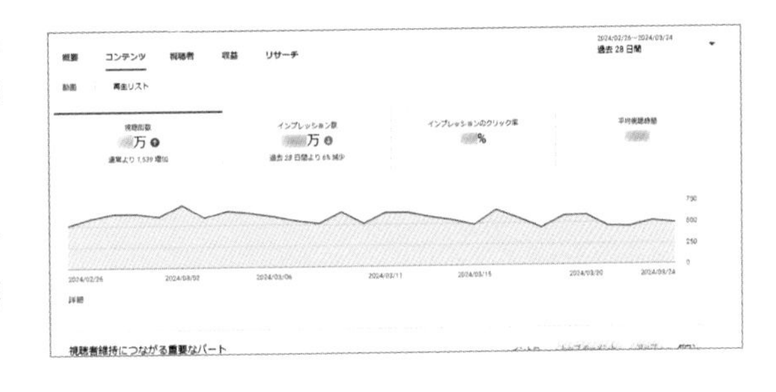

視聴者

視聴者に関する詳細情報が表示されます。「リピーター」「ユニーク視聴者（推定ユーザー）数」「チャンネル登録者」や「視聴者がYouTubeにアクセスしている時間帯」などのデータが確認できます。

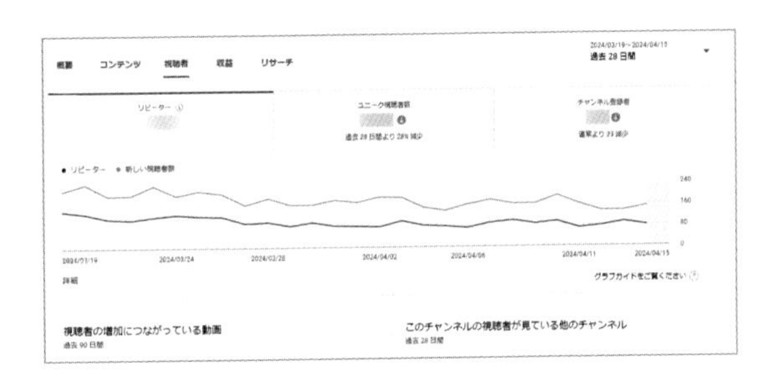

収益

YouTubeパートナープログラムに参加しているユーザーのみ表示される項目です。「月別の推定収益」「収益額が上位の動画」「収益の内訳」「広告の種類」「トランザクション収益」など、動画の収益額に関するデータが確認可能です。

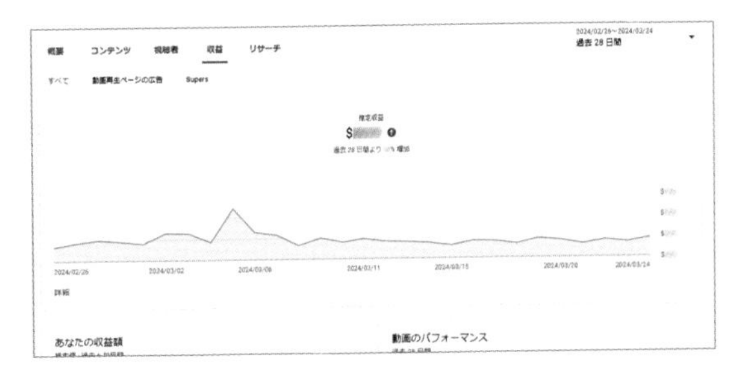

3 アナリティクスレポートの種類（詳細モード）

YouTubeアナリティクス画面右上にある[詳細モード]をクリックして「詳細モード」に切り替えると、「動画」「地域」「視聴者の性別」などの細かいパフォーマンスが確認できます。ここでは、主要な項目について解説します。

コンテンツ

投稿した動画やライブ配信の視聴回数などが確認できます。

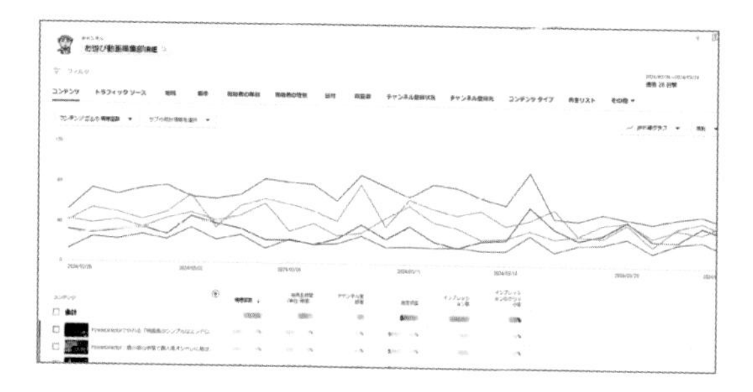

トラフィックソース

視聴者がどのように動画を見つけたか（流入経路）が確認できます。

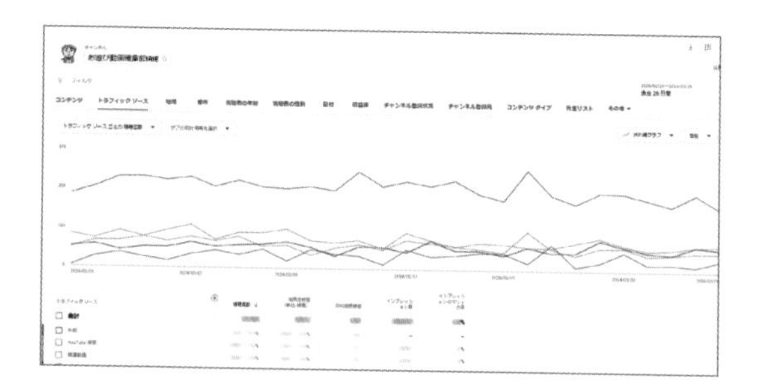

地域

動画の視聴者がどの国や地域からアクセスしているのかを確認できます。

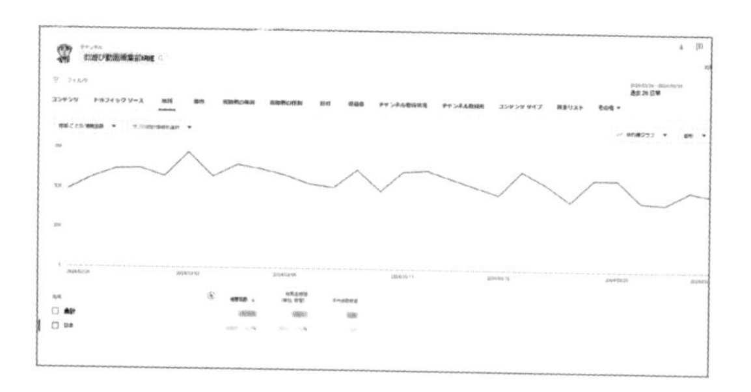

視聴者の年齢

動画視聴者の年齢層のデータが確認できます。

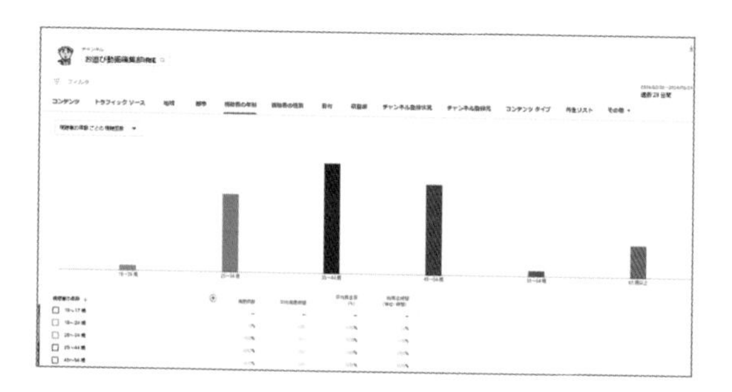

視聴者の性別

動画視聴者の性別のデータが確認できます。

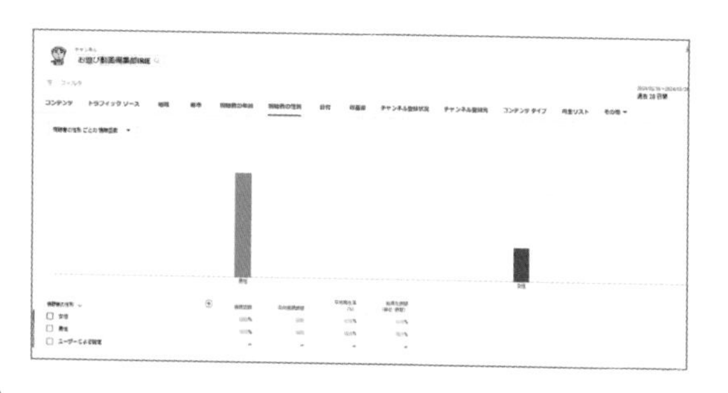

日付

視聴回数や総再生時間などを、指定した期間（1日・1週間・1ヶ月・1年単位）ごとの推移で確認できます。

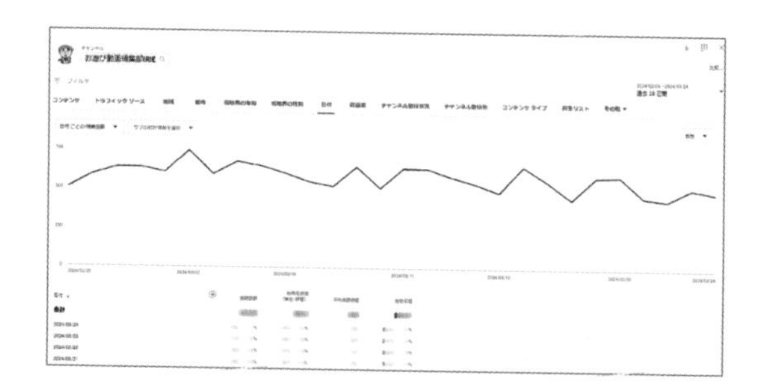

収益源

動画再生ページの広告やYouTube Premiumなどの収益源からの推定収益額を確認できます。

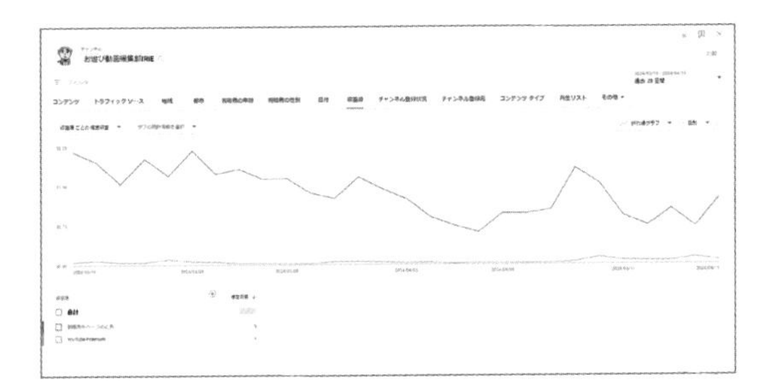

チャンネル登録状況

視聴者の中で、チャンネル登録者と未登録者の割合が確認できます。

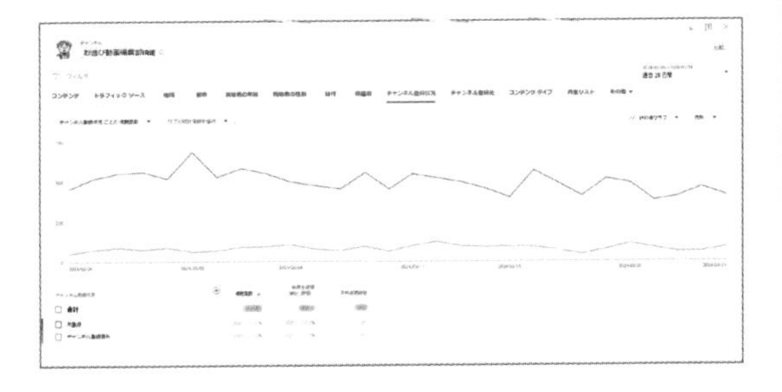

チャンネル登録元

どの画面(動画再生ページ、チャンネルホームページなど)を通してチャンネル登録されているのかを確認できます。

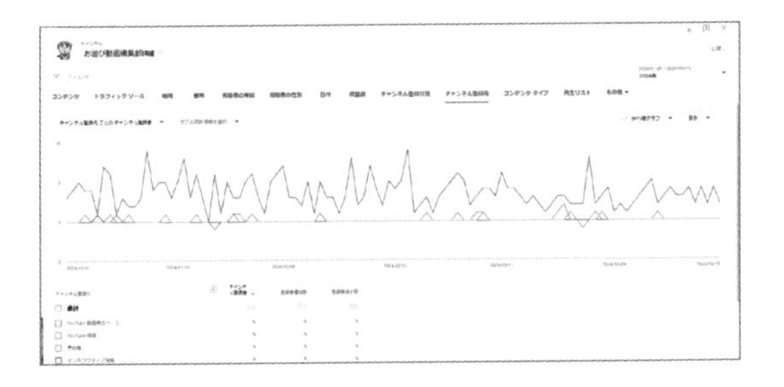

その他

デバイスのタイプ、再生リスト、YouTubeサービス、OS、終了画面、カードなどに関する情報が確認できます。

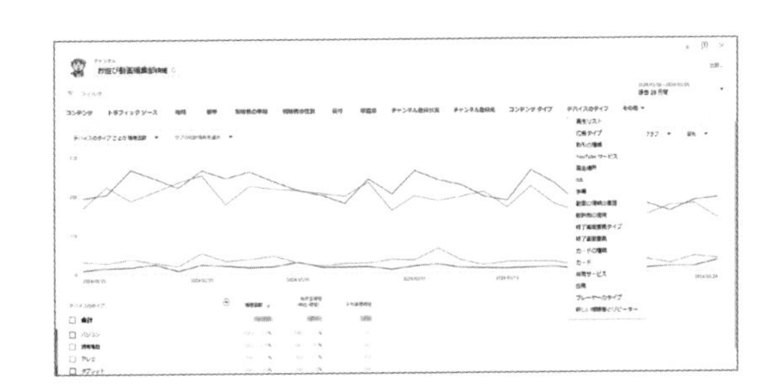

Step Up 動画ごとのアナリティクスを確認する

アナリティクスは、動画単体のデータを確認することも可能です。YouTube Studioで[コンテンツ]をクリックし1、パフォーマンスを確認したい動画にマウスポインターを移動して、(アナリティクス)をクリックすると2、データが表示されます。アナリティクスの項目はチャンネルアナリティクスと同様に、「概要」「リーチ」「エンゲージメント」「視聴者」「収益」の5つの項目に分かれています。これらの各項目名をクリックすることで、各パフォーマンスが確認できます。

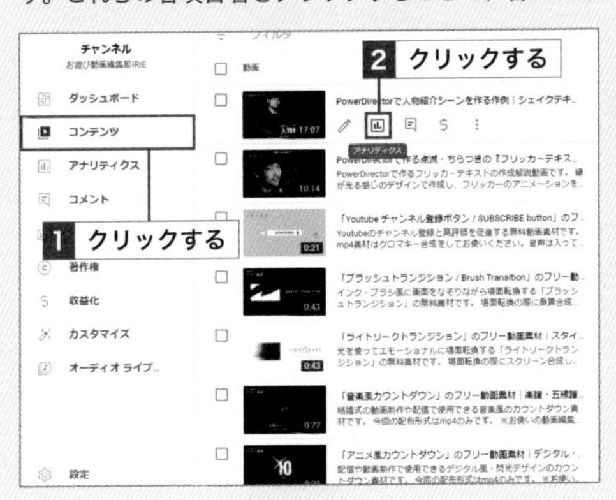

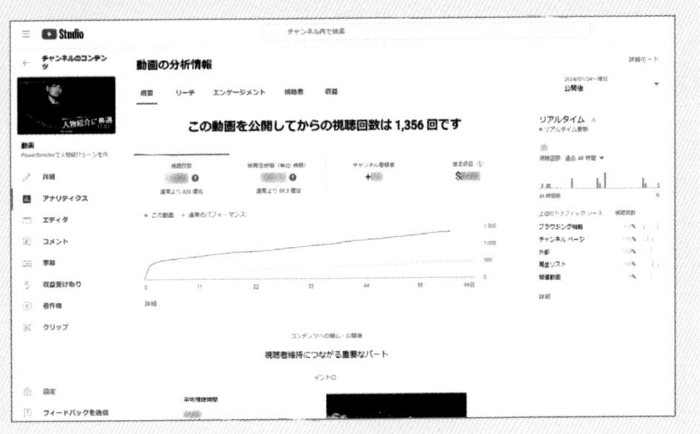

76 動画の収益を確認しよう

覚えておきたいキーワード
- Google AdSense
- 推定収益額
- 銀行口座登録

収益が発生すると、YouTube Studioで推定の収益額を確認することができます。また、実際に収益を受け取るための銀行口座をGoogle AdSenseで設定する方法を確認しておきましょう。

1 収益を確認する

YouTubeの広告収益は、YouTube Studioの「アナリティクス」から確認できます。ただし、YouTube上ではあくまでも推定額しか確認できないという点にご注意ください。確定した収益額は、Google AdSense（https://www.google.co.jp/adsense/start/）にログインしたあとの、YouTube向けAdSenseに表示されます。なお、推定額と確定額には差異が生じる場合があります。

推定収益額を確認する

1 ［アナリティクス］をクリックする

YouTube Studioを表示し、［アナリティクス］をクリックします1。

2 ［収益］をクリックする

画面上部の［収益］をクリックすると1、月別の推定収益レポートが表示されます。

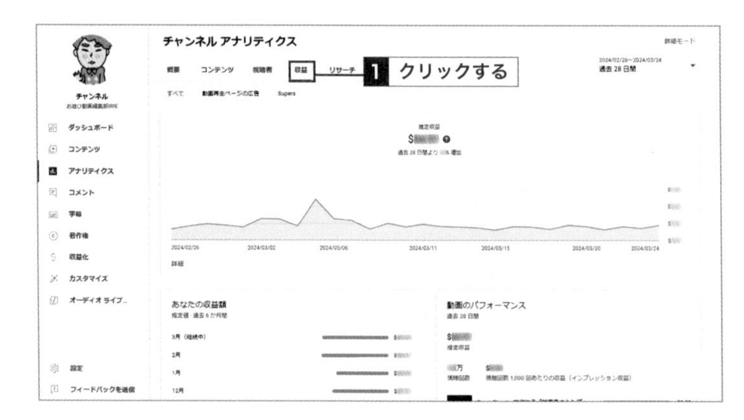

2 Google AdSenseに銀行口座を登録する

YouTubeで得た広告収入の支払いを受け取るには、Google AdSenseに支払い方法を登録する必要があります。支払い方法は5種類用意されていますが、日本では銀行口座振り込みが一般的です。
広告収入が基準額となる1,000円以上に達すると支払い方法を登録できるようになるので、Google AdSenseで収益を受け取るための銀行口座情報を登録しましょう。なお、支払い方法を登録しても8,000円以上の収益がないと振り込み対象にならないため、実際に振り込まれるのは8,000円以上の収益が出たタイミングとなります。

1 ［お支払い方法の管理］をクリックする

Google AdSense（https://www.google.co.jp/adsense/start/）にログインします。［お支払い］をクリックし1、［お支払い情報］をクリックして2、［お支払い方法の管理］をクリックします3。

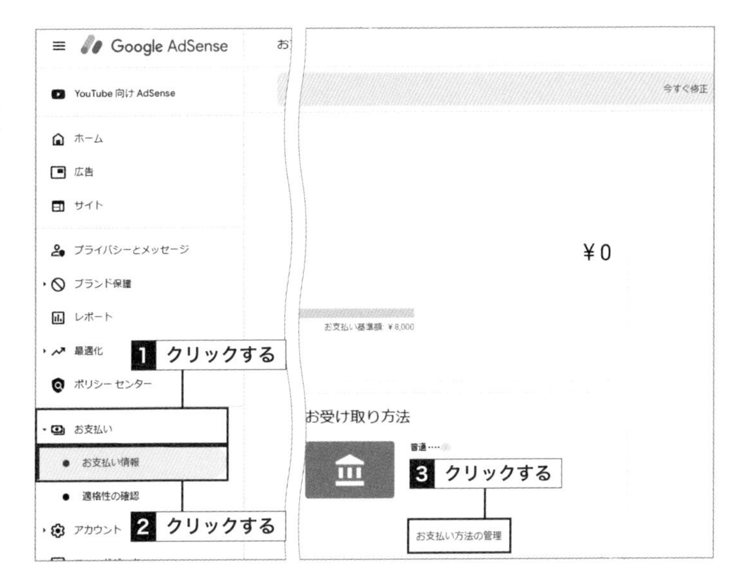

2 ［お支払い方法を追加］をクリックする

［お支払い方法を追加］をクリックします1。

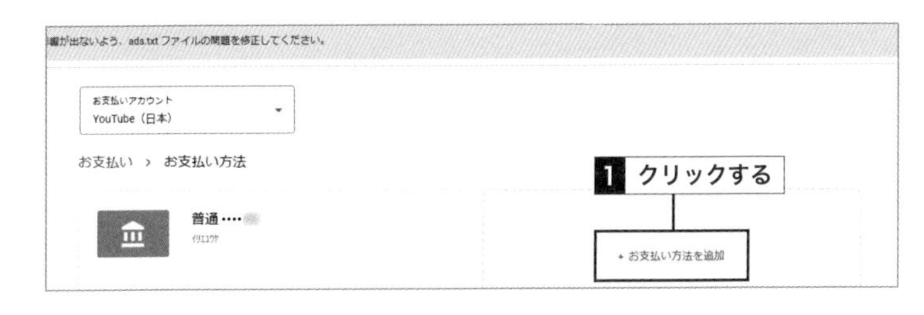

3 銀行口座情報を登録する

銀行口座情報を入力し1、［保存］をクリックします2。

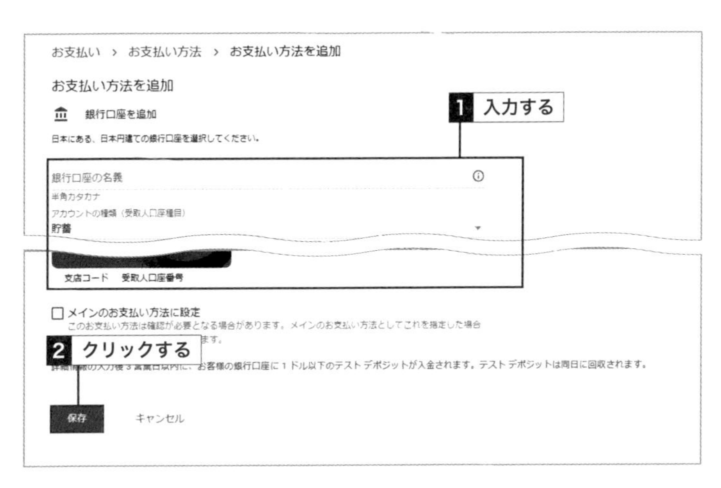

Memo メインの支払い方法を設定する

支払い方法を複数登録する場合、メインの支払い方法に設定したい情報の登録画面で「メインのお支払い方法に設定」にチェックを付けます。すでに登録済みの支払い方法をメインにしたい場合は、手順2の画面で登録済みの支払い方法の［編集］をクリックして設定します。

付録 PowerDirectorの製品版と体験版について

1 PowerDirectorの種類

本書の解説で使用している動画編集ソフト「PowerDirector」には、有料の製品版と無料の体験版（PowerDirector Essential）があり、それぞれ利用できる機能やテンプレートなどが異なります。33ページでも解説した通り、PowerDirectorは値段別でパッケージのグレードが分かれており、価格が高いグレードの製品ほど利用できる機能が多くなります。また、通常版とは別にサブスクリプション版も用意されています。公式ページでは各製品の内容が細かく紹介されているので、どの製品を利用するか悩んでいる方は参考にしてみてください。なお、体験版でも製品版に備わっている「プレミアムコンテンツ」を含むほとんどの機能を利用できます。ただし、編集して出力した動画に透かしロゴが入る、テンプレートやエフェクトの数が少ない、などの制限があります。

製品版

PowerDirector 365
https://bit.ly/3ipBlyr

	通常版			サブスクリプション版	
製品名	PowerDirector Ultra	PowerDirector Ultimate	PowerDirector Ultimate Suite	PowerDirector 365	Director Suite 365
価格	12,980円	16,980円	20,980円	558円／月～	1,030円／月～
製品内容	動画編集ソフト（通常版）	動画編集ソフト（Web 限定版）	動画＋音声＋色編集ソフト	動画編集ソフト＋プレミアムコンテンツ	最上位クリエイティブスイート＋プレミアムコンテンツ

https://jp.cyberlink.com/products/powerdirector-video-editing-software/comparison_ja_JP.html

体験版

PowerDirector Essential
https://bit.ly/4aMQets

体験版の制限事項
・出力した動画に透かしロゴが表示される ・テンプレートやエフェクトの数が制限される ・DVDなどのディスク書き込みは1か月間のみ可能 ・H.265などのCyberLink社以外のロイヤリティーなども1か月間のみ可能 ・4K非対応 など

Memo モバイル版 PowerDirector

PowerDirectorはパソコン版だけでなく、モバイル版も用意されています。8,500万件以上ダウンロードされている人気アプリで、直感的な操作で手軽に動画編集が行えます。スマートフォンで撮影した動画をすぐに編集したいときに便利です。右のQRコードからダウンロードページにアクセスできます。

● iOS版

https://apple.co/3iljuOy

● Android版

https://bit.ly/3oo8ELM

Memo YouTubeチャンネル「PowerDirector Japan - 動画編集」

CyberLinkでは、YouTubeチャンネル「PowerDirector Japan - 動画編集」にて、PowerDirectorを利用するクリエイター向けの動画を配信しています。このチャンネルでは、PowerDirectorを使った動画編集の例、動画編集のプロフェッショナルによるオンラインセミナー、最新情報など、さまざまなコンテンツが配信されているので、定期的に更新をチェックするのがおすすめです。

https://www.youtube.com/c/PowerDirectorJapanofficial

索引

英字

あ行

か行

さ行

た行

Index

な・は行

ま行

や・ら・わ行

お問い合わせについて

本書に関するご質問については、本書に記載されている内容に関するもののみとさせていただきます。本書の内容と関係のないご質問につきましては、一切お答えできませんので、あらかじめご了承ください。また、電話でのご質問は受け付けておりませんので、必ずFAXか書面にて下記までお送りください。
なお、ご質問の際には、必ず以下の項目を明記していただきますよう、お願いいたします。

1 お名前
2 返信先の住所またはFAX番号
3 書名（今すぐ使えるかんたん YouTube 動画編集入門［改訂新版］）
4 本書の該当ページ
5 ご使用のOS
6 ムービーで使用している素材ファイルの詳細
7 ご質問内容

お送りいただいたご質問には、できる限り迅速にお答えできるよう努力いたしておりますが、場合によってはお答えするまでに時間がかかることがあります。また、回答の期日をご指定なさっても、ご希望にお応えできるとは限りません。あらかじめご了承くださいますよう、お願いいたします。

問い合わせ先

〒162-0846
東京都新宿区市谷左内町21-13
株式会社技術評論社　書籍編集部
「今すぐ使えるかんたんYouTube 動画編集入門
［改訂新版］」質問係
FAX番号　03-3513-6167
URL：https://book.gihyo.jp/116

今すぐ使えるかんたん
YouTube 動画編集入門［改訂新版］

2021年12月17日　初　版　第1刷発行
2024年 6月22日　第2版　第1刷発行
2024年10月24日　第2版　第2刷発行

著　者●入江　祐也
発行者●片岡　巌
発行所●株式会社 技術評論社
東京都新宿区市谷左内町21-13
電話　03-3513-6150　販売促進部
03-3513-6160　書籍編集部
編集●田中　秀春
装丁●田邉　恵里香
本文デザイン●リンクアップ
DTP●リンクアップ
製本／印刷●株式会社シナノ

定価はカバーに表示してあります。

ISBN978-4-297-14194-3 C3055
Printed in Japan

■お問い合わせの例

FAX

1 お名前
技術　太郎

2 返信先の住所またはFAX番号
03-XXXX-XXXX

3 書名
今すぐ使えるかんたん
YouTube 動画編集入門
［改訂新版］

4 本書の該当ページ
47ページ

5 ご使用のOS
Windows 11

6 ムービーで使用している素材ファイルの詳細
デジタルカメラで撮影した
AVCHD 形式の動画ファイル

7 ご質問内容
PowerDirectorに
読み込めない

※ご質問の際に記載いただきました個人情報は、回答後速やかに破棄させていただきます。

■著者紹介

入江　祐也

株式会社Li&objet 会社役員。
2015年よりインターネットを通じた事業を行っており、動画制作とHPコーディングを担当。
2017年から動画編集の情報サイト「お遊び動画編集部」を個人運営。
同時並行で解説用YouTubeチャンネル「お遊び動画編集部 IRIE」を開始。PowerDirectorをメインとした動画編集ソフトの使い方や編集のコツなどを配信している。

●ホームページ
お遊び動画編集部（https://douga-hensyu-bu.com）

●YouTubeチャンネル
お遊び動画編集部IRIE（https://www.youtube.com/channel/UCqTVIluFMPxw-UaXf8M0Dvg）